"十二五"职业教育国家规划教材

经全国职业教育教材审定委员会审定

# 兽医临床诊疗技术

## 第二版

曾元根　徐公义　主编

U0390010

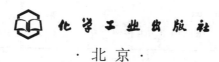
化学工业出版社

·北京·

《兽医临床诊疗技术》（第二版）针对高职高专培养技术技能型人才的要求，为体现项目教学课改成果，系统全面地介绍了兽医临床和实验室诊断的基本方法、疾病在兽医临床上的基本表现形式和兽医临床常用治疗方法，共分为四个模块二十个项目，内容包括兽医临床诊断技术、实验室诊断技术、兽医常用临床治疗技术、兽医临床常见症状的诊断与处理。各项目后设有项目小结及目标检测题，便于学生加深理解和复习。部分技能后设有链接，可以扩大学生知识面，增加学生学习乐趣。

　　《兽医临床诊疗技术》（第二版）可作为高职高专畜牧兽医专业的教材，还可供兽医临床专业技术人员、继续教育培训和相关人员参考。

**图书在版编目（CIP）数据**

兽医临床诊疗技术/曾元根，徐公义主编. —2 版.
北京：化学工业出版社，2015.9（2023.9重印）
"十二五"职业教育国家规划教材
ISBN 978-7-122-24938-8

Ⅰ.①兽…　Ⅱ.①曾…②徐…　Ⅲ.①兽医学-诊疗-
高等职业教育-教材　Ⅳ.①S854

中国版本图书馆 CIP 数据核字（2015）第 190774 号

责任编辑：梁静丽　迟　蕾　旷英姿　李植峰　　　　装帧设计：史利平
责任校对：吴　静

出版发行：化学工业出版社（北京市东城区青年湖南街 13 号　邮政编码 100011）
印　　刷：北京云浩印刷有限责任公司
装　　订：三河市振勇印装有限公司
787mm×1092mm　1/16　印张 14¾　字数 356 千字　　2023 年 9 月北京第 2 版第 10 次印刷

购书咨询：010-64518888　　　　　　　　　　售后服务：010-64518899
网　　址：http://www.cip.com.cn
凡购买本书，如有缺损质量问题，本社销售中心负责调换。

定　　价：48.00 元　　　　　　　　　　　　　　　　版权所有　违者必究

# 《兽医临床诊疗技术》（第二版）
# 编写人员名单

**主　编**　曾元根　徐公义

**副主编**　刘小飞　卜春华　蔡友忠　刘振湘

**编　者**（按照姓名汉语拼音排列）

卜春华（辽宁职业学院）

蔡友忠（福建农业职业技术学院）

曹洪志（宜宾职业技术学院）

曾元根（湖南环境生物职业技术学院）

陈其云（玉溪农业职业技术学院）

程　森（济宁职业技术学院）

黄解珠（江西生物科技职业学院）

姜　泓（湖北三峡职业技术学院）

刘小飞（湖南环境生物职业技术学院）

刘振湘（湖南环境生物职业技术学院）

乔德瑞（晋中职业技术学院）

王　鹏（河北北方学院）

文贵辉（湖南环境生物职业技术学院）

谢拥军（岳阳职业技术学院）

徐公义（聊城职业技术学院）

阳　刚（宜宾职业技术学院）

张广强（信阳农林学院）

赵福琴（唐山职业技术学院）

周　辉（玉溪农业职业技术学院）

前言

　　为贯彻落实《国家中长期教育改革和发展规划纲要（2010—2020年）》，充分发挥教材建设在提高人才培养质量中的基础性作用，促进现代职业教育体系建设，全面提高职业教育教学质量，本次结合《国家高等职业教育发展规划（2011—2015年）》文件精神和国家规划教材编写要求修订《兽医临床诊疗技术》教材。

　　在2008年，第一版教材较好地体现了项目化教改的特色和成果，第二版教材根据《教育部关于加强高职高专教育人才培养工作的意见》，以"需用为准、够用为度和实用为先"为原则，在保留原版教材特色的基础上，将陈旧的内容进行了更新，遗漏的内容进行了补充，修订后的教材具有如下特色。

　　1. 保留原书采用的模块结构。再版教材共分四个模块二十个项目，内容主要包括兽医临床诊断技术、实验室诊断技术，兽医常用临床治疗技术和兽医临床常见症状的诊断与处理。每个项目又分为若干个技能，技能下设置有技能基础、材料与设备、检查内容与方法、项目小结、目标检测题等内容，能有效体现职业技能和职业素质基础知识培养的内容。

　　2. 根据岗位需要、结合全国执业兽医师资格考试内容更新了部分内容，并在各项目中优选了有关执业兽医师资格考试的题目，加强岗位针对性，有利于工学结合培养技能应用型人才，推行"双证书"制度。

　　3. 结合兽医临床诊断的实际工作和行业现状补充新技术。宠物饲养的兴起和宠物疾病的增加给兽医临床诊疗开辟了一个新的市场，同时也对兽医临床诊疗技术和设备提出了更高的要求，第二版教材结合这一情况，新增了动物血细胞分析仪等先进仪器的使用和日常维护，补充了犬的胃肠、生殖器等的检查，为宠物疾病的诊断与治疗提供参考。

　　4. 结合实践教学中学生进行实验室检测时经常出现的错误，更新完善了部分实验室诊断项目的有关内容，以提高检测的准确率。

　　第二版教材从高职高专教育特色出发，以兽医临床实践为目标，以强化应用为重点，以必需、够用为度，在保持科学性和系统性的基础上，突出应用性和实践性，适当体现本学科的新理论、新技术和目前动物疾病的新趋势。本书力求内容翔实、新颖实用，以供高职高专畜牧兽医专业师生，兽医工作者，动物养殖场、动物检疫、宠物医院的相关人员参考使用。

　　虽尽心修订，但编写水平与经验有限，书中难免有疏漏和不足之处，恳望广大读者在使用过程中继续提出修订、补充和更新的意见和建议，以便进一步提高教材质量，打造精品！

编者

2015 年 2 月

第一版前言

随着我国畜牧兽医产业的不断发展，我国的兽医定位也在不断发生着深刻的变化：由最初的以服务役用动物为主转移到以服务食用动物为主。保障畜牧业的健康、稳步发展，保障动物性食品的质量与安全是兽医工作者目前以及未来工作的重点；伴侣动物及野生动物（动物园、自然保护区）的保护、特种经济动物的养殖以及未来竞技动物的职业化，也为兽医诊疗开辟了一个较大的临床服务领域。

在兽医诊疗实践中，如何给动物看病，如何打针、灌药，是一个兽医工作者必须掌握的基本技能。防治动物疾病，首先得认识疾病。准确的诊断是制订合理、有效防治措施的基础，而治疗技术是疾病防治工作的保证。

《兽医临床诊疗技术》是应高职高专教育改革和畜牧兽医行业的发展需要进行编写的。本教材从高职高专教育特色出发，以兽医临床实践为目标，以强化应用为重点，以理论"必需、够用"为度，在保持科学性和系统性的基础上，突出应用性和实践性，适当体现本学科的新理论、新技术和发展水平以及目前动物疾病的新趋势。本书编写时以技能作为基本知识单位，并归于相关的项目下。本教材共分四个模块二十个项目，内容包括兽医临床诊断技术、实验室诊断技术、兽医常用临床治疗技术、兽医临床常见症状的诊断与处理。针对各项技能，书中详细介绍了本领域一致公认的指标和方法，并列举了数种操作方法及相关注意事项。各项目后设有项目小结及复习题，便于学生加深理解和复习。考虑到深入学习的需要，部分技能后设置了知识链接，对相应技能操作的基础知识和必需技能作了补充说明。

本书在全体参编人员的共同努力下，历时一年，方得以完成。在编写过程中，得到了参编人员所在单位的大力支持，在此深表感谢。

本书力求内容翔实、新颖实用、有所创新，为高职高专畜牧兽医专业师生，兽医工作者，动物养殖场、动物检疫、动物园的相关人员提供一本对教学、生产有用的参考书。但由于水平有限，书中难免存在不足，恳望广大读者提出宝贵意见或建议，以便进一步修改和完善。

编者
2009 年 1 月

# 模块一
## 兽医临床诊断技术

# 项目一　临床诊查方法

**【学习目标】**

通过本项目的学习，了解家畜的保定方法和临床诊断的基本方法；重点掌握临床诊断问、视、触、叩、听、嗅的基本方法、注意事项，为临床诊断奠定基础。

**【技能目标】**

1. 能正确保定各种家畜。

2. 通过问、视、触、叩、听、嗅的基本方法进行临床诊断。

## 技能一　动物的保定

保定的目的主要在于防止动物骚动，便于检查和处置；并保障人、畜的安全。保定的方法有物理保定法和化学保定法。一般兽医临床对畜禽的保定大多是物理保定法，如简易保定法、绳索保定法、柱栏保定法等；对野生动物和非常凶猛的动物可采用化学保定法。

**【技能基础】**

熟练掌握各种动物的简易保定、柱栏保定、绳索保定方法，了解化学保定的基本概念和基本方法。

**【材料与设备】**

牛鼻钳，鼻捻棒与绳套，柱栏，保定绳，网架，化学保定药物：氯胺酮、保定灵、新保灵等，长柄注射器，麻醉枪。

**【检查内容与方法】**

## 一、简易保定法

**1. 牛的简易保定**

[方法]

（1）徒手握牛鼻保定　其方法是用一手拉提鼻绳、鼻环或用一手的拇指与食指、中指捏住牛的鼻中隔加以保定[图1-1（a）]。

（2）牛鼻钳保定　将鼻钳的两钳嘴夹入两鼻孔，并迅速夹紧鼻中隔，用手握持钳柄，也可用绳系紧钳柄固定到桩柱上。

（3）其他　可参照图1-1（b）和（c）保定牛只。

[应用]　适用于一般检查。

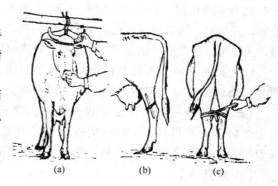

（a）　　　　（b）　　　　（c）

图1-1　牛的简易保定法

## 2. 马的简易保定

**[方法]**

（1）鼻捻保定法 将鼻捻子的绳套套于左手上并夹于指间，右手抓住笼头，持有绳套的手自鼻梁向下轻轻抚摸至上唇时，迅速有力地抓住马的上唇，此时右手离开笼头，将绳套套于唇上，并迅速向一方捻转把柄，直至拧紧为止（图1-2）。

（2）耳夹子保定法 先将一手放于马的耳后颈侧，然后迅速抓住马耳，以持夹子的手迅即将夹子放于耳根部并用力夹紧，此时应握紧耳夹，避免因骚动、挣扎而使夹子脱手甩出而伤人等。

（3）唇绳保定法 用长绳（被检马的缰绳即可，但不宜过粗过硬）一端系于笼头颊环上；一手握住上唇，另一手持绳游离端自下而上绕过上唇并穿过绳的内面，然后用力牵引绳端（图1-3）。

 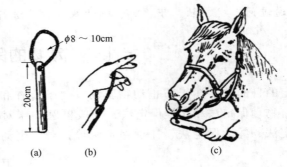

图1-2 马的鼻捻保定法

图1-3 唇绳保定法
（a）鼻捻棒及绳套；（b）绳套夹于指间的姿势；（c）拧紧上唇

**[应用]** 适用于一般的临床检查或简单的处置。

## 3. 猪的简易保定

**[方法]**

（1）站立保定 在猪群中，可将其赶至猪栏的一角，使其相互拥挤而不便骚动，然后进行检查、处置。

欲捉住猪群中某一猪只进行检查时，可迅速抓提猪尾、猪耳或后肢，并将其拖出猪群，然后做进一步的保定。

（2）绳套保定 在绳的一端系一活套，使绳套自猪的鼻端滑下，当猪只张口时迅速使之套入上腭，并勒紧，然后由一人拉紧保定绳的一端，或将绳拴于木桩上，此时，猪只多呈用力后退姿势，从而可保持安定的站立状态。套绳的材质可用麻绳或金属制的柔丝绳（图1-4）。

（3）提举保定 抓住猪的两后肢飞节并将其后躯提起，用腿夹住其背部；亦可抓住猪的两耳，迅速提举，使猪腹面朝前，并以膝部夹住其颈胸部而固定之（图1-5）。

**[应用]** 第一种方法适于检查体温、臀部的肌肉注射及一般的临床检查；第二种方法适于体格较大的猪只、带仔母猪或大公猪的保定，可用于投药、注射等；第三种方法适用于一般检查、腹腔注射、阴囊赫尔尼亚手术及小公猪的阉割。

**[注意事项]**
① 避免剧烈追赶，以免影响检查结果。

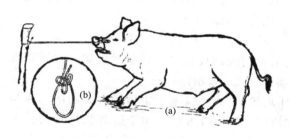

图 1-4　猪的绳套保定法

（a）猪只保定后的姿势；（b）绳套的结法图

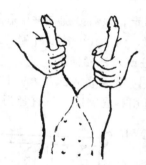

图 1-5　提举后肢保定法

② 心血管系统、呼吸系统异常的猪不宜强行保定。

③ 依检查、处置或手术的需要，可采取相应的保定方法。

**4. 犬的简易保定**

［**方法**］

（1）口笼或口网保定法　方法是给犬戴上口笼或口网即可。

（2）绷带保定法　将绷带放入犬齿后，绕至上颌后再绕至下颌缠系紧，然后绕系至耳后颈部。

（3）四肢捆绑保定法　给犬戴上口罩或口网后，将左右前后肢分别用绷带进行固定。

（4）保定台架保定　用木头或金属制成保定台，把犬用皮带固定在保定台上或者用绷带将四肢分别固定在保定台上。

［**应用**］　第一种方法适于检查体温、注射及一般的临床检查；第二种方法、第三种方法适于体格较大的犬只的保定，尚可用于投药、注射等；第四种方法适用于大型犬保定或犬腹腔手术时。

## 二、柱栏内保定法

**1. 单柱颈绳保定**

［**方法**］　将待保定动物的颈部紧贴于单柱或树桩上，以单绳或双绳作颈部活结固定（图 1-6）。

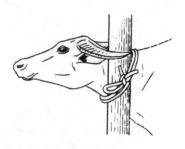

图 1-6　牛单柱颈绳保定法

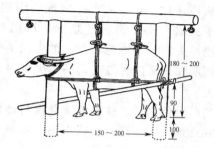

图 1-7　牛二柱栏保定法

**2. 二柱栏保定**

［**方法**］　将牛或马牵至二柱栏前柱旁，先作颈部活结使颈部固定在前柱一侧。再用一条长绳在前柱至后柱作水平环绕，将保定动物围在前后柱之间，然后用绳在胸部或腹部作上

下、左右固定，最后分别在鬐甲和腰上打结。必要时可用一根长竹竿或木棒从右前方向左后方斜过腹部，前端在前柱前外侧着地，两端加以固定，见图 1-7。

### 3. 四柱或六柱栏保定

[方法] 先牵畜入四（六）柱栏，上好前后保定绳即可保定。必要时可加上背带和腹带。柱栏可用钢管制成，管直径为 8～10cm，可参照图 1-8 制作。

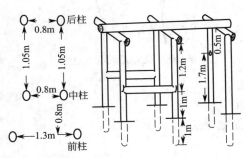

图 1-8 六柱栏及其结构示意图

[应用] 柱栏保定法适用于大动物的临床检查和治疗。第一种方法适用于野外临床一般检查或治疗时保定；第二种方法适用于灌药或投胃管、马的检蹄及装蹄等；第三种方法适用于一般临床检查、直肠检查、外科处置及手术等。

## 三、保定绳保定法

### 1. 牛的倒卧保定

[方法] 由三人倒牛、保定，一人保定头部（握鼻绳或笼头）。取约 10m 长的圆绳一条，折成长、短两段，于折转处做一套结并套于左前肢系部；将短绳一端经胸下至右侧并绕过背部再返回左侧，由一人拉绳保定；另将长绳引至左髋结节前方并经腰部返回绕一周、打半结、再引向后方，由二人牵引。令牛向前走一步，正当其抬举左前肢的瞬间，三人同时用力拉紧绳索，牛即先跪下而后倒卧，一人迅速固定牛头，一人固定牛的后躯，一人速将缠在腰部的绳套向后拉并使之滑到两后肢的跗部而拉紧之，最后将两后肢与左前肢捆扎在一起。见图 1-9。

[应用] 常用于去势及腹部、会阴部外科手术等。

### 2. 单绳倒马法

[方法] 用长约 12m 的绳，其一端系一铁环（内径 8～10cm）。先将系有铁环的一端绕颈一周，在欲卧侧的对侧颈基部打结，使铁环放于马肘部后上方，铁环自然下垂；将绳另一游离端通过腹下，再行至卧侧后肢系部，从系部的内侧向后、外侧绕行，再将游离端从铁环的下方（靠马体部）插入环内，从环穿过、经背腰部，将绳端引向卧侧后方，用右手拉紧，使卧侧后肢悬起，再用左手握紧缰绳，把马头转向卧地的对侧，加大回头的姿势。同时用两肘强压马的背腰部，马体失去平衡而随即卧倒地上。

当马卧倒之后，应仍使头部保持倒卧的回头姿势，并迅速用绳的游离端固定另一后肢，之后将马头放于平地上，加以固定。

[应用] 公马的去势及直肠检查等。

[注意事项]

① 在所有的保定过程中，固定绳均应打活结，以便于解开，防止发生意外事故。

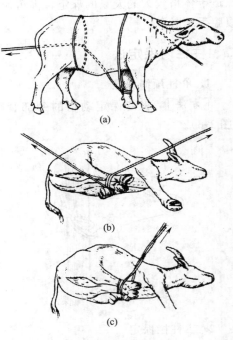

图 1-9 提拉前肢倒牛法
(a) 倒牛绳的套结法；(b)、(c) 肢蹄的捆系法

② 保定用的绳索必须结实可靠，以防断裂。

③ 保定的动物不宜过饱。

④ 倒卧的地面不宜太坚硬，应选择平坦的土质地面，头部应铺上软垫，在固定四肢时，术者应站于适当的位置，注意安全，在整个放倒过程中，应尽量注意避免保定动物损伤及骨折等。

## 四、化学保定法

化学保定是使用化学药物对野生动物和非常凶猛的动物进行的一种保定方法。一般使用在动物园、野生动物驯养场等地方。

[化学保定用药物]　用于动物化学保定的药物很多，在临床用得较多的有以下几种。

① 氯胺酮。适用于肉食动物、灵长类动物以及除草食动物以外的大多数哺乳动物。一般与阿托品同时使用。

② 保定灵。原产于英国公司，适用于大多数草食动物。

③ 新保灵。主要成分为噻芬太尼。其系列产品有新保灵注射液、保定Ⅰ号、保定Ⅱ号，并配有保定后促使苏醒的回苏灵Ⅰ号（二甲弗林）。这是动物园保定动物时的主要药物。

[保定方法]

① 利用特殊注射器注射给药。常用的有吹管注射器和长柄注射器。市面上有售。

② 利用麻醉枪给药。麻醉枪有近距离麻醉枪（射程 15～20m）和远距离麻醉枪（射程 50m 左右）。市面上已有商品供应。

# 技能二　临床检查的基本方法

【技能基础】

熟练掌握临床诊断问、视、触、叩、听、嗅的基本方法。

【材料与设备】

听诊器，叩诊槌、叩诊板。

【检查内容与方法】

## 一、问诊

[方法]　向病畜的所有者或饲养、管理等有关人员调查，了解畜群或病畜有关发病情况。

[内容]

（1）病史　病畜既往的患病情况。

（2）发病情况　病畜发病的时间、地点及发病当时的具体环境（如饲前或饲后，使役中或休息时等）。

（3）疾病表现　主要了解病畜饮食、粪、尿、咳嗽、起卧、反刍、跛行及接触病畜的人员所见到的其他症状表现等。

（4）病畜管理　对病畜平时饲养制度，饲料种类、保管、质量及调配饲喂时间和方法，使役情况以及环境、气候的变化等进行了解，以探索发病的可能原因。

（5）诊治情况 包括是否治疗过，治疗时的用药情况，如药物的产地、商品名和成分名、药物的使用剂量、配伍情况和效果；饲料中添加的药物与处方用药有否影响等。

（6）流行病学调查 特别是在有传染可疑或群发现象时，应从以下方面入手。

① 发病动物种类、发病率、死亡情况和死亡率；邻舍及附近场、站最近一段时间有无疾病流行；发病场的预防接种情况，如疫苗来源、保管、接种方法及在预防接种时添加药物的情况；重点疫病监测情况等。

② 发病场畜群的饲料质量、饲喂方法和制度，饲料的仓储（放置场所是否靠窗、是否被雨水淋湿、板结发霉的情况）和饲料添加药物（重点了解配伍禁忌等）情况；附近有无排出有毒气体及废水的工矿；气候条件及生产、使役情况等。对放牧牲畜，则应了解牧场及牧草的组成情况。这些对推断病因，分析中毒、代谢病、地方病等均有实际意义。

③ 动物流动情况，了解畜群的来源，是自繁自养还是从外面购回，购回的时间，其来源地及其疫情情况。

④ 养殖场的建筑情况，了解养殖场饮水水源、饮水管道铺设（夏天注意管道的曝晒、冬天是否有保暖防冻措施）、饮水情况；养殖场朝向、通风、降温、保暖措施以及临时设施的搭建情况。这些情况对分析动物发热，消化道、呼吸道疾病和不明原因突然死亡等有重要的意义。

[注意事项]

① 语言要通俗，态度要和蔼，要取得饲养、管理人员的很好配合。

② 在内容上既要有重点，又要全面搜集情况。一般可采取启发的方式进行询问。

③ 对问诊所得到的材料，不要简单地肯定或否定，应结合病症和实验室检查结果，进行综合分析，更不要单纯依靠问诊而草率做出诊断或立即给予处方、用药。

④ 问诊的方式可采取个别访问或开调查会的方式进行。要客观地听取各种意见，然后加以综合分析，特别是在发生疑似中毒的情况下，调查时更要细致与谨慎。

## 二、视诊

视诊通常是用肉眼直接观察被检动物的状态。通过视诊一般可以发现很多有意义的症状，特别在作群体检查时，视诊更是发现病畜（禽）的重要方法。因此，对视诊必须予以足够的重视。

[方法] 检查者在不惊扰动物的前提下先站在离病畜（禽）适当距离处，首先观察其全貌，然后由前往后、从左到右、边走边看，观察病畜的头、颈、胸、腹、脊柱、四肢。当至正后方时，应注意尾、肛门及会阴部，并对照观察两侧胸、腹部的对称性和是否异常。为了观察运动过程及步态，可进行牵蹓。最后再接近动物，进行细小部位的检查。群体检查时，要注意观察畜（禽）的均匀度、行动的一致性，特别要观察离群独居的个体状态。

[应用范围]

① 观察病畜外貌（体格、发育、营养及躯体结构等）。群体检查要注意畜群均匀度。

② 观察病畜精神状态、姿势、运动与行为。群体动物要重点观察离群动物的状态和行为。

③ 观察病畜被毛、皮肤及体表病变，禽类羽毛的光泽度、肉冠和肉髯的颜色。

④ 观察病畜可视黏膜及与外界直通的体腔及其体腔周围的状态。

⑤ 观察病畜的生理活动情况，如鸣叫、呼吸、采食、咀嚼、吞咽、反刍与嗳气活动，

排尿与排粪动作及禽类有否啄癖现象等。

⑥ 观察病畜所排出的分泌物、排泄物及其他病理产物的数量、性状与混有物等。

[注意事项]

① 要在不惊扰被检动物的情况下进行观察，运动、惊恐的动物要让其稍经休息、呼吸平稳后再行检查。

② 最好在天然光照的场所进行。

③ 收集症状要客观而全面，不要单纯根据视诊所见的症状就确立诊断，要结合其他方法检查的结果进行综合分析与判断。

④ 必须了解、熟悉健康动物的生理行为。

## 三、触诊

触诊分直接触诊和间接触诊。直接触诊是利用检查者的手指、手掌、手背或握拳对畜体某部进行触摸或触压检查，以判定病变部位的位置、形状、温度、湿度、硬度等性状及敏感性的方法。间接触诊是借助器械进行触诊，如使用胃导管进行食管探诊。

[方法] 可分为浅部触诊法和深部触诊法。

① 浅部触诊法是用手平放在被检部位而不施加压力，在体表轻轻滑动进行检查。

② 深部触诊法是根据被检器官部位的不同，采用不同的方式和压力进行检查。以手掌（或握拳）平放于被检部位，并轻施压力，称按压触诊法；用手掌（或握拳）在被检部位连续进行 2～3 次有力冲击，以感知腹腔器官的状态，称冲击触诊法。

[触诊感觉]

① 捏粉状。有压面团的感觉，稍柔软，指压后呈凹陷形成压痕，去除压力后缓慢恢复。见于豆谷类饲料引起的瘤胃积食、前胃弛缓、皮下水肿等。

② 波动。柔软稍有弹性，指压波及周围，有移动感，见于器官内液体潴留，如局部血肿、脓肿、胸水、腹水等。

③ 硬固。坚实，类似骨的硬度，触摸结石时的感觉。见于膀胱结石等。

④ 弹性。指动物体被触或叩的部位在外力作用下发生形变，当外力撤销后能恢复原来大小和形状的性质。反刍兽瘤胃臌气时左肷部的弹性加强，皮下气肿时被触部位柔软而有弹性，压迫时有气体向四周逸散的感觉。

[应用范围]

① 检查体表的温度、湿度时，应以手掌或手背接触皮肤进行感知。

② 感知某些器官的活动情况（如心搏动、瘤胃蠕动、动脉脉搏等）时，应用手指接触器官活动的部位进行感知。

③ 检查局部与肿物的硬度时，应以手指进行加压或揉捏，根据手感及压后的现象而判断。

④ 以刺激为目的判断动物的敏感性时，应在触诊的同时注意动物的反应及头部、肢体的动作，如动物表现回视、躲闪或反抗，常是敏感、疼痛的表现。

⑤ 对内脏器官的诊断宜采用深部触诊，以检查腹腔器官的位置、大小、形状及其内容物等。对大动物还可通过直肠进行内部触诊。

[注意事项]

① 注意安全。应先了解被检动物的习性及有无恶癖，并在必要时进行相应保定。如对

犬行触诊时，先要给犬戴上口罩或系上口绳；给大型鸟类如鸵鸟进行检查时应先给其带上头套；当需触诊马、牛的四肢及腹下等部位时，要一手放在畜体的适宜部位做支点，以另一只手进行检查，并应从前往后，自上而下地边抚摸边接近欲检部位，切忌直接突然接触。

② 检查某部位的敏感性时宜先健区后病部，先远后近，先轻后重，并注意与对应部位或健区进行对比；注意不要使用能引起病畜疼痛或妨碍病畜表现反应动作的保定方法。

## 四、叩诊

叩诊是敲打动物体表的某一部位，根据所产生的音响的性质来推断内部病理变化的一种方法。

[方法] 分直接叩诊法与间接叩诊法。

（1）直接叩诊法 用手指或叩诊锤直接向动物体表的一定部位叩击的方法。

（2）间接叩诊法 又分指指叩诊法与锤板叩诊法。

① 指指叩诊法。主要用于中、小动物的叩诊。通常以左手的中指紧密地贴在检查部位上（用作叩诊板），用由第二指关节处屈曲 90°的右手食指或中指做叩诊锤，并以右腕做轴而上、下摆动，用适当的力量垂直地向左手中指的第二指节处进行叩击。

② 锤板叩诊法。即用叩诊锤和叩诊板进行叩诊，通常适用大家畜。一般以左手持叩诊板，将其紧密地放于欲检查的部位上；用右手持叩诊锤，将锤垂直地向叩诊板上连续叩击2～3次，以听取其音响。叩诊板有角质、骨质和金属制之分，也可选用材质致密的小木板；叩诊锤多为金属制，锤的前端有一橡皮头。叩诊锤、叩诊板根据不同动物的个体选择不同的型号。

[应用范围]

① 检查动物体腔（如胸腔、腹腔、鼻窦副鼻窦）时，以判断其内容物的性状（气体、液体或固体）。

② 检查含气器官（肺脏、胃、肠等）的含气量。

③ 检查肝、脾的大小和位置。

④ 叩诊可作为一种刺激源，判断其被叩击部位的敏感性。

[叩诊音] 动物体的叩诊音是依据被叩器官的含气情况决定的。基本音调清音和浊音。

（1）清音 广义的清音包括正常肺部叩诊音、鼓音和过清音三种，而狭义的清音仅指正常的肺叩诊音。

① 正常的肺叩诊音。正常的肺组织的肺泡含气量多，弹性好，叩诊时发清音。

② 鼓音。叩击含气量多且有组织弹性的空腔，则发鼓音。正常马的盲肠基部、牛的瘤胃上 1/3 的地方，叩击发出鼓音。

③ 过清音。是介于清音与鼓音之间的一种声音。如肺气肿时叩击肺组织的边缘可以听到过清音。

（2）浊音 是一种音调高、音响弱和振动时间短的音调。如叩诊厚层肌肉发出的声音。在清音和浊音之间，可有程度不同的过度声音，称半浊音。

[注意事项]

① 叩诊时用力的强度不仅可影响声音的强弱和性质，同时也决定振动向周围与深部的传播程度。因此，用力的大小应根据检查的目的和被检器官的解剖特点来决定。对深在的器官、部位及较大的病灶宜用强叩诊，反之宜用轻叩诊。

② 叩诊应在安静的地方进行。

③ 每一叩诊部位应进行 2～3 次时间间隔均等的同样叩击。叩诊出现异常声音时，应与相对应的健康部位作对照，以免发生误诊。在相应部位进行对比叩诊时，应尽量做到叩击的力量、叩诊板的压力以及动物的体位等都相同。

④ 叩诊板应紧密地贴于动物体壁的相应部位上，对瘦削动物应注意勿将其横放于两条肋骨上，对毛用羊只应将其被毛拨开。

⑤ 叩诊锤或用作锤的手指应垂直地叩在叩诊板上，叩击后应很快地离开。

⑥ 叩诊用力的强度要均匀，应以腕力叩击而不应强加臂力。

⑦ 叩诊时易发生锤板的特殊碰击音，叩诊锤的橡胶皮头要注意及时更换。

## 五、听诊

听诊是听取病畜某些器官在活动过程中所发生的声音，借以判断其病理变化的方法。

[**方法**]　直接听诊法与间接听诊法。

① 直接听诊法。先于动物体表上放一听诊布，然后用耳直接贴于动物体表的欲检部位进行听诊。检查者可根据检查的目的采取适宜的姿势。直接听诊方法简单，听取的声音真实。

② 间接听诊法。即应用听诊器在欲检器官相应的体表部位进行听诊，在诊断实践中普遍采用。听诊器由耳塞、金属三通、传导胶管、胸端组成，胸端分膜型和钟型两种。

[**应用范围**]

① 听取心音。

② 听取喉、气管及肺呼吸音以及胸膜的病理性音响。

③ 听取胃肠的蠕动音。

④ 听取母畜怀孕后期胎儿的心音。

[**注意事项**]

① 为了排除外界音响的干扰，保持听诊场地安静。

② 听诊器两耳塞与外耳道相接要松紧适当，过紧或过松都影响听诊的效果。听诊器胸端要紧密地放在动物体表的检查部位，并要防止滑动。听诊器的胶管无阻塞和破损，听诊时胶管不应交叉，也不要与手臂、衣服、动物被毛等接触、摩擦，以免发生杂音。

③ 听诊时要聚精会神，并同时要注意观察动物的活动与动作，如听诊呼吸音时要注意呼吸动作；听诊心音时要注意心脏搏动等。同时要注意与传导来的其他器官的声音相区别。

④ 听诊胆小易惊或性情暴躁的动物时，要由远而近地逐渐将听诊器胸端移至听诊区，以免引起动物反抗。听诊过程中注意防止被动物踢咬。

## 六、嗅诊

嗅诊是用嗅觉发现、辨别动物的呼出气、口腔气味、分泌物、排泄物的气味的一种检查方法。嗅诊只对某些疾病具有诊断意义。如呼出气及鼻液有特殊的腐败臭味时，提示呼吸道及肺部有坏疽性病变；全身有大蒜臭味时，提示可能有酮病；皮肤和汗液发生尿臭味时，常提示有尿毒症的可能等。

## 【项目小结】

动物保定是兽医临床诊疗最重要的基础工作，其目的是为了防止动物骚动，便于检查和处置，保障人畜安全。诊断疾病的基本方法是兽医工作者一项入门基本技能。本项目重点介绍了兽医临床上动物保定常用的简易保定法、柱栏保定法、绳索保定法和化学保定法等；详细叙述了临床诊断基本方法（问、视、触、叩、听、嗅诊）及其应用范围、基本内容、操作方法和注意事项。

## 【目标检测题】

### 一、选择题

1. 犬输液治疗时，可以用的保定器械是（　　）。

  A. 鼻钳　　　　　　　　B. 耳夹子　　　　　　　C. V形槽

  D. 颈圈　　　　　　　　E. 侧杆

2. 马属动物前肢单绳提举保定时，将绳的一端拴在（　　）。

  A. 颈部　　　　　　　　B. 鬐甲部　　　　　　　C. 胸段脊柱上

  D. 系部　　　　　　　　E. 掌区

3. 下列叙述中属于对既往史调查内容的是（　　）。

  A. 某发病猪场最近流行发生猪流感。

  B. 某发病猪场3年来零星散发猪喘气病。

  C. 某猪场最近改用国内某著名专家所研究的配方进行自配饲料饲喂。

  D. 某发病猪场猪舍通风不良，室内温度较高，湿度较大，粪便清扫不彻底。

  E. 某发病猪场病猪主要表现咳嗽、呼吸困难及食欲下降等症状。

4. 下列叙述中不属于视诊观察内容的是（　　）。

  A. 动物皮下脂肪的蓄积程度，肌肉的丰满程度

  B. 动物的精神状态及活动情况

  C. 动物体表皮肤及被毛的状态

  D. 动物粪便及尿液的多少、性状和混有物的情况

  E. 动物体温的高低情况

5. 下列叙述中不属于触诊检查内容的是（　　）。

  A. 家畜鼻部皮肤干湿度情况的检查

  B. 家畜胃内容物的多少、性状的检查

  C. 反刍兽网胃敏感性的检查

  D. 反刍兽反刍活动的检查

  E. 母畜妊娠情况的检查

6. 用叩诊法检查健康牛肺中部，可得到的叩诊音是（　　）。

  A. 浊音　　　　　　　　B. 半浊音　　　　　　　C. 清音

  D. 过清音　　　　　　　E. 鼓音

7. 进行指指叩诊操作时，叩击的正确方法是（　　）。

  A. 叩诊的手应以指间关节做轴　　　　　B. 叩诊的手应以掌指关节做轴

C. 叩诊的手应以腕关节做轴　　　　　　　D. 叩诊的手应以肘关节做轴

E. 叩诊的手应以肩关节做轴

8. 下列叙述中不属于听诊检查内容的是（　　　）。

A. 动物心音状态的检查　　　　　　　　　B. 动物支气管呼吸音情况的检查

C. 动物肺泡呼吸音情况的检查　　　　　　D. 动物胃肠蠕动情况的检查

E. 动物膈肌痉挛音的检查

9. 下列关于叩诊的叙述，不正确的是（　　　）。

A. 叩诊板须密贴动物体表，其间不得留有空隙。

B. 应使叩诊槌或用作槌的手指，垂直地向叩诊板上叩击，在叩打后应很快地离开，
　 叩打应该是短促、断续、快速而富有弹性。

C. 应在每部位连续进行 5～6 次时间间隔均等的同样叩打。

D. 叩诊的手应以腕关节作轴，轻松地振动与叩击，不要强加臂力。

E. 叩诊检查宜在室内进行，以防其他声音的干扰。

10. 触诊对全身哪个部位的检查更重要（　　　）。

A. 胸部　　　　　　　　B. 腹部　　　　　　　　C. 皮肤

D. 神经系统　　　　　　E. 颈部

二、简答题

1. 简述动物保定的目的是什么？

2. 常用的动物保定方法有哪些？

3. 简述临床检查的基本方法有哪些？

4. 在临床中怎样才能正确区分正常的生理状态和临床病理变化？

# 项目二  一 般 检 查

【学习目标】

　　通过本项目的学习，掌握动物体温的测定，全身状态观察，毛及皮肤、眼结合膜及体表淋巴结的检查方法及其临床意义，判断其正常状态、病理变化。

【技能目标】

　　1. 能正确测定动物体温并进行临床诊断。

　　2. 可熟练对动物全身状态、被毛、皮肤、眼结合膜、体表淋巴结进行检查。

## 技能一　体温的测定

【技能基础】

　　1. 掌握体温的测定方法和各种动物体温的正常值。

　　2. 了解体温变化及其临床意义。

【材料与设备】

　　体温表。

【检查内容与方法】

　　[测定方法]　通常测直肠温度。测温时，应甩动体温计使水银柱降至35℃以下；用酒精棉球擦拭消毒并涂以润滑剂后再使用。被检动物应进行适当的保定。

　　给马属动物测温时，检查者通常位于动物的左侧后方；给牛测温时检查者可站在正后方，以左手提起其尾根部并稍推向对侧；给猪测温时检查者站在其左侧或右侧，右手持体温计经肛门徐徐捻转插入直肠中，再将附带的夹子夹于猪尾毛或荐部的毛上。经3～5min后取出，读取度数。用后再甩下水银柱并放于消毒瓶内备用。

　　各种动物正常体温（℃）如下：

　　马 37.5～38.5　　骡 38.0～39.0　　牛 38.0～39.5　　水牛 36.5～38.5　　猪 38.0～39.5

　　犬 38.5～39.5　　猫 38.0～39.5　　兔 38.5～39.5　　山羊 38.0～40.5　　绵羊 38.0～40.0

　　鸡 40.0～42.0　　鸭 41.0～43.0　　骆驼 36.5～38.5

　　健康动物的体温可受某些生理因素及外界条件的影响而发生一定程度的变动。如：一般幼畜的体温比成年动物高；妊娠母畜分娩前的体温稍高；甚至不同品种及个体的营养状态也对体温略有影响。另外，动物的兴奋、紧张，运动与使役，剧烈的肌肉活动（如采食、咀嚼等）也可使体温暂时、轻度升高。

　　外界温度的变化对体温有一定影响，水牛、绵羊等尤为明显。昼夜温度变动也会影响动物体温，通常早晨体温稍低，而午后的体温稍高。这种变化叫温差，但一天的温差通常不超过1℃。如果体温上午高、下午低，叫温差逆转，马传染性贫血时经常出现。

[注意事项]

① 选择兽用体温计，用前应统一进行检查、验定，以防有过大的误差。

② 对于门诊病畜，应使其适当休息并安静后再测定。

③ 对于住院病畜，应每日定时进行测温，并逐日记录，绘成体温曲线表。

④ 体温计的玻棒插入深度要适宜（一般大动物可插入其全长的 2/3，小动物则不宜过深）。

⑤ 注意因测温方法不当而发生的误差，如：用前应甩下体温计的水银柱；测温时间不可短于温度计所要求的时间（如 3min 计则不得少于 3min）；须进行灌肠、直检的病畜应在处置前测温；直肠有多量宿粪的病畜，勿将体温计插入宿粪中，而应排除积粪后测定等。

⑥ 遇有直肠发炎、频繁下痢或肛门松弛的病畜，为避免直肠温的差异，对母畜宜测阴道温度，但应注意，母畜阴道的温度通常较直肠温度低 0.2～0.5℃。

[病理变化]　体温异常在排除上述生理性变化因素外，可认为是病理性的变化。

（1）体温升高　体温高于正常值：一是由于产热增加、散热正常；二是由于产热正常、散热减少。动物除体温升高外，尚有精神沉郁、食欲减退、呼吸及脉搏加快、消化不良、渴欲增强、多汗等一系列变化，称为发热综合征。

引起发热的因素主要有两个方面：一是物理、化学因素的作用，如环境温度过高、湿度过大、运动过速等造成产热和散热失去平衡而引起的积热；二是由于致热原物质的作用，如细菌、真菌、病毒、原虫和非感染性炎症、恶性肿瘤、过敏反应等。前者属非感染性致热原物质，后者为感染性致热原物质。发热可有三种分类方式。

① 根据体温升高的程度，发热可分为以下几种。

a. 最高热。体温升高 3℃ 以上，见于急性传染病、日热病及热射病等。

b. 高热。体温升高 3℃，见于急性感染性疾病及广泛的炎症。

c. 中热。体温升高 2～3℃，见于消化道、呼吸道的一般炎症及某些亚急性、慢性传染病。

d. 微热。体温升高 1～2℃，见于局部感染或慢性病。

② 根据病情的长短，发热可分为以下几种。

a. 急性发热。发热期延续一周至半月，见于急性传染病。

b. 亚急性发热。发热期为半月至一个月，见于亚急性传染病。

c. 慢性发热。发热期为一个月以上，见于慢性传染病。

d. 一过性热或暂时性热。体温的暂时升高，见于注射疫苗、血清后的一时性反应或疾病的前驱期。

③ 根据发热的热型可分为以下几种。

a. 稽留热。体温升高后不恢复到正常，且每天温差在 1℃ 以内，见于败血性传染病，如马腺疫、猪瘟，血液原虫病，如弓形体病、附红细胞体病等。

b. 弛张热。体温升高后每天温差在 1℃ 以上，见于化脓性疾病、败血症、小叶性肺炎及腺疫等。

c. 间隙热。有热期与无热期交替出现，见于马传染性贫血、血孢子虫病等。

d. 回归热。体温升高后又恢复到正常，经过一段时间后又升高，间隙时间不定，见于焦虫病、锥虫病。

e. 不规则热。体温升高无规律性，如马鼻疽、牛结核病等。

（2）体温下降　由于产热减少或散热增加，而使体温低于正常，见于脑及脊髓疾病、慢性消耗性疾病、代谢病、中毒、大失血、某些疾病发热期用药不规范（如胸膜性肺炎时单一使用退热药）及濒死期等。

# 技能二 全身状态的观察

**【技能基础】**

掌握病畜精神状态、体格、发育与营养、姿势与步态等全身状态的观察方法，了解其病理变化和临床意义。

**【检查内容与方法】**

## 一、精神状态

[检查方法] 精神状态是动物的中枢神经机能活动的反应，主要是用视诊进行观察。根据其耳的活动、眼的表情及各种反应、举动而判定。

[正常状态] 健康畜禽表现为头耳灵活、眼睛明亮、反应迅速、行动敏捷，毛、羽平顺并富有光泽。幼畜则显得活泼好动。

[病理变化] 精神异常可表现为抑制或兴奋。

（1）抑制状态 一般表现为耳聋拉、头低下、眼半闭、行动迟缓或呆然站立，对周围漠然而反应迟钝；重则可见嗜睡甚至昏迷。鸡则表现为羽毛蓬松、垂头缩颈、两翅下垂、闭眼呆立。

主要见于热性病、重症病畜及某些脑病与中毒。禽类还见于大肠杆菌、巴氏杆菌引起的疾病及禽流感等。

（2）兴奋状态 轻者惊恐不安、左顾右盼、竖耳刨地；重则不顾障碍地前冲、后退，狂躁不驯或挣扎脱缰。牛不断哞叫或摇头乱跑；猪则有时沿圈舍不停地转圈，有的呈现痉挛与癫痫样动作或呈侧卧、四肢前后划动或呈角弓反张样症状。严重时可见攀登饲槽、跳越障碍，甚至攻击人畜。

一般多见于脑病、中毒（如氟乙酰胺中毒）或传染病（如猪伪狂犬病）等。犬见有啃咬自身或物体甚至有攻击行为时，应注意狂犬病。

## 二、营养状态检查

[检查方法] 主要根据肌肉的丰满度、皮下脂肪的蓄积量及被毛状态而判定。一般用视诊的方法进行检查，精确测定应称量体重。临床上可分为营养良好（八九成膘）、营养中等（六七成膘）和营养不良（五成膘以下）。

[正常状态] 健康动物营养良好，肌肉丰满，骨骼棱角不显露，被毛光顺。

[病理变化]

（1）营养不良 病畜消瘦，骨骼表露明显，肋骨可数，全身棱角突出，被毛粗乱无光，皮肤缺乏弹性常伴有精神不振、躯体乏力。营养不良在临床上分三种情况。

① 瘦削。见于轻度营养不良，也与品种有关。表现为体重减轻，体型瘦削，但生理正常。

② 消瘦。见于中度营养不良。动物表现被毛松乱，缺乏光泽，皮肤弹性降低，肌肉松弛，骨骼外露，体重较正常明显降低，体力明显减退。

③ 恶病质。见于高度营养不良。长期严重消瘦，贫血，精神高度沉郁，全身各部骨骼显露，腹部抽缩，眼窝、肋间、腹胁和肛门均下陷，常是预后不良的指征。

营养状态与动物机体的代谢机能和饲养、管理条件有密切关系。营养不良可见于营养缺乏及代谢扰乱性疾病，长期的消化障碍（如慢性胃肠卡他）及慢性消耗性疾病（如猪附红细胞体和弓形体病、慢性肺炎或胸膜肺炎，某些传染病如慢性猪瘟、圆环病毒病，寄生虫病如牛羊焦虫病）等。

（2）过肥　主要评定于各种种畜。过肥常可影响其繁殖能力，应注意是否由于运动不足和饲料没有定量的原因所引起。

## 三、体格发育检查

**1. 发育状态**

[检查方法]　体格主要根据骨骼的发育程度及躯体的大小而确定，可分为上、中、下三种。发育状态可分为发育良好、发育中等和发育不良。必要时应测量体长、体高、胸围等体尺。

[正常状态]　健康动物发育良好，体躯发育与年龄相称，体躯高大，结构匀称，四肢粗壮，肌肉结实而丰满，体格健壮有力。

[病理变化]　发育不良的病畜，多表现为躯体矮小，肢体纤细，瘦弱无力，发育程度与年龄不相称；在幼畜多呈发育迟缓甚者发育停滞。

发育不良多由于营养缺乏、代谢扰乱（如矿物质、维生素缺乏症）、慢性消耗性或慢性传染性病所引起。如仔猪患慢性病时，则发育不良或形成僵猪。

**2. 躯体结构**

[检查方法]　主要注意病畜的头、颈、躯干及四肢、关节各部位的发育情况及其形态、比例关系。

[正常状态]　健康动物的躯体结构紧凑而匀称，各部位的比例适当。

[病理变化]

① 单侧的耳、眼睑、鼻、唇松弛、下垂而致头面歪斜，是面神经麻痹的表现。

② 头大颈短、面骨膨隆、胸廓扁平、腰背凸凹、四肢弯曲、关节粗大，多为骨软症或幼畜佝偻病的特征。猪出现眼睑肿胀，可见于水肿病。

③ 动物的咽喉部出现肿胀，可见于巴氏杆菌病如猪肺疫、牛出败等。

④ 腹围极度膨大、肷部胀满，可见于反刍动物的瘤胃臌气或马骡的肠臌气，猪可见于梭菌性肠炎。

⑤ 猪的鼻面部歪曲、变形，可见于传染性萎缩性鼻炎等。

## 四、姿势与步态

[检查方法]　姿势是指动物在相对静止或运动过程中的空间位置和呈现的姿态，主要观察病畜表现的姿态特征。

[正常姿势]　健康动物姿态自然且不同种类动物通常各有特点。

马多站立，两后蹄常交替负重，偶尔卧下，遇人接近或闻吆喝即自行起立；牛食后常前胸着地、四肢集于腹下伏卧，进行反刍。遇人走近时，则后躯先起立再缓慢站立；羊、猪于食后好躺卧，生人接近时迅即起立、逃避。

[异常姿势]

(1) 全身僵直 表现为头颈挺伸, 肢体僵硬, 四肢关节不能屈曲, 尾根挺起, 典型的木马样姿势, 可见于破伤风。猪出现侧卧, 头颈伸直, 角弓反张, 四肢划动, 可见于链球菌病、伪狂犬病或氟乙酰胺中毒等。

(2) 异常站立姿势

① 病马两前肢交叉站立而长时间不改换, 可见于脑室积水; 鸡呈两腿前后叉开, 常为马立克氏病、维生素 B 族缺乏症和传染性脑脊髓炎等。

② 病畜单肢悬空或不敢负重, 可见于肢蹄疼痛, 如猪的关节型链球菌病、副嗜血杆菌病等; 两前肢后踏、两后肢前伸或四肢集向腹下, 均为多肢疼痛的表现, 典型病例应注意蹄叶炎, 牛要注意前胃病引起的腹痛症。

③ 躯体歪斜或四肢叉开、依墙而立, 可见于病后体弱或出现共济失调和躯体失去平衡的病例, 也可见于脑病, 如猪的伪狂犬病或中毒。

④ 扭头曲颈, 甚至躯体滚转, 鸡应考虑新城疫、脑脊髓炎和呋喃类药物中毒, 在育雏阶段出现多见于复合维生素 B 缺乏症, 鸭则要考虑鸭疫巴氏杆菌病和鸭传染性肝炎。

⑤ 马骡疝痛可表现为骚动不安、前肢刨地、后肢踢腹、回视腹部、伸腰摇摆、时起时卧、起卧滚转或呈犬坐姿势或仰腹朝天等; 牛、羊腹痛可见后肢踢腹动作。

(3) 异常躺卧姿势

① 病畜躺卧而不能起立, 常见于多肢的瘫痪或疼痛性疾病以及重度骨软症。

② 病畜呈犬坐姿势而后躯轻瘫, 主要考虑脊髓损伤性疾病、产前截瘫、产后瘫痪, 猪还应注意喘气病。

③ 猪出现伏卧、犬坐式、腹式呼吸, 可见于胸腔脏器的病变, 如胸膜肺炎、支原体肺炎等。

(4) 异常运步姿势

① 病畜于运动与行进间呈现跛行乃四肢病的特征性表现。猪常见于链球菌病、副嗜血杆菌病等。

② 步态不稳、四肢运步不协调或呈蹒跚、跄踉、摇摆、跌晃而似醉酒状时, 多为中枢神经系统疾病或中毒, 也可见于重病后期的垂危病畜。

# 技能三 被毛和皮肤的检查

【技能基础】

1. 掌握动物被毛和皮肤的主要检查部位和方法。

2. 熟悉动物被毛和皮肤的正常状态和病理变化及其临床意义。

【检查内容与方法】

## 一、鼻盘、鼻镜及鸡冠的检查

[检查方法] 检查牛、猪、鸡时, 要特别注意观察鼻盘、鼻镜、鸡冠及肉髯。

[正常状态] 健康牛、猪的鼻镜或鼻盘均湿润, 并附有少许水珠, 触之有凉感。

[病理变化] 牛鼻镜干燥、增温时多为热性病或前胃疾病的表现, 严重者可出现龟裂, 可见于瓣胃阻塞; 猪鼻盘干燥、有热感一般为病态, 多见于热性病。在治疗过程中, 鼻镜或

鼻盘由干变湿常为病情好转的象征。在观察白猪的鼻盘时，还应注意其颜色，当血液循环障碍、肺炎及蓝耳病、缺氧或亚硝酸盐中毒时，常可见到鼻盘发绀的现象。

鸡冠和肉髯正常为鲜红色，当患鸡瘟、禽流感、组织滴虫病、巴氏杆菌病等疾病时可呈蓝紫色；颜色变淡乃至苍白多为营养不良、贫血和淋巴性白血病的表现；如出现疱疹，则常见于鸡痘。

## 二、被毛的检查

[检查方法]　检查时应注意观察毛羽的牢固性、清洁光泽度、长度及分布情况。

[正常状态]　健康动物的被毛平顺而富有光泽，每年春、秋两季脱换新毛。健康家禽羽毛排列整齐，富有光泽而美观，多在每年秋季换羽。

[病理变化]　被毛蓬松粗乱、失去光泽、易脱落或换毛季节推迟，多是营养不良和慢性消耗性疾病，如鼻疽、马传染性贫血、寄生虫病等。

局部被毛脱落，多见于湿疹或毛癣、疥螨等皮肤病。犬在换毛季节换毛不一致或不换毛或非换毛季节被毛脱落，多由犬疥螨、蠕形螨引起。

检查被毛时，还要注意被毛的污染情况。当病畜（禽）下痢时，肛门附近、尾部及后肢等可被粪便污染。

在鸡群中，要注意肛门周围的羽毛状况，肛门周围羽毛脱落要注意啄肛症；肛门周围的羽毛黏附在肛门部位，要注意鸡白痢和大肠杆菌病等。

## 三、皮肤的检查

主要通过视诊和触诊进行，宜注意其颜色、温度、湿度、弹性及疱疹等病变。

**1. 颜色**

[检查方法]　皮肤颜色的检查一般能反映出动物血液循环系统的机能状态及血液成分的变化。主要检查白色皮肤的动物，其他颜色的皮肤因有色素而不易观察，但可视黏膜的颜色可作为皮肤颜色变化的依据。

[病理变化]　猪皮肤上出现小点状出血（指压不褪色）多见于败血性疾病，如猪瘟；而出现较大的红色充血性疹块（指压而褪色），常见于猪丹毒。皮肤发绀，多见于心脏衰弱、呼吸困难及某些中毒（如猪亚硝酸盐中毒）；猪耳朵发绀、全身发红继而变紫常见于蓝耳病；仔猪耳尖、鼻盘发绀常见于慢性副伤寒；白猪皮肤发黄，常见于钩体和肝胆有病；雏鸡胸腹或腿侧、翼部皮下呈淡绿色，见于雏鸡硒及维生素 E 缺乏症；鸡大腿或胸肌出血多见于法氏囊病。

**2. 温度**

[检查方法]　检查皮温，用手触诊为宜。影响皮温高低的主要因素是动物皮肤血管网的分布状况和皮肤的散热机能，在确定检查部位时应以此作为出发点。对马可触摸耳根、颈部及四肢；牛、羊可检查鼻镜（正常时发凉）、角根（正常时有温感）、胸侧及四肢；猪可检查耳及鼻端；禽类可检查肉髯和股内侧。

[病理变化]

（1）皮温增高　皮温增高是皮肤血管扩张及血流加快的结果。全身皮温增高常见于热性病、心机能亢进、过度兴奋等；局限性皮温增高是局部发炎，如皮炎、蜂窝织炎、咽喉炎等。

（2）皮温降低　皮温降低是由于血液循环障碍、皮肤血管中血液灌注不足所致。全身皮温降低可见于衰竭症、大失血、循环虚脱、中枢神经系统抑制及牛的生产瘫痪等；局部皮温降低可见于该部位的水肿或外周神经麻痹等。

（3）皮温不整　皮温不整是由皮肤血液循环不良或神经支配异常而引起的局部血管痉挛所致。一种是表现身体对称部位的皮肤温度冷热不匀，如一耳冷、一耳热；另一种表现是末梢部位的温度低于躯干部位，见于心力衰竭、虚脱。

### 3. 湿度

[检查方法]　主要通过视诊和触诊。皮肤的湿度主要与动物的种类有关，马属动物的汗腺发达，牛、羊、猪、犬次之，禽类无汗腺。健康动物在安静的状态下，一般汗液随时分泌随时蒸发，皮肤表面有黏滑感。

[病理变化]

（1）出汗增多　生理性泌汗增多，见于外界气温过高、动物在使疫及运动时。病理性出汗增多，则被毛及皮肤湿润甚至出现汗珠。常见于热性病，如中暑；剧痛性疾病，如骨折、疝痛；发热病的退热期等。如果汗多而有黏腻感，同时皮温低，四肢发凉，则称为冷汗。见于各种原因引起的心力衰竭、虚脱、休克、胃肠或其他内脏破裂及濒死期时，多属预后不良。

（2）出汗减少　表现被毛粗乱无光，皮肤干燥、皱缩，缺乏黏腻感。见于脱水，如剧烈腹泻、呕吐，发热期，多尿症，慢性营养不良，饮水不足等。老龄动物皮肤湿度往往降低。

反刍动物的鼻镜、猪的鼻盘及狗、猫的鼻端由于有腺体分泌物，经常保持湿润并有光泽。在热性病及重度消化障碍，如牛的重瓣胃阻塞时，则鼻部干燥甚至龟裂。

### 4. 弹性

[检查方法]　皮肤的弹性与动物的品种、年龄、营养状态等有关。皮肤的液体含量、弹力纤维和肌纤维的特性及神经组织的紧张度是决定皮肤弹性高低的重要因素。健康且营养状态良好的动物，其皮肤均有一定的弹性。老龄动物弹性下降是正常现象。检查动物皮肤弹性的部位，马在颈侧，牛在最后肋骨后部，小动物可在背部。检查方法是将该处皮肤作一皱襞后再放开，观察其恢复原态的情况。

[正常状态]　健康动物放手后立即恢复原状。

[病理变化]　皮肤弹性降低，可见于营养不良、失水及皮肤病，如螨病、湿疹等。

## 四、皮肤疱疹的检查

皮肤发疹常是许多疾病的早期症状，多由传染病、寄生虫、中毒病及过敏反应引起。

### 1. 斑疹

斑疹为皮肤充血和出血所致，表现为皮肤局部发红，但并不隆起。用手指压迫红色即褪，见于猪丹毒。密集的针尖状出血点，指压红色不褪，见于猪瘟或出血性疾病。

（1）湿疹样病变　皮肤上有粟粒大小的红色斑疹，见于湿疹、过敏反应及中毒病。

（2）感光过敏　采食了含感光物质的饲料（如荞麦、三叶草等），经曝晒后充血、潮红而形成水泡，如鸭的光过敏在上喙背侧、蹼背侧出现水泡。

### 2. 丘疹和结节

丘疹是皮肤乳头层发生浆液性浸润，形成界限分明的粟粒到豌豆大小的隆起，呈圆形，突出于皮肤表面。在丘疹的顶端含有浆液的称浆液性丘疹；不含浆液的称实性丘疹。在马传染性口炎时，丘疹常出现于唇、颊部及鼻孔周围。

结节是较丘疹大而位置深的皮肤损害，呈半球状隆起。

**3. 痘疹**

痘疹是动物痘病毒侵害皮肤的上皮细胞而形成的结节状肿物。痘疮的共同特征是一般都经过红斑、丘疹、水泡、脓疱、结痂的过程。

**4. 水泡**

水泡多为豌豆大，内含透明浆液性液体的小泡，颜色以内容物而定，有淡黄色、淡红色或褐色。在鼻镜、唇、舌、口腔、趾间隙和蹄冠等处中的一处或几处发生水泡，且具有流行性，是水泡性疱疹的特点。应特别注意于口蹄疫、猪传染性水泡病。

**5. 荨麻疹**

荨麻疹是速发型过敏反应性疾病，表现为界限明显的皮肤浅层处出现许多圆形或椭圆形、蚕豆大至核桃大、表面平坦的水肿性隆起。俗称"风团"，其特点是突然发生，此起彼伏，迅速消退，并常伴有皮肤瘙痒。动物被吸血昆虫刺螫、有毒植物或饲料中毒、过敏性体质、消化道疾病（如胃肠炎）、传染病（如猪丹毒、痘疮）及寄生虫病（如马媾疫）都能发生荨麻疹。

## 五、皮下组织的检查

[检查方法]　检查皮肤及皮下组织肿胀时，应注意依据肿胀部位的大小、形态，用触诊的方法判定其内容物性状、硬度、温度、移动性及敏感性。

[病理变化]　常见的肿胀有炎性肿胀、水肿、气肿、血肿、脓肿、淋巴外渗、疝及肿瘤等。

（1）炎性肿胀　炎性肿胀可以局部或大面积出现，伴有病变部位的红、热、痛和机能障碍，严重病例还可出现明显的全身反应。如原发性蜂窝织炎。

（2）皮下水肿　皮下水肿是由于机体水盐代谢紊乱，在皮下组织的细胞和组织间隙内液体积聚过多所致。水肿部位表面扁平，与周围组织界限明显，压之如生面团状，留有指压痕，且较长时间不易恢复，触之无热、痛。

水肿可感染性疾病、重度营养不良、心脏疾病、肾脏疾病、局部静脉或淋巴液回流受阻及微血管损伤等原因引起。鸡皮下淡绿色水肿见于硒及维生素 E 缺乏症。

（3）皮下气肿　皮下气肿是由于空气或其他气体在皮下组织内积聚所致。其特点是边缘界限不明显，触诊时可感觉到由于气泡破裂和气体移动产生的捻发音，压之有向周围皮下组织窜动的感觉。颈侧、胸侧、肘后的皮下气肿，多为窜入性且局部无热、痛反应，压之有微小的噼啪声，如黑斑病、烂红薯中毒；当气肿疽（牛、羊）、恶性水肿（马）等厌气性感染时，气肿局部并有热痛反应且局部切开后可流出混有泡沫的腐败臭味的液体。

（4）脓肿、血肿及淋巴外渗　其共同特点是皮下组织的非开放性损伤，外形多呈圆形突起，触之有波动感，多因局部创伤或感染而引起，可行穿刺进行鉴别。

（5）疝　疝系肠管同腹膜一道从腹腔脱垂到皮下或其他生理腔穴内而形成的凸出的肿物。可通过查到病疝环及整复试验而与其他肿胀相鉴别。猪常发生阴囊疝及脐疝；大动物多发腹壁疝，常因创伤而继发。

（6）肿瘤　肿瘤是在动物机体上发生异常生长的新生细胞群，形状多种多样，有结节状、乳头状、息肉状及囊状等。

## 六、皮肤完整性破坏的检查

**1. 溃疡**

由于机械压迫、化学制剂的腐蚀溶解、循环障碍、炎症等因素，先引起组织坏死，进一步剥离或溶解而形成组织的缺损状态。特征是溃疡边缘界限清楚，表面污秽不洁，并伴有恶臭，见于创伤、皮肤病、某些传染病，如马鼻疽等。

**2. 褥疮**

在体表突出部位，因长期躺卧而受压迫造成血液循环障碍，使这些部位的皮肤和皮下组织坏死溃烂，称为褥疮。

**3. 瘢痕**

皮肤的深层组织因创伤或炎症受到损害，经结缔组织增生修复后留下的痕迹，称为瘢痕。一般表面平滑，大小不等，隆起或凹陷。瘢痕面的特征是其覆盖上皮较正常薄，没有乳头结构，缺乏被毛、皮脂腺和汗腺。

**4. 鳞屑**

鳞屑是已剥离或脱落的表皮组织。正常情况下，表皮角质层由于新陈代谢作用而不断脱落，但量少不易被察觉。在病理状态下，表皮角质化过程失调，角化过度或角化不全，可形成大片鳞屑，其形态、大小、数量、黏着度和色泽都不一致。

（1）糠疹 在皮肤表面特别是长毛处积聚多量鳞屑，呈糠麸状。

（2）猪玫瑰糠疹 病变主要见于腹部、大腿，偶见全身。小的红斑性肿胀，边缘隆起，可融合成大片，表面附有糠麸状鳞屑，无瘙痒，可自愈。

（3）钱癣 皮肤上呈现轮状秃毛斑，有多量鳞屑，多发于颜面、耳和颈部。是毛癣菌感染的一种表现型。

（4）皮脂溢性湿疹 皮肤表面有大量糠麸状皮屑，在头、颈和躯干部形成脂肪样光泽的圆形痂。

# 技能四 眼结合膜和眼球凹陷度的检查

**【技能基础】**

1. 掌握动物的眼结合膜的观察方法。
2. 了解眼结合膜的颜色变化、肿胀、分泌物等病理变化。

**【检查内容与方法】**

## 一、眼结合膜的检查

检查眼结合膜，主要是观察其颜色变化、肿胀、分泌物等病理变化。

[检查方法] 首先观察眼睑有无肿胀、外伤及眼分泌物的数量、性状。然后再打开眼睑进行检查。

检查马的眼结合膜时，通常检查者立于马头一侧，一手持缰，另一手食指第一指节置于上眼睑中央的边缘处，拇指放于下眼睑，其余三指屈曲并放于眼眶上面作为支点，食指向眼窝略加压力，拇指则同时拨下眼睑，即可使结膜露出而检视之。

检查牛时，主要观察其巩膜颜色及其血管情况，检查时可一手握牛角，另一手握住其鼻中隔并用力扭转其头部，即可使巩膜露出；也可用两手握牛角并向一侧扭转，使牛头偏向侧方。欲检查牛眼结合膜时，可用大拇指将下眼睑拨开观察。

检查羊、猪等小动物时，可用两手拇指打开其上、下眼睑。

[**正常状态**] 健康马眼结合膜呈淡红色，牛的颜色较马稍淡，但水牛则较深，猪眼结合膜也呈粉红色。

[**病理变化**]

（1）结合膜颜色的变化

① 潮红。眼结合膜下毛细血管充血即称潮红。单眼的潮红可能系局部的炎症所致；两侧弥漫性潮红是由于血管运动中枢机能紊乱或外周血管扩张，多标志全身的循环障碍。常见于热性病、呼吸困难、中毒病等；树枝状充血，多由伴有血液循环障碍的一些疾病引起，如心脏病、脑炎等。

② 苍白。乃贫血的象征。是由于全身或头部血液循环量减少，以致组织器官和血液供应不足。可见于各种类型的贫血，如马传染性贫血、仔猪贫血、血孢子虫病、锥虫病，猪的附红细胞体病，大失血及内出血，牛的血红蛋白尿病，慢性营养不良或消耗性疾病。

③ 黄染。主要是胆色素代谢障碍的结果。可见于肝脏病（如肝炎）、胆道阻塞（如胆结石、肿瘤、蛔虫、肝片吸虫病）及溶血性病（如新生幼畜溶血病、血孢子虫病等）。

④ 发绀。呈不同程度的蓝紫色，一是由于血液 $CO_2$ 分压增高的结果。可见于肺呼吸面积减少、呼吸障碍和全身性淤血的疾病，如肺水肿、各种肺炎、中毒病等。二是由于血液中异常的血红蛋白（如高铁血红蛋白）增多，在临床上见于亚硝酸盐中毒等。

⑤ 出血。结合膜上出现出血点或出血斑，是出血性素质的特征，见于败血性传染病、出血性素质的疾病。

（2）肿胀　主要由眼睛发炎引起，多见于眼炎或结合膜炎。

（3）分泌物　也是由于发炎引起，见于某些热性传染病，如感冒等呼吸道疾病、恶病质等。

[**注意事项**]

① 检查眼结合膜，最好在自然光线下进行，灯光下对黄色则不易识别。

② 眼结合膜受压迫或摩擦易引起充血，因此不宜反复进行检查。

③ 要对两侧眼结合膜进行对照检查，并注意区别是眼的局限性疾病，还是因全身性或其他疾病所引起。

## 二、眼球凹陷度的检查

[**检查方法**] 用视诊进行观察。

[**正常状态**] 动物正常时眼球嵌在眼结膜眶内，活动自如。两眼炯炯有神，对周围的环境反应敏锐。

[**病理变化**]

（1）眼球突出　表现为眼眶周围肿胀，眼球突出。主要见于头部水肿性疾病，如仔猪水肿病、眼底充血等。

（2）眼球下陷　是机体脱水的指征，表明体内水和电解质摄入不足或丧失过多。表现为皮肤干燥，皮肤弹力降低，眼眶下陷，打开眼睑时，眼球与眼结膜眶间隙增宽，大动物脱水严重的病例可容纳一小指。主要原因有以下几点。

① 急性腹泻。由于传染性和非传染性因子引起的重剧腹泻，导致体内水分大量丧失。

② 急性咽下障碍。咽炎、食道阻塞、破伤风等疾病，由于不能饮水或水的咽下发生困难而脱水。

③ 呕吐、出汗。由于急性呕吐和大汗淋漓，均可引起急性严重脱水。

④ 唾液分泌过多。如唾液腺炎、有机磷中毒等疾病，因唾液分泌过多，导致大量体液丧失，引起脱水。

⑤ 管理因素。在我国南方的夏季，气温高达 40℃ 以上，且晚上散热慢，动物饮水管道在高温下曝晒，水温可达 80～90℃，圈内的动物连续多日不能饮水而引起热应激和脱水。

⑥ 其他原因。眼球萎缩、慢性消耗性疾病及老龄消瘦动物眼眶内脂肪减少也会造成眼球下陷。

# 技能五　体表淋巴结的检查

【技能基础】

掌握各种动物主要体表淋巴结的检查方法、病理变化及其临床意义。

【检查内容与方法】

淋巴系统是机体的防卫系统之一。淋巴结的检查，在诊断疾病上（特别是传染病）有很大的意义。

[检查方法]　主要进行触诊。检查时，应注意其大小、形状、湿度、硬度、敏感性及在皮下的移动情况。

马常检查其下颌淋巴结（位于下颌间隙。正常时呈扁平分叶状；较小，不坚实，可向周围滑动）。检查时，一手持笼头，另一手伸于下颌间揉捏或擦压之。

牛常检查颌下、肩前、膝襞、乳房上淋巴结等。

猪可检查腹股沟淋巴结等。

[病理变化]

① 急性肿胀。淋巴结体积增大，表面光滑，触之有热感并敏感，质地坚实，活动性受限。多见于局部感染和一些传染病如流感、链球菌病、马腺疫等。

② 慢性肿胀。多无热、痛反应，较坚硬，表面不平，且不易向周围移动。常见于马鼻疽、副鼻窦炎、结核病及牛淋巴细胞性白血病等。

③ 化脓。表现为淋巴结肿大，有波动感，见于感染和炎症的后期。

# 【项目小结】

　　一般检查就是从动物的外貌体征、精神状态、行为姿势等方面对患病情况进行整体评估的一种标准和方法。动物的一般检查通常为动物全身状态检查、皮毛和皮肤检查、眼结合膜和眼球凹陷度检查、体表淋巴结检查等通过上述项目的正常检查方法可判断动物的正常状态或主要病理变化，进而指导临床诊疗。

# 【目标检测题】

## 一、选择题

1. 不会引起体温测量误差的操作是（　　）。

A. 测量前未将体温计的水银柱甩至 35℃ 以下。

B. 没有让动物充分地休息。

C. 频繁下痢、肛门松弛、冷水灌肠后或体温表插入直肠中的粪便中。

D. 测量时间在 3min 内。

E. 测量时间在 3min 以上。

2. 皮下有局限性的、有波动性的肿胀，穿刺时流出淡黄色的清亮液体，提示可能是（　　）。

A. 血肿      B. 脓肿      C. 淋巴肿

D. 炎性肿胀      E. 肿瘤

3. 皮下局部肿胀表现为红、肿、热、痛及机能障碍，再无其他症状，提示可能是（　　）。

A. 炎性肿胀      B. 气肿      C. 血肿

D. 脓肿      E. 淋巴外渗

4. 临床中对发病群畜的检查程序一般为（　　）。

A. 畜群及个体的临床检查、病理剖检、实验室及特殊检查、病史调查、饲养管理情况调查。

B. 病史调查、畜群及个体的临床检查、实验室及特殊检查、病理剖检、饲养管理情况调查。

C. 畜群及个体的临床检查、病理剖检、实验室及特殊检查、饲养管理情况调查、病史调查。

D. 病史调查、环境检查、饲料管理情况调查、畜群及个体的临床检查、病理剖检、实验室及特殊检查。

E. 畜群及个体的临床检查、病理剖检、实验室及特殊检查、病史调查、环境检查、饲料管理情况调查。

5. 亚硝酸盐中毒时黏膜为（　　）。

A. 粉红色      B. 潮红      C. 苍白

D. 发绀      E. 黄染

6. 犬的正常体温范围是（　　）。

A. 36.5～38.0℃    B. 36.5～38.5℃    C. 37.0～38.0℃

D. 37.5～39.0℃    E. 38.5～39.5℃

7. 牛的正常体温范围是（　　）。

A. 37.5～38.5℃    B. 37.5～39.5℃    C. 37.50～39.0℃

D. 38.0～39.5℃    E. 38.5～39.5℃

8. 牛黑斑病甘薯中毒时出现皮下肿胀，这种肿胀类型属于（　　）。

A. 炎性肿胀      B. 水肿      C. 皮下气肿

D. 脓肿　　　　　E. 淋巴肿

9. 哺乳仔猪腹下出现一局限性肿胀，进食后及尖叫时肿胀程度加剧，触诊有波动感，则肿胀为（　　　）。

A. 炎性肿胀　　　B. 水肿　　　　　C. 皮下气肿

D. 脓肿　　　　　E. 疝气肿

10. 眼合结膜发绀所代表的临床意义是（　　　）。

A. 贫血　　　　　B. 缺氧　　　　　C. 胆色素代谢障碍

D. 肝脏受损　　　E. 都不是

二、简答题

1. 简述动物全身状态观察的内容、方法及主要病理变化。

2. 简述动物体温测定方法，记录各种动物的体温正常值。

3. 简述动物皮肤疱疹的识别方法和临床意义。

4. 简述动物眼结合膜颜色的主要临床病变。

5. 临床诊断中动物皮下肿胀的类型有哪些？

# 项目三  心血管系统的临床检查

## 【学习目标】

通过本项目的学习，重点掌握几种主要动物心脏的位置和心搏动、心音形成的原因以及心搏动、心音、表在静脉的病理变化和临床意义；掌握其最佳听诊、叩诊的位置，表在静脉的检查方法。

## 【技能目标】

1. 通过掌握心脏听诊的方法，熟练找到心脏最佳听诊点。
2. 能正确区分脉搏的各种变化和颈静脉的各种搏动。

心血管系统是由心脏和血管连接起来所形成的闭锁管道系统，其中心脏是推动血液流动的动力器官，血管是血液流动的管道。在心脏的推动下，血液沿着血管不停地灌流到全身的各器官和组织，完成血液分配、物质交换等作用，从而保证机体的正常生理活动。

一旦循环系统的机能发生障碍，一则造成 $O_2$ 和 $CO_2$ 的交换发生障碍；二则造成营养物质和体内代谢产物的运送发生障碍，使全身各个器官的机能发生异常。全身各个脏器的机能异常又直接和间接影响心脏的正常机能。因此，及时判定心脏和血管机能状态，在兽医临床上十分重要。

# 技能一  心脏的检查

## 【技能基础】

1. 掌握心搏动、心音形成的原因，以及最佳听诊、叩诊的位置。
2. 熟悉心搏动、心音的病理变化和临床意义。

## 【材料与设备】

听诊器，叩诊槌、叩诊板。

## 【检查内容与方法】

## 一、心搏动的检查

[检查方法]  被检动物取站立姿势，使其左前肢向前伸出半步，以充分露出心区。检查者位于动物左侧方。视诊时，仔细观察左侧肘后心区被毛及胸壁的振动情况；触诊时，检查者一手（通常是右手）放于动物的鬐甲部，用另一手（通常是左手）的手掌紧贴于动物的左侧肘后心区，注意感知胸壁的振动，主要判定其频率及强度。

[正常状态]  紧贴于动物心脏的手感知胸壁随着心脏的跳动出现有规律的振动。这种振动就叫心搏动，源于心室在收缩时，心脏撞击胸壁发生的振动。

心搏动的强度主要受心脏的收缩力量、心脏大小和位置、胸壁的厚度、心脏与胸壁之间的介质状态等因素的影响。因此，检查心搏动必须排除正常条件下的一些因素，如营养状态、年龄、神经类型、使役与运动、兴奋与恐惧等因素的影响。心搏动的强弱与心脏收缩力量成正比，与胸壁的厚度和心脏与胸壁的传导介质成反比。

[病理变化]

① 心搏动减弱。主要见于心脏衰竭所引起的心室收缩无力、胸壁增厚及胸腔积水等因素的疾病，如心脏的代偿障碍、纤维素性胸膜炎、胸壁浮肿、胸腔积液及肺气肿。

② 心搏动增强。主要见于心机能亢进、胸壁变薄的疾病，如发热病初期、疼痛性疾病、轻度贫血、心脏病的代偿期（心肌炎、心包炎初期）及病理性的心肌肥大和瘦削体质的动物等。当心搏动过强，伴随每次心动而引起动物的体壁发生振动时，称为心悸。

③ 心搏动移位。是由于心脏受到邻近器官、渗出液、肿瘤等的压迫，而造成心搏动的位置发生改变。见于胃扩张、腹水、膈疝等。

## 二、心脏的叩诊

[检查方法] 通过心脏的叩诊，可以判定心脏的大小、形状、在胸腔的位置及敏感性。

对大动物宜用锤板叩诊法，动物取站立姿势，使其左前肢向前伸出半步；对犬等小动物可用指指叩诊法，举提其左前肢，以充分显露心区。

心脏前部为肩胛肌肉所掩盖，而延伸到肩胛肌肉后方的部分接近心脏的一半，直接与胸壁接触的只是心脏的一部分，在这一地方叩诊，产生浊音，这一区域为心脏的绝对浊音区；心脏大部分被肺部掩盖，叩击这一部分产生的音响为半浊音，这一区域为心脏的相对浊音区，相对浊音区标志着心脏的大小。

[正常状态]

① 马的心脏叩诊浊音区。在左侧呈近似的不等边三角形，其顶点相当于第 3 肋间距肩关节水平线向下约 3～4cm 处；由该点向后下方引一弧线并止于第 6 肋骨下端，为其后上界。

② 牛的心脏浊音区。被肺脏掩盖的部分面积比马要大，仅在左侧第 3～4 肋间能确定相对浊音区。

③ 羊的心脏浊音区。心脏的相对浊音区位于左侧第 3～5 肋间处。

④ 犬猫的心脏浊音区。心脏的绝对浊音区位于左侧第 4～5 肋间，上缘达肋骨和肋软骨结合部，大致与胸骨平行，下缘受肝浊音的影响而无明显界限。

[病理变化]

① 心区敏感。叩诊心区时，动物如出现躲闪、反抗等行为，则提示心区疼痛，常见于心膜炎和心包炎。

② 心脏叩诊浊音区缩小。主要见于肺气肿。

③ 心脏叩诊浊音区扩大。可见于心肥大、肺萎陷、心扩张以及渗出性心包炎、心包积水。

## 三、心音的听诊

[检查方法] 被检动物取站立姿势，使其左前肢向前伸出半步，以充分显露心区。

[正常心音] 在健康动物的每个心动周期中，在心搏动的地方可以听到"咚-嗒"两个有节律并不断交替出现的声音，这两个声音就是心音。心音是随同心室的收缩与舒张而产生的。

（1）第一心音　发生在心室收缩期，称收缩期心音或第一心音。声音来源主要是由两个房室瓣（二尖瓣、三尖瓣）关闭产生的振动，其次是心房收缩及血液流动冲击动脉管壁产生的振动而形成。

（2）第二心音　发生在心室舒张期，称舒张期心音或第二心音。声音来源主要是由主动脉瓣、肺动脉瓣关闭产生的振动，其次是心室舒张、房室瓣开放和血液流动产生的振动而形成。

正常时第一心音音调低，持续时间长，音尾拖长，距离第二心音时间短，与心搏动一致；第二心音音调高，持续时间短，音尾消失快，距离下一次的第一心音时间长，和心搏动不一致。各种动物的心音略有差异。

① 马。第一心音的音调较低，持续时间较长且音尾拖长；第二心音短促、清脆且音尾突然停止。

② 牛。黄牛一般较马的心音清晰，尤其第一心音明显，但其第一心音的持续时间较短；水牛及骆驼的心音则不如马和黄牛清晰。

③ 猪。心音较钝浊，且两个心音的间隔大致相等。

④ 犬。心音清亮，且第一心音与第二心音的音调、强度、间隔及持续时间均大致相同。

（3）最佳听诊点　听诊心音时，通常以软质听诊器进行间接听诊，将听诊器（胸端）放于心区部位即可。当需要辨认各瓣膜口音的变化时，可按表3-1确定其最佳听诊点。

**表 3-1　家畜心音最佳听诊点**

| 区分 | 第一心音 | | 第二心音 | |
| --- | --- | --- | --- | --- |
| | 二尖瓣口 | 三尖瓣口 | 主动脉瓣口 | 肺动脉瓣口 |
| 马 | 左侧第5肋间，胸廓下1/3的中央水平线上 | 右侧第4肋间，胸廓下1/3的中央水平线上 | 左侧第4肋间，肩关节水平线下方一、二指处 | 左侧第3肋间，胸廓下1/3的中央水平线下方 |
| 牛 | 左侧第4肋间，主动脉口音听取点的下方 | 右侧第3肋间，胸廓下1/3的中央水平线上 | 左侧第4肋间，肩关节水平线下方一、二指处 | 左侧第3肋间，胸廓下1/3的中央水平线下方 |
| 猪 | 左侧第4肋间，主动脉口的远下方 | 右侧第3肋间，胸廓下1/3的中央水平线上 | 左侧第3肋间，肩关节水平线下方一、二指处 | 左侧第2肋间，胸廓下1/3的中央水平线下方 |
| 犬 | 左侧第5肋间，胸廓下1/3的中央水平线上 | 右侧第4肋间，肋骨与肋软骨结合部稍下方 | 左侧第4肋间，肩关节水平线下方一、二指处 | 左侧第3肋间，靠胸骨的边缘处 |

当心音过于微弱而听取不清时，可使动物做短暂的运动，并在运动之后立即听诊，可使心音加强而便于辨认。

心音听诊时主要应注意心音的频率、强度、性质及有否分裂、杂音或节律不齐等变化。

**[病理变化]**

（1）心率　以每分钟的心音次数（心动周期）来表示。心率与脉搏的次数相等。高于正常时，称心率过速；低于正常时，称心率徐缓。

（2）心音性质改变　常表现为心音混浊，音调低沉且含混不清；主要由热性病及其他导致心肌及瓣膜变性的疾病所引起，见于心肌炎、心肌变性、心包积水及气胸等。

（3）心音强度变化

① 两心音均增强。可见于热性病的初期、心机能亢进以及兴奋或伴有剧痛性的疾病及心脏肥大、轻度贫血或失血及应用强心剂时。健康动物在兴奋、使役后可出现两心音增强。

② 第一心音增强。在第一心音显著增强的同时，常伴有明显的心悸而第二心音微弱甚至听取不清。主要见于心脏衰弱或大失血、失水、贫血、虚脱以及其他引起动脉血压显著下

降的各种病理过程。

③ 第二心音增强。主要由于肺动脉及主动脉根部血压升高所致，可见于小循环障碍、二尖瓣闭锁不全或肾炎等。

④ 两心音均减弱。可见于心机能障碍的后期、濒死期以及渗出性胸膜炎或心包炎。

⑤ 第一心音减弱。见于二尖瓣关闭不全或心室肥大。

⑥ 第二心音减弱。是由于动脉根部压力降低所引起，见于贫血或大失血、高度脱水、休克等。

（4）心音分裂与重复　第一音或第二音分裂成两个音，不完全的分开叫分裂，完全的分开叫重复。分裂和重复只是程度不同，引起的原因和临床意义是一致的。

① 第一心音分裂和重复。是由二尖瓣和三尖瓣关闭的时间不一致引起的，见于传导障碍、心肌炎、心肌营养不良和心力衰竭。

② 第二心音分裂和重复。主要由于主动脉瓣与肺动脉瓣的不同时关闭所致，见于肾炎、肺循环障碍等。

（5）奔马调　即除第一心音、第二心音外，还有第三个附带音，音像马蹄声，见于严重的心肌炎、心肌硬化和左房室口狭窄。

（6）心杂音　伴随心脏的收缩、舒张活动而产生的正常心音以外的附加音响称为心杂音。根据产生的部位和性质不同，心脏杂音可分类为以下几种。

① 心外性杂音。主要是心包杂音，其特点是：听之距耳较近，多用听诊器的胸端压迫心区则杂音可增强。

如杂音的性质类似液体的振荡声，称心包击水音；如杂音的性质呈断续性的、粗糙的擦过音，则称心包摩擦音。

心包杂音是心包炎的特征，当牛的创伤性心包炎时尤为典型而明显。

② 心内性杂音。依心内膜是否器质性病变而分为器质性杂音与非器质性杂音。依杂音出现的时期又分为缩期杂音及舒期杂音。

心内性非器质性杂音，其声音的性质较柔和，如吹风样，多出现于缩期，且随病情的好转、恢复或用强心剂后，杂音可减弱或消失；马常表现为贫血性杂音，尤当患慢性马传染性贫血时更为明显。

心内性器质性杂音，是慢性心内膜炎的特征。猪常继发于猪丹毒。其杂音的性质较粗糙，随动物运动或用强心剂后而增强。因瓣膜发生形态的改变，故杂音多是持续性（永久性）的。

为确定心内膜的病变部位及性质，应注意明确杂音的分期性与最佳点。

（7）心律不齐　表现为心脏活动的快、慢不均及心音的间隔不等或强、弱不一。主要见于心脏的兴奋性与传导机能的障碍或心肌损害。

# 技能二　脉管和脉搏的检查

【技能基础】

1. 掌握动物表在静脉的检查方法。

2. 掌握脉搏的频率、性质、节律的变化及临床意义。

3. 了解颈静脉波动形成机理及临床意义。

【检查内容与方法】

## 一、动脉脉搏的检查

[检查方法] 大动物（马属动物、牛等）多检查颌外动脉或尾根总动脉；中、小动物（猪、羊、犬等）则以检查股动脉为宜。

① 颌外动脉。检查者位于动物头部左侧，一手握住动物笼头；检手的食指及中指放于下颌枝内侧的血管切迹处，拇指则放于下颌枝外侧。

② 尾根总动脉。检查者位于动物臀部的后方，一手握住动物的尾梢部；检手的食指及中指放于尾根部腹面正中尾动脉处，拇指放于尾的背侧。

③ 股动脉。检查者用一手握住动物的一侧后肢的下部；检手的食指及中指放于股内侧的股动脉上，拇指放于股外侧。

主要检查脉搏的频率、脉搏的性质（主要是搏动的大小、强度、软硬及充盈状态等）及节律的变化。

健康动物的脉搏频率（脉搏数），即测定每分钟脉搏的次数，以次/min 表示之。脉搏的次数与心搏动的次数相等。

各种动物正常脉搏次数（次/min）：

马、骡 30～45　　牛 40～80　　水牛 40～60　　羊 60～80　　　猪 60～80
兔 120～140　　犬 80～120　　猫 120～140　　家禽（心跳）120～200

各种动物的脉搏数，在正常情况下，易受外界条件和生理因素的影响而变快，有时变动范围较大，如惊恐、兴奋、使役、过饱、外界气温过高等均可影响；而动物的个体条件中，品种、性别等因素虽略有影响，但年龄因素的影响更大。一般幼龄动物脉搏比成年动物明显地增多。

健康动物的脉搏性质表现为：脉管有一定的弹性、搏动的强度中等、脉管内的血量充盈适度。正常的脉搏节律为强弱一致、间隔均等。

[注意事项]

① 应待动物安静后再行测定。

② 一般应检测 1min；如动物不安静时宜测 2～3min 并取平均值。

③ 当动脉脉搏过于微弱而不感于手时，可依心跳次数代替。

[病理变化及临床意义]

（1）脉搏的频率及其改变

① 脉搏增数。是心动过速的结果。可见于多数热性病；某些心脏病，如心肌炎、心包炎；胸腔及呼吸器官疾病引起的气体交换障碍；各类贫血及脱水、失血性病；伴有剧烈疼痛性的疾病以及某些中毒病。

② 脉搏减少。是心动徐缓的特征。主要见于某些脑病，如流行性脑脊髓炎、脑肿瘤；胆血症，如肝实质性病变等；某些中毒（有毒的植物、农药、药物），如洋地黄中毒等。

（2）脉搏的性质　脉搏性质的变化，主要表现为以下几种。

① 大脉与小脉。根据脉搏振幅的大小而分，脉搏大小与脉压成正比。以手指感知脉搏的振幅状况来判定。脉搏搏动的振幅较大称大脉，表示心收缩力强，每搏输出量多，收缩压高，脉压差大。见于使役、运动、兴奋时的心收缩力加强，热性病初期，左心肥大等。

脉搏搏动振幅过小称小脉，表示心收缩力减弱，每搏输出量少，脉压差小。见于心功能不全、血压下降、心动过速及贫血、大失血、脱水等。

② 硬脉与软脉。根据脉管的紧张性和抵抗力大小而分，取决于血压的高低。以手指感知脉搏紧张性和抵抗力来判定。脉管壁紧张性和抵抗力大的称为硬脉，表示血管紧张度高，血管紧张。见于血压升高、破伤风、剧痛性疾病、急性肾炎等。脉管壁紧张性和抵抗力小的称软脉，表示血管紧张度降低，血管弛缓。见于血压下降、心力衰竭、贫血、营养不良、恶病质等。

③ 实脉与虚脉。根据脉管中的充盈度大小而分。以手指感知脉管的充盈状态来判定。

脉管内血液过度充盈称实脉，表示血管内血液充盈良好，血液总量充足，心脏活动健全。见于热性病初期、心肌肥大、运动或使疫等。脉管内血量充盈不足则称虚脉，表示血管内充盈不足，血容量减少。见于心功能不全、大失血、失水。

④ 速脉与迟脉。根据脉搏波形的变化特征而分。以脉搏与手指接触时间的长短来判定。

a. 速脉。脉搏波形急速上升而又急速下降，检脉手指在感觉到脉搏后又立刻消失。见于主动脉瓣闭锁不全。

b. 迟脉。脉搏波形缓慢上升随后又缓慢下降，检脉的手指感觉脉搏的时间较长。见于主动脉口狭窄、心传导阻滞。

c. 脉搏硬而小称金丝脉；脉搏软而小称丝状脉。

（3）脉搏的节律 是指每次搏动的间隔时间的均匀性及每次搏动的强弱。每次搏动的间隔时间均等且强度一致的叫有节律的搏动；间隔时间不等或强弱不一的叫脉律不齐。脉律不齐是心律不齐的反映。

## 二、表在静脉的检查

[检查方法] 主要观察表在静脉（如颈静脉、胸外静脉、乳房静脉等）的充盈状态及颈静脉的波动。

[正常状态] 一般营养良好的动物，表在静脉管不明显；较瘦或皮薄毛稀的动物则较为明显。

正常情况下，某些动物（如马、牛等）于颈静脉处可见有随心脏活动而出现的自颈基部向颈上部反流的波动，称颈静脉波动。

形成机理：当右心房收缩时，由于腔静脉血液回流入心时受阻及部分静脉血液逆流并波及前腔静脉继而颈静脉所引起，故颈静脉波动出现于心房收缩与心室舒张的时期，不超过颈下 1/3，这是生理现象。

[病理变化及临床意义]

（1）静脉充盈状态检查

① 表在静脉的过度充盈。表现为静脉的高度充盈、隆起并呈绳索状。一是生理性扩张，有时动物在健康状态下可见生理性扩张，如牛的乳静脉、劳役后的马和牛的体表、四肢大静脉等；二是病理性扩张，乃体循环淤滞之征。多见于使静脉血液回流受阻的疾病（如心脏衰竭、心包炎、心肌炎、心脏瓣膜病等）；导致胸内压升高的疾病（如渗出性胸膜肺炎、肺气肿、胃肠内容物过度充满时等）；局部静脉栓塞时。

颈静脉沟出现肿胀、硬结伴有热反应，提示颈静脉及其周围炎症。

② 静脉萎陷。体表静脉不显露，当压迫静脉其远心端也不膨隆。这是由于血管衰竭引起。

（2）颈静脉波动　颈静脉的波动高度超过颈下部的 1/3，多为病态。

① 阴性波动（心房性颈静脉波动）。波动超过颈中部以上，是心脏衰竭、右心淤滞的结果。特点：波动出现于心搏动与动脉脉搏之前；指压颈静脉中部，近心端、远心端的波动均消失。

② 阳性波动（心室性波动）。随心室收缩使部分血液经闭锁完全的三尖瓣的空隙逆流入右心房，并进一步经前腔静脉至颈静脉，是三尖瓣闭锁不全的特征。特点：波动、心搏动与动脉脉搏相一致；指压颈静脉中部，近心端波动存在，远心端消失。

③ 伪性波动。由于颈动脉的过强搏动引起颈静脉处发生类似的波动，称伪性颈静脉波动。特点：用手指按压其颈中部时，近心端与远心端的波动均不消失，并可感知颈动脉的过强搏动。多见于发热和运动时。

# 【项目小结】

　　心血管系统包括心脏和血管，是动物体进行血液分配、物质运输与交换、保证机体的正常生理活动的重要器官和系统。及时判定心脏和血管机能状态，在兽医临床诊疗中十分重要。本项目重点介绍了心脏和血管检查的基本方法，心搏动、心音形成的因素及心音的最佳听诊点，脉搏的频率、性质、节律的变化，颈静脉波动形成机理及临床意义。

# 【目标检测题】

**一、选择题**

1. 下列不是心搏动增强（心悸）的病因是（　　）。

A. 发热病的初期　　　　　　　　　　B. 心内膜炎

C. 心肌炎　　　　　　　　　　　　　D. 伴有剧烈疼痛的疾病

E. 胸腔积液

2. 下列可引起心搏动减弱的疾病是（　　）。

A. 发热病的初期　　B. 心内膜炎　　　C. 心肌炎

D. 伴有剧烈疼痛的疾病　　　　　　　E. 慢性肺泡气肿

3. 下列可引起心浊音区扩大的因素是（　　）。

A. 肺泡气肿　　　　　　　　　　　　B. 气胸

C. 肺萎陷　　　　　　　　　　　　　D. 覆盖心脏的肺叶部分发生实变的疾病

E. 心包积液

4. 下列关于动物心音最强听取点的叙述中，正确的是（　　）。

A. 牛二尖瓣口听取点位于左侧第 5 肋间，主动脉口的远下方。

B. 牛肺动脉瓣口听取点位于右侧第 3 肋间，胸廓下 1/3 的中央水平线下方。

C. 猪二尖瓣口听取点位于左侧第 4 肋间，猪动脉瓣口的远下方。

D. 犬主动脉瓣口听取点位于右侧第 4 肋间，肱骨结节水平线上。

E. 马三尖瓣口听取点位于左侧第 5 肋间，肩关节水平线下方一二指处。

5. 听诊检查心音时，若心音与脉搏同时出现，此时的心音为（　　）。

A. 第一心音　　　B. 第二心音　　　C. 第三心音

D. 第四心音　　　E. 缩期前杂音

6. 叩诊肺边缘发出的声音是（　　）。

A. 清音　　　　　B. 鼓音　　　　　C. 半浊音

D. 浊音　　　　　E. 鼓音

7. 第一心音与第二心音相比（　　）。

A. 前者音调低　　B. 后者持续时间长

C. 后者钝浊　　　D. 以上都是　　　E. 以上都不是

8. 犬二尖瓣最佳听诊位点在胸廓下 1/3 中央水平线上（　　）。

A. 右侧第 4 肋间　　　　　　　　B. 左侧第 4 肋间

C. 左侧第 5 肋间　　　　　　　　D. 右侧第 5 肋间

E. 左侧第 3 肋间

9. 动物动脉检查的常用方法是（　　）。

A. 视诊　　　　　B. 触诊　　　　　C. 叩诊

D. 听诊　　　　　E. 嗅诊

10. 在临诊上，检查静脉波动主要检查颈静脉波动，鉴别方法是以手指用力压住颈静脉的中部，观察波动的变化情况，如果手指按压颈静脉中部，近心端及远心端的静脉波动均不消失，则提示是（　　）。

A. 阴性静脉波动　　　　　　　　B. 阳性静脉波动

C. 伪性静脉波动　　　　　　　　D. 以上全错

E. 以上全对

11. 动物发生肺炎初期，其心音变化表现为（　　）。

A. 第一心音增强　　　　　　　　B. 第二心音增强

C. 第一、第二心音同时增强　　　D. 第四心音

E. 缩期前杂音

**二、简答题**

1. 心血管系统检查有何诊断意义？

2. 如何确定心脏叩诊区、听诊区？

3. 影响心搏动的因素有哪些？简述心搏动的临床意义。

4. 何谓心音频率、强度、性质及节律？它们在临床上的意义如何？

5. 简述心杂音的分类及临床意义。

6. 简述异常脉搏的临床意义。

# 项目四　呼吸系统的临床检查

## 【学习目标】

掌握呼吸运动的检查内容和方法，胸肺叩诊、听诊的检查方法；了解其正常状态；熟悉其病理变化和临床意义。

## 【技能目标】

1. 能熟练运用胸肺叩诊、听诊的检查方法诊断动物胸肺疾病。
2. 通过掌握胸廓呼吸运动的检查方法和正常的活动状态，可进行相应的临床诊断。

动物呼吸系统主要由鼻、喉、气管、支气管、肺、胸廓及胸膜腔、膈肌等组成。肺是气体交换的器官；鼻、喉、气管、支气管是气体进出肺的通道，即呼吸道；胸廓及胸膜腔、膈肌以及胸、腹壁的呼吸肌为进行呼吸的辅助装置。

呼吸系统各器官在神经、体液的调节下，进行协调活动，它的生理机能是吸收氧气，使氧透过肺泡进入血液循环；血中的二氧化碳及其他代谢产物透过肺泡壁进入肺泡腔，通过呼吸道排出体外。这种机体与环境之间进行气体交换的全过程称为呼吸。

当呼吸系统任何部位发生病理损害后，都可以影响到气体交换机能，进而影响到全身与之相关的机能活动。同样，其他器官机能障碍也会造成呼吸机能紊乱。因此，呼吸系统的检查在临床上有十分重要的意义。

## 技能一　呼吸运动的观察

### 【技能基础】

1. 熟练掌握呼吸数的计数方法。
2. 基本掌握呼吸型、呼吸节律、呼吸困难的类型、特征和临床意义。

### 【材料与设备】

听诊器。

### 【检查内容与方法】

观察呼吸运动，计数呼吸次数，注意呼吸类型及呼吸节律的改变，判定有无呼吸困难及诊断其类型。

## 一、呼吸数的测定

[测定方法]　即测定动物每分钟的呼吸次数，以次/min 表示。

一般可根据胸腹部的起伏动作而测定，检查者立于动物的侧方，注意观察其腹胁部的起伏，一起一伏为一次呼吸。在寒冷季节也可观察呼出气流来测数。鸡的呼吸数，可通过观察肛门下部的羽毛起伏动作来测定。

健康动物呼吸数（次/min）如下：

马、骡 8～16　　牛 10～25　　水牛 10～20　　羊 10～25　　猪 10～20

兔 50～60　　鸡 15～30　　犬 10～30　　猫 20～30

健康动物的呼吸数受某些生理性因素和外界条件的影响，如：幼畜比成年动物稍多；妊娠母畜可增多；运动、使役、兴奋时可增多；品种、营养情况也有影响；当外界温度过高时，某些动物（特别是水牛、绵羊等）可引起呼吸次数显著增多；此外应注意动物的体位，如乳牛饱食后取卧位时，可见呼吸次数明显增多。

**[注意事项]**

① 应于动物休息、安静时检测。一般按 1min 或 2min 为单位计测，取平均数。

② 观察动物鼻翼的活动或以手放于其鼻前感知气流的测定方法不够准确。

③ 必要时可依听诊气管或肺部呼吸音的次数计数呼吸次数。

**[病理变化]**

① 呼吸数增多。可见于呼吸器官特别是支气管、肺、胸膜的疾病；多数的热性病、心脏衰弱及贫血、失血性疾病；膈的运动受阻、腹压显著升高或胸壁疼痛的病理过程中；脑及脑膜充血、炎症的初期等。

② 呼吸次数减少。主要见于颅内压的显著升高，某些中毒病与代谢紊乱。当上呼吸道高度狭窄时由于每次吸气的持续时间过长也可引起呼吸次数减少。

## 二、呼吸类型

**[检查方法]**　观察呼吸过程中胸、腹壁的起伏活动情况，以判定呼吸类型。

**[正常状态]**　健康动物，除犬为胸式呼吸外，其他动物通常呈胸腹式呼吸或称混合性呼吸。

**[病理变化]**

（1）胸式呼吸　特征为呼吸活动中胸壁的起伏动作明显而腹壁的运动微弱，表明病变多在腹部。主要见于膈肌的活动受阻及引起腹压显著升高的疾病，如牛创伤性网胃膈肌炎、马的急性胃扩张、急性腹膜炎、重度肠臌气、腹腔积液等。

（2）腹式呼吸　特征为呼吸过程中腹壁的起伏动作明显而胸壁的运动微弱，表明病变多在胸部。主要见于肺气肿、重症肺炎及伴有胸壁疼痛的疾病（如胸膜炎、胸膜肺炎、肋骨骨折等）；猪喘气病、呼吸综合征时也多呈明显的腹式呼吸。

## 三、呼吸节律

**[检查方法]**　注意观察每次呼吸的深度及间隔时间的均匀性，以判定呼吸节律。

**[正常状态]**　健康动物，每次呼吸的深度均匀、间隔时间均等。可因动物的兴奋、运动、恐惧、鸣叫、嗅闻等而发生短时间的变化。

**[病理变化]**

（1）吸气延长　特征为吸气的时间显著延长，表示气流进入肺部不畅，从而出现吸气困难。主要是由于上呼吸道狭窄而引起的吸气受阻，见于鼻炎、喉炎、咽喉肿胀、支气管阻塞和霉菌性肺炎等。

（2）呼气延长　特征为呼气的时间显著延长，表示气流呼出不畅，从而出现呼气困难。主要为肺的弹力不足、支气管腔狭窄所致。见于细支气管炎症、肺泡气肿等。

（3）间断性呼吸　特征为在呼或吸的过程中，出现多次短促的呼气或吸气动作。此乃病畜先抑制呼吸，然后进行补偿所致。见于细支气管炎、慢性肺气肿、胸膜炎和伴有疼痛的胸腹部疾病，也见于呼吸中枢兴奋性降低时，如脑炎、中毒和濒死期。

（4）毕欧特氏呼吸　特征为数次连续不断、深度大致相等的深呼吸和呼吸暂停交替出现。表示呼吸中枢的敏感性极度降低，是病情危重的标志。主要见于各种脑炎、某些中毒，如蕨中毒、酸中毒和尿毒症等。

（5）库斯茂尔氏呼吸　其特征是呼吸不中断、发生深而慢的大呼吸，同时呼吸次数减少，并带有明显的呼吸杂音，如啰音和鼾音。故又称深大呼吸。可见于脑及脑膜的炎症、脑水肿、酸中毒、尿毒症及昏迷状态。

（6）陈-施二氏呼吸　特征是表现为由微弱的呼吸活动开始并逐渐加强、加深、加快，达一定高度后又逐渐减弱、变浅、变慢，最后经短时的停息（数秒至数十秒钟），然后再同样的反复。这种波浪式的呼吸方式又称潮式呼吸。这是由于血液中 $CO_2$ 增多而 $O_2$ 不足，颈动脉窦、主动脉弓的化学感受器和呼吸中枢受到刺激，使呼吸逐渐加深加快，待达到高峰以后血中的 $CO_2$ 减少而 $O_2$ 又增多，呼吸又变逐渐变浅变慢，继而呼吸暂停片刻。这种循环反复的变化是呼吸中枢敏感性降低的特殊指征，是病情危重的表现。可见于呼吸中枢的供氧不足及其兴奋性减退，如脑病、重度的肾脏疾病及某些中毒性疾病等。

（7）呼吸的对称性　健康动物呼吸时，两侧胸壁的运动强弱一致。当患病时，一侧的胸壁运动减弱或消失，称为一侧性呼吸，见于大支气管阻塞、单侧性胸膜炎和肋骨骨折等。

## 四、呼吸困难

呼吸运动加强，同时伴有呼吸频率改变和呼吸节律异常，有时呼吸类型也发生改变，并且辅助呼吸肌参与活动，呈现一种复杂的病理性呼吸障碍，称为呼吸困难。高度呼吸困难称为气喘。

［检查方法］　观察动物的姿态及呼吸活动。

［病理变化］

（1）吸气性呼吸困难　特征为吸气时用力，吸气期显著延长，辅助吸气肌参与活动，并伴有特异的吸入性狭窄音。表现为动物头颈平伸、鼻翼开张、胸廓明显扩展、肛门内陷、吸气时间延长并常伴有吸气时的狭窄音，严重者呈张口吸气。为上呼吸道狭窄的特征。见于鼻腔狭窄、喉水肿、传染性鼻炎、传染性喉气管炎、咽喉炎及呼吸道异物等。

（2）呼气性呼吸困难　特征为呼气时用力，呼气时间显著延长，辅助呼气肌（主要是腹肌）参与活动，腹部起伏动作明显，可出现连续二次呼吸运动，称为二段呼吸。沿肋弓形成一条凹陷线称喘线或称喘沟。同时可见全身震动、脊背弓起、肷部突出。由于腹部肌肉强力收缩，腹内压力加大，因此呼气时肛门突出，吸气时肛门下陷，称为肛门抽缩运动。临床可见于慢性肺气肿、弥漫性支气管炎、胸膜肺炎等。

（3）混合性呼吸困难　特征为吸气及呼气均发生困难，多伴有呼吸次数的增加，是临床上一种常见的呼吸困难。多由于呼吸面积减少，气体交换不全，致使血中 $CO_2$ 浓度增高而氧缺乏，引起呼吸中枢兴奋的结果。根据其发生的原因和机理可分为以下六种。

① 肺源性呼吸困难。主要是由于肺和胸膜病变引起。多见于各种肺炎、胸膜肺炎、胸膜炎及侵害呼吸器官传染病，如猪繁殖与呼吸障碍综合征、巴氏杆菌病、支原体病、副嗜血杆菌病、链球菌病等。

② 心源性呼吸困难。主要是由于肺循环发生障碍所致，见于心力衰竭、心肌炎、心包

炎等。

③ 血源性呼吸困难。主要是由于红细胞和血红蛋白量下降，血氧不足导致呼吸困难。见于各种类型贫血如缺铁性贫血、血原虫病等。

④ 中毒性呼吸困难。内源性中毒，见于酮病、严重的胃肠炎引起的代谢性酸中毒等，造成血液中 $CO_2$ 浓度升高、pH 降低，直接和反射性地兴奋呼吸中枢；外源性中毒，见于亚硝酸盐、氰化物、霉菌和霉菌毒素中毒等。

⑤ 神经性或中枢性呼吸困难。见于颅脑损伤、颅内压增高性疾病（如脑水肿、伪狂犬病）及支配呼吸运动的神经麻痹等疾病（如中暑）等。

⑥ 腹压增高性呼吸困难。见于胃扩张、瘤胃膨胀、腹腔积液和肠变位、肠臌气等。

（4）膈肌痉挛　膈神经受到刺激时产生的节律性收缩。见于某些中毒、脑病、腹痛及胃肠炎等。

# 技能二　上呼吸道和呼出气、鼻液、咳嗽的检查

【技能基础】

1. 熟练掌握鼻、喉、喉囊、气管的检查方法和主要病变。

2. 基本掌握呼吸气流、喷嚏、鼻液、咳嗽的类型和临床意义。

【材料与设备】

显微镜、穿刺针、鼻腔镜等。

【检查内容与方法】

## 一、鼻面部的检查

[检查方法]　观察鼻孔周围组织、鼻甲骨形态有无改变及其表在病变，如肿胀、水泡、脓疱、溃疡和结节等。

[病理变化]　鼻孔周围组织肿胀、膨隆，可见于血斑病、骨软症、异物刺伤及某些传染病，如口蹄疫、气肿疽、羊痘等。

鼻孔周围组织的水泡、脓疱及溃疡，可见于猪传染性水泡病、羊的脓疱性口炎；鼻孔周围结节见于牛的丘疹性口炎和坏死性口炎。

猪的鼻面部缩短、歪曲、变形，是传染性萎缩性鼻炎的特征。

牛和羊的鼻镜，猪的鼻盘、吻突并伴随蹄部出现水泡或创面，多见于口蹄疫。

鸭的上喙部出现水泡和短缩可见于光过敏症。

## 二、鼻黏膜的检查

[检查方法]　以视诊为主，在光线明亮的地方或借助人工光源进行检查。

用单手法时，一手握笼头，另一手的拇指和中指挟住其外鼻翼并向外拉开，食指将其内鼻翼挑起；用双手法时，由助手保定并抬起动物的头部，检查者分别用两手拉开动物的两侧鼻翼，使阳光或人工光源对准鼻孔检视即可。

检查时，应注意鼻黏膜的颜色，有无肿胀、结节、溃疡或瘢痕。

[正常状态]　健康动物的鼻黏膜稍湿润，有光泽，呈淡红色。

[病理变化]

（1）颜色　其病理变化和诊断意义与眼结膜的色泽变化大致相同。

（2）肿胀　主要见于传染性鼻炎、鼻卡他、流行性感冒、马鼻疽、牛恶性卡他热和犬瘟热。

（3）结节　鼻黏膜出现的结节并伴有溃疡或瘢痕（冰花样或星芒状），常见于鼻腔鼻疽。禽类出现鼻孔肿胀，多见于传染性鼻炎。

（4）水泡　鼻黏膜出现水泡，主要见于口蹄疫和猪传染性水泡病。

（5）溃疡　表层溃疡见于鼻炎、马腺疫、血斑病和牛恶性卡他热；深层溃疡多见于鼻疽。

（6）瘢痕　小的瘢痕一般为创伤所致，大而厚呈深芒状的瘢痕多为鼻疽引起。

## 三、副鼻窦的检查

[检查方法]　副鼻窦的检查在临床上一般检查额窦和上颌窦，多采用视诊、触诊和叩诊等方法。主要注意副鼻窦部有无肿胀、隆起、变形、创伤、敏感反应、波动及叩诊音的改变。

[病理变化]　鼻面部膨隆、变形，常见于窦腔蓄脓、骨软症、肿瘤、牛恶性卡他热。牛的上颌骨肿胀可见于放线菌等。

触诊窦区敏感性和温度增高，见于急性窦炎；窦区隆起、变形、触诊坚硬、疼痛不明显，常见于骨软症、肿瘤和放线菌病等。

## 四、喉、喉囊和气管的检查

[检查方法]　喉、喉囊和气管的检查，宜用视诊、触诊和听诊的方法。必要的时候可采用穿刺、气管切开术进行观察。

检查者可站于动物的头颈部侧方，分别以两手自喉部两侧同时轻轻加压并向周围滑动，以感知局部的温度、硬度和敏感度，注意有无肿胀。当发现喉囊肿胀、隆起时，可配合进行叩诊和穿刺检查。

对于猪和禽类、肉食动物可开口直接对喉腔及其黏膜进行视诊。注意喉黏膜有无肿胀、出血、溃疡、渗出物和异物等。

[病理变化]

① 喉部周围组织和附近淋巴结有热感、肿胀，常由于喉部皮肤和皮下组织水肿或炎性浸润所致。主要见于喉炎、咽喉炎、马腺疫、急性猪肺疫、猪水肿病或牛出败病、炭疽、恶性水肿等。

② 禽类喉部若出现黏膜肿胀、潮红或附有黄、白色伪膜，是各型喉炎的特征，多由病毒和细菌感染引起。

③ 喉囊区肿胀膨隆并伴有吞咽和呼吸困难，多见于喉囊炎或喉囊积脓时。鸵鸟食道炎时可发射性引起喉囊积食而出现吞咽困难等。

④ 气管触诊敏感，并发咳嗽，多为气管炎症的表现。

## 五、呼吸气的检查

[检查方法]　应用触诊和嗅诊。主要检查强度是否一致，温度有无变化，气味是否

异常。

[病理变化]

(1) 强度改变　检查时用手置于两鼻孔前端感觉。健康动物两侧鼻孔呼出气的强度相等。当一侧鼻孔呼出气小于对侧并伴有呼吸的狭窄音，表明该侧鼻孔可能患有鼻腔狭窄、鼻窦肿胀或鼻腔积脓等。

(2) 温度改变　在正常情况下各种动物呼出气有温热感。呼出气的温度升高，见于各类热性病；呼出气温度下降、有凉感，见于内脏器官破裂、大失血、严重的脑病、中毒性疾病或濒死期等。

(3) 气味改变　健康动物的呼出气一般无特殊气味。如气味来源于一侧鼻孔，则表示为一侧鼻孔或副鼻窦的疾病。呼出气味来源于两侧鼻孔，有难闻的腐败臭味，表示上呼吸道或肺脏的化脓或腐败性炎症，在肺坏疽时更为典型，也可见于霉菌性肺炎及副鼻窦炎；当牛患醋酮血症时，呼出气体有酮臭味；尿毒症时呼出气有尿臭味。

## 六、鼻液的检查

鼻液由呼吸道黏膜的分泌物或炎性渗出物组成。健康动物无鼻液或仅有少量鼻液。猪、羊以喷嚏方式排出，牛则用舌舔去，马常以喷鼻方式排出。出现大量鼻液则为病态。

[检查方法]　主要用视诊检查鼻液的量、颜色、混有物，弹力纤维检查可用显微镜检查等。

[病理变化]

(1) 单侧性鼻液及双侧性鼻液　单侧性鼻液可见于鼻腔、喉囊和副鼻窦的单侧性病变；双侧性鼻液则多来源于喉以下的气管、支气管及肺。

(2) 鼻液量　与疾病的种类、过程、严重程度和病变的性质有直接关系。一般卡他性鼻炎、喉炎、气管炎的初期、轻度的感冒、慢性鼻疽和肺结核等，鼻液的量都较少。严重呼吸系统疾病的中、后期，如急性鼻炎、咽炎、支气管炎、小叶性肺炎、大叶性肺炎等，常流出多量的鼻液。

(3) 鼻液的性状　由于炎症的性质和组织损伤的程度不同，鼻液的性状也不尽相同。主要有以下几个方面。

① 浆液性鼻液。无色透明，稀薄如水，细胞很少。见于急性卡他性鼻炎、流感和马腺疫初期。

② 黏液性鼻液。质度较黏稠，呈蛋清样，有牵缕性，因含有大量的脱落的上皮细胞和白细胞，故呈灰白色。见于急性上呼吸道感染和支气管炎。

③ 脓性鼻液。质度黏稠，呈面糊状或凝结成团块状。由于各种化脓菌（如链球菌、绿脓杆菌、结核杆菌、葡萄球菌等）、真菌、细菌毒素、有毒气体和化学物质的刺激和侵蚀所致的炎症等引起。

④ 血性鼻液。鼻孔流出鲜红的血液，多为鼻黏膜损伤，猪多见于萎缩性鼻炎；鼻液中混有血液，见于肺充血和肺水肿、血斑病、异物性肺炎、炭疽、出败病、鼻疽、结核、副嗜血杆菌病等。

⑤ 泡沫性鼻液。在浆液和血性鼻液中混有泡沫，见于肺充血、肺水肿、肺出血和猪的急性肺部疾病，如胸膜性肺炎等。

(4) 鼻液颜色及混有物　鼻液颜色及混有物是判断炎症性质的重要根据。

① 灰白色、浆性、黏液性鼻液是卡他性炎症的产物。

② 黄色、黏稠甚至呈干酪样鼻液是化脓性炎症的特征，多见于马鼻疽、牛结核、猪呼吸综合征。

③ 铁锈色鼻液是大叶性肺炎的特征；鼻液呈红色见于呼吸道或肺的出血性病变；鼻液暗红色并呈果浆状时，为鼻腔肿瘤的特征。

④ 鼻液中混有多量小气泡，反映病理产物来源于细支气管或肺泡，可见于肺充血和肺水肿、异物性肺炎、副嗜血杆菌病等；呈污秽不洁的红褐色或暗褐色见于肺坏疽；混有饲料或其残渣提示伴有吞咽障碍或呕吐。

（5）鼻液的显微镜检查

① 弹力纤维。鼻液中出现弹力纤维是肺组织崩解的结果。常见于肺坏疽、肺脓肿。

检查弹力纤维时，取黏稠鼻液 2～3ml 放入加有等量 10%氢氧化钠（钾）溶液的试管中，在酒精灯上边加热边震荡，使鼻液中脓汁、黏液及其他有形成分溶解而保留不溶解的弹力纤维，再加 5 倍的蒸馏水混合，离心沉淀 5～10min 后取沉淀物于载玻片上加盖片镜检。

弹力纤维呈细长弯曲的羊毛状，透明且透光性强，两端尖锐或分叉，多聚集成乱丝状，也有单根存在。

② 红白细胞。鼻液含有少量的白细胞，表示呼吸道有一般的炎症；若出现大量白细胞，则表示呼吸道有化脓性炎症；若出现红细胞则表示呼吸道有出血性病变。

③ 上皮细胞。鼻液中可见到圆形、柱形或鳞状的上皮细胞。圆形细胞来自肺泡，柱形细胞来自气管和支气管，鳞状上皮细胞来自鼻、咽、喉部。慢性支气管炎时可见大量的变形的坏死柱状细胞和杯状细胞。

④ 病原体。涂片染色或分离培养，对检查结核、鼻疽及其他特殊的病原体有一定的诊断意义。

## 七、喷鼻或喷嚏

喷鼻或喷嚏表明鼻炎或鼻腔内有异物，羊应注意鼻蝇蛆，猪则应注意传染性萎缩性鼻炎。

## 八、异常的呼吸音

呼吸过程中伴发狭窄音、喘鸣音（尤以吸气期为明显），是上呼吸道狭窄的特征。马可见于喘鸣症、腺疫、骨软症和鼻窦炎；猪可见于传染性萎缩性鼻炎、急性猪肺疫和咽炭疽；鸡可见于鸡白喉、喉气管炎、曲霉菌病等。

## 九、咳嗽

咳嗽是动物体的一种保护性反射动作，同时也是呼吸系统疾病最常见的症状。检查时应注意咳嗽的性质、频度、强弱及有无疼痛等特点。

**1. 性质**

一般分为干咳和湿咳。

（1）干咳　咳嗽声音清脆，干而短，伴有干啰音。表明呼吸道内无液体或仅有少量黏稠的液体。多见于喉及气管内有异物、上呼吸道感染初期、胸膜炎。

（2）湿咳　咳嗽声音钝浊，湿而长，伴有湿啰音。表明呼吸道内有多量的稀薄的液体。

多见于咽喉炎、支气管炎、各种肺炎、肺坏疽的中期等。

猪出现群发性的干咳或湿咳，多见于支原体肺炎、霉菌性肺炎和呼吸综合征等。咳嗽并伴有全身发红、耳朵发紫、呼吸困难，多见于呼吸与繁殖障碍综合征（蓝耳病）等。

**2. 频度**

一般分为稀咳、频咳和痉挛性咳嗽。

（1）单发性咳嗽 又称稀咳。为单发性咳嗽，每次咳出一二声，常反复发作带有周期性，故又称周期性咳嗽。多见于感冒、慢性支气管炎、肺结核、肺丝虫等。

（2）连续性咳嗽 又称频咳。连续频繁咳嗽，见于急性喉炎、传染性上呼吸道卡他、弥漫性支气管炎、小叶性肺炎等。

（3）痉挛性咳嗽 咳嗽连续发作，具有突发性和暴发性，剧烈且痛苦，表明呼吸道受到强烈刺激。见于呼吸道异物、肺坏疽等。

**3. 强度**

一般分为强咳和弱咳。强咳见于喉炎、气管炎等；弱咳见于肺组织和毛细支气管的炎症和浸润病变或肺气肿，如小叶性肺炎、肺气肿、细支气管炎、胸膜炎和胸膜肺炎等。

**4. 痛咳**

咳嗽的同时动物表现疼痛、不安、尽力抑制，则为疼痛性的表现，可见于急性喉炎、喉水肿、胸膜炎、异物性肺炎和呼吸道黏膜广泛性损伤。

# 技能三　胸廓及胸壁的检查

【技能基础】

1. 熟练掌握胸廓触诊、叩诊和听诊的方法及其病理变化。
2. 基本掌握胸廓的外形变化和胸廓的敏感性、肿胀病理变化及其临床意义。

【材料与设备】

叩诊板、叩诊槌，听诊器。

【检查内容与方法】

## 一、胸廓的视诊

[检查方法] 观察动物胸廓的外形，并由正前方或后方对比观察两侧的对称性。

[正常状态] 健康动物胸廓的形状、大小各有一定的形态。胸廓两侧大致对称，脊柱平整并保持自然的弯曲度，肋骨呈弓背样膨隆，肋骨间隙的宽度匀称，呼吸时对称性起伏。表面皮肤被毛完好无损。

[病理变化]

（1）扁平胸 表现为胸廓的左右横径短小，见于发育不良、骨软病和慢性消耗性疾病。

（2）桶状胸 表现为左右横径增大，主要见于慢性肺气肿。

（3）鸡胸 胸骨柄明显突出，两侧肋骨内陷，见于佝偻病。

（4）胸廓不对称 表现为一侧扁平，另一侧隆起，见于肋骨骨折、骨瘤、骨软症及氟骨病；单侧缩小见于胸膜炎或肺不张时；肋骨变形、有折断痕迹表明骨折等。单侧气胸时，也可见胸廓左右不对称。

## 二、胸廓的触诊

［**检查方法**］ 一般采用浅部触诊。触诊胸壁的目的在于判断其敏感性，胸壁或胸下有无浮肿、气肿和胸壁震颤，并注意肋骨有无变形或骨折。

［**病理变化**］ 触诊胸壁时动物回视、躲闪、反抗是胸壁敏感的反应，主要见于胸膜炎及肋骨骨折；纤维素性胸膜炎时，可感知胸壁震颤。

幼畜的各条肋骨与肋软骨结合处呈串珠状肿胀，是佝偻病的特征；鸡的胸骨弯曲、变形，表明钙缺乏。

## 三、胸、肺部的叩诊

［**检查方法**］ 大动物宜用锤板叩诊法，中小动物可用指指叩诊法。叩诊的目的，主要在于发现叩诊音的改变，并明确叩诊区域的变化。同时注意对叩诊的敏感反应。

［**正常状态**］ 健康动物的肺区，叩诊呈清音。正常的肺叩诊清音区多呈近似的直角三角形。

（1）马 其肺脏叩诊区的上界，为肩胛骨后角引向髋结节内角的直线；前界为肩胛骨后角向下引的垂线，其下端终于肘头上方；后下界为髋结节水平线与第 16 肋骨的交点、坐骨结节水平线与第 14 肋骨的交点及肩关节水平线与第 10 肋骨交点连接所成的弧线，其下端终于第 5 肋骨。

（2）牛 叩诊区的后下界为髋结节水平线与第 11 肋骨的交点及肩关节水平线与第 8 肋骨交点的连线，其下端终于第 4 肋骨；前界为肩胛骨的后缘，上界为距背中线 10～15cm 处，此外在其肩前尚有一狭小的肩前叩诊区。

（3）猪 其前界和上界与马略同，其后下界约于第 7 肋骨处与肩关节水平线相交。

（4）羊 与牛略同，但无肩前叩诊区。

［**病理变化**］

（1）叩诊胸部 动物表现回视、躲闪、反抗等疼痛不安现象，表明胸壁敏感，是胸膜炎的重要特征。

（2）叩诊清音区扩大（主要表现为后下界的扩大） 表明肺气肿和胸腔积气（气胸）。

（3）叩诊清音区缩小 主要为后界前移的结果。多见于腹腔脏器对膈肌施加的压力增加，将肺向前推移所致，如怀孕后期、急性胃扩张、瘤胃臌气、肠臌气、腹腔大量积液、肝脏肿大等。

（4）叩诊音的变化

① 浊音。此乃肺泡内充满炎性渗出物，使肺组织发生实变和密度增加的结果。主要有以下两个原因。

a. 肺内原因。多见于大叶性肺炎的肝变期、小叶性肺炎、异物性肺炎、肺充血和水肿、肺结核、肺脓肿、鼻疽、肿瘤、肺的纤维化和肺萎陷。散在性浊音区，表明小叶性肺炎；成片性浊音区，是大叶性肺炎的特征。

b. 肺外原因。多见于各种原因引起的胸腔积液、胸壁和胸膜增厚的一些疾病，如放线菌引起的胸膜肺炎等。

水平浊音主要见于渗出性胸膜炎或胸腔积水，依积液的数量多少而变化，水平浊音区的上界可达不同的高度。猪要特别注意由副猪嗜血杆菌引起的胸膜肺炎等。

② 鼓音。典型的鼓音出现在肺和胸腔内形成异常的含气空间时所致。多见于支气管扩张、肺空洞、气胸和膈疝时。

③ 过清音。为清音和鼓音之间的一种过渡性声音，其音调较鼓音低，类似敲打空盒的声音，故又称空盒音。表明肺组织的弹性显著降低，气体过度充盈，主要见于肺气肿。

④ 破壶音。一种类似敲打破瓷壶所产生的声音。此乃空气受排挤而迅速通过狭窄的裂隙所致。见于肺坏疽、肺脓肿和肺结核等。

⑤ 金属音。类似敲打空的金属容器所发生的声音，其音调较鼓音高。此乃肺部有较大的空洞，位置浅表、四壁光滑且紧张时形成的。主要见于气胸和肺空洞。

**[注意事项]**

① 叩诊时在两侧整个肺区均应由前到后、自上而下的每隔3～4cm（或沿每个肋间）做一叩诊点，进行认真的叩诊检查。

② 叩诊时除应遵循叩诊的一般注意事项外，对于消瘦的动物，叩诊板（或用做叩诊板的手指）宜沿肋间放置。

③ 叩诊的强度应依不同区域的胸壁厚度及叩诊的不同目的而异，肺区的前上方宜强叩诊，后下方应轻叩诊，发现深部病变应行强叩诊。

④ 对于病区与周围健区，在左右两侧的相应区域应进行比较叩诊，以确切地判定其病理变化。

## 四、肺部的听诊

**[检查方法]** 一般多用听诊器进行间接听诊。对于动物的两侧肺区，应普遍地进行听诊；每一听诊点的距离约为3～4cm，每一听诊点应连续听诊3～4个呼吸周期。

**[正常状态]** 健康动物可听到微弱的肺泡呼吸音，于吸气阶段较清楚，类似吹风样或"夫、夫"的声音。整个肺区均可听到肺泡呼吸音，但以肺区的中部最为明显。肺泡呼吸音的构成主要有以下因素：一是气体出入毛细支气管和肺泡产生的摩擦音；二是空气进入肺泡形成的漩涡运动而产生的声音；三是肺泡收缩和舒张过程由于弹性变化而产生的声音。

肺泡呼吸音的强度和性质，因动物的种类、品种、年龄、营养状态、胸壁的厚度、代谢状态而有所不同。运动、气候、外界刺激对肺泡呼吸音亦有影响。

各种动物中，马的肺泡音最强；牛、羊较马明显，水牛则甚微弱。幼畜比成年动物肺泡音强。马的肺区通常听不到支气管呼吸音，其他动物仅在肩后，靠近肩关节水平线附近区域能听到。

**[病理变化]**

（1）肺泡呼吸音的变化

① 肺泡音增强。普遍性增强，为呼吸中枢兴奋性增强，呼吸运动和肺换气加强的结果，如发热、代谢亢进等因素引起；局限性增强，多为代偿的结果，病变侵及部分肺泡和部分肺脏时，病变周边或另一侧健康区域的肺泡出现代偿性的呼吸机能亢进，如小叶性肺炎等。

② 肺泡音减弱或消失。表现为肺泡呼吸音极为微弱，吸气时也不明显，甚至听不到肺泡音。

普遍减弱可见于引起呼吸活动微弱的病程中，局限性减弱或消失，多见于：肺组织的弹性减弱或消失，如肺的炎症、渗出及实变；进入肺泡的空气量减少或流速减慢，如上呼吸道狭窄、肺膨胀不全、全身极度衰弱、呼吸麻痹等；呼吸音传导障碍，如胸腔积液、胸壁肿胀、胸膜增厚等；肺部实变和支气管阻塞等疾病也会使呼吸音减弱或消失。

（2）支气管呼吸音或混合呼吸音　在肺区内听到明显的支气管呼吸音，即系病态，可见于肺的炎症与实变。

如在吸气时有肺泡音，呼气时有明显的支气管音，称混合性呼吸音或支气管性肺泡音，可见于大叶性肺炎或胸膜肺炎的初期。

（3）啰音　主要出现于吸气的末期，呈尖锐或断续性，是呼吸道内积有病理性产物的标志。啰音分干啰音与湿啰音。

① 干啰音。当支气管有炎性黏稠分泌物，部分阻塞管腔，或因支气管痉挛收缩，管壁水肿或受压迫而使管腔狭窄，空气通过时产生湍流和形成漩涡，发出异常声音。干啰音声音尖锐，似蜂鸣、飞箭、笛鸣音、鼾声等。

② 湿啰音。当气管或支气管内有较稀薄的液体如渗出液等，空气通过时形成水泡并立即破裂所产生的声音，故又称水泡音。根据发生水泡音的支气管大小不同，可分为大、中、小水泡音。水泡音是支气管炎与肺炎的重要症状，表明气道内有较稀薄的病理产物。

（4）捻发音　类似揉捻毛发样的声音，是细小的水泡音，可见于毛细支气管炎与肺水肿等。

捻发音与小水泡音音质十分相似，但两者的性质和意义却不尽相同，捻发音主要表示肺实质的病变，而小水泡音则主要示意支气管的病变；发生时间上，捻发音在吸气顶点最明显，而小水泡音在吸气和呼气时均可听到；对咳嗽的影响上，捻发音基本稳定，影响较少，而小水泡音常因咳嗽而减少、移位或消失。

（5）胸膜摩擦音　出现于吸气末期及呼气初期，呈断续性，类似两粗糙膜面的擦过声。胸膜摩擦音是纤维素性胸膜炎的特征。胸膜摩擦音与小水泡啰音在临床上的不同点见表4-1。

表4-1　胸膜摩擦音与小水泡啰音在临床上的不同点

| 胸膜摩擦音 | 啰　音 |
| --- | --- |
| 1. 听诊距耳较近 | 1. 听诊较远 |
| 2. 紧压听诊器明显增加 | 2. 紧压听诊器声音不变 |
| 3. 呼气、吸气时均可听到，深呼吸时增强 | 3. 吸气之末最明显，深呼吸时减弱或消失 |
| 4. 不因咳嗽而影响 | 4. 因咳嗽而部位发生变化或消失 |
| 5. 呈断续性 | 5. 呈连续性 |
| 6. 多见于肘后、肺区下1/3、肋骨弓倾斜部 | 6. 部位不定 |
| 7. 触诊有胸膜摩擦感和疼痛表现 | 7. 无或仅有轻微疼痛感 |

[注意事项]

① 听诊的环境必须肃静，尽可能在室内进行。

② 听诊时，应密切注视动物胸壁的起伏活动，以便辨别吸气与呼气阶段。

③ 应对病变区域与周围健区以及左右两侧的相应区域进行比较听诊，以确切地判断病理变化。

④ 如呼吸活动微弱、呼吸音响不清时，可人为地使动物的呼吸活动加强，以便于辨认。为此，可短时间捂住动物的鼻孔并在放开之后立即听诊；或使动物做短暂的运动，并于之后听诊。

⑤ 注意排除呼吸音以外的其他杂音。

# 【项目小结】

动物呼吸器官是体内外进行气体交换的器官，当呼吸系统任何部位发生病理损害后，都可以影响到气体交换机能，进而影响到全身与之相关的机能活动。同样，其他器官机能障碍也会造成呼吸机能紊乱。因此，呼吸系统的检查在临床上有十分重要的意义。本项目重点介绍呼吸运动、呼吸类型、呼吸频率和呼吸节律的诊断方法及其病理变化和临床意义；呼吸管腔、肺、呼吸肌的检查方法；呼吸道分泌物和病理性音响（如鼻液、咳嗽、支气管呼吸音、肺泡呼吸音、啰音、胸膜摩擦音）产生的原因和临床意义。

# 【目标检测题】

**一、选择题**

1. 动物患有严重的胸膜肺炎时，呼吸方式是（    ）。

A. 以胸式呼吸方式为主          B. 以腹式呼吸方式为主

C. 以胸腹式呼吸方式为主        D. 潮式呼吸

E. 间断性呼吸

2. 健康动物肺区边缘与腹部相接部位的叩诊音为（    ）。

A. 清音          B. 鼓音          C. 浊音

D. 过清音        E. 半浊音

3. 动物呼气和吸气都发生困难时的病因很多，胃肠臌气属于（    ）呼吸困难。

A. 肺源性        B. 心源性        C. 中毒性

D. 神经中枢性    E. 腹压升高性

4. 胸部叩诊出现水平浊音时，提示可能是（    ）。

A. 肺充血        B. 肺空洞        C. 肺气肿

D. 胸腔积液      E. 肺水肿

5. 关于肺泡呼吸音，叙述错误的是（    ）。

A. 毛细支气管和肺泡入口之间空气出入时的摩擦音。

B. 气流进入肺泡时气流冲击肺泡壁产生的声音。

C. 肺泡收缩和舒张过程中弹性变化而形成的声音。

D. 气流通过支气管的声音。

E. 肺泡呼吸音在吸气之末最为清楚。

6. 动物呼吸时，沿肋骨弓出现较深的凹陷，背拱起，肷窝变平，这种现象是呼吸困难中（    ）。

A. 吸气性呼吸困难                B. 呼气性呼吸困难

C. 心源性呼吸困难                D. 腹压增高性呼吸困难

E. 中毒性呼吸困难

7. 对病畜进行胸部叩诊时，发现有大面积的区域呈现鼓音，则动物可能所患的疾病是（    ）。

A. 肺结核　　　　　B. 肺空洞　　　　　　C. 气胸

D. 肺充血　　　　　E. 大叶性肺炎的充血期和吸收期

8. 临床上出现"由浅到深再至浅，经暂停后又重复出现"的是（　　）。

A. 毕欧特式呼吸　　　B. 库斯茂尔氏呼吸

C. 间断性呼吸　　　　D. 陈—施二氏呼吸

E. 呼吸停止

9. 引起胸式呼吸减弱而腹式呼吸加强的疾病是（　　）。

A. 腹膜炎　　　　　B. 妊娠晚期　　　　　C. 胸腔疾病

D. 大肠阻塞　　　　E. 胃肠臌气

10. 若流出鼻液呈砖红色或铁锈色，则提示的疾病多为（　　）。

A. 小叶性肺炎　　　B. 间质性肺炎　　　　C. 坏疽性肺炎

D. 霉菌性肺炎　　　E. 大叶性肺炎

二、简答题

1. 简述呼吸运动检查的内容和方法及其临床意义。

2. 上呼吸道检查的内容、方法有哪些？简述临床意义。

3. 胸部触诊区、叩诊区的确定方法有哪些？

4. 简述胸部叩诊、听诊的诊断意义。

5. 支气管呼吸音、肺泡呼吸音、啰音、胸膜摩擦音产生的原因有哪些？

6. 小水泡音、胸膜摩擦音和小水泡音、捻发音有何区别？

# 项目五  消化系统的临床检查

## 【学习目标】

通过本项目的学习，掌握口腔、咽、前胃、胃肠、腹壁、采食、饮水、反刍及呕吐、排粪动作及粪便的检查方法；熟悉消化管和消化腺的机能紊乱、器质性病变和前胃疾病的病理变化及其临床意义。

## 【技能目标】

1. 能熟练运用口腔、咽、食道和腹部及胃肠的检查方法诊断消化系统相应部位的疾病。

2. 通过了解动物采食、饮水、反刍及呕吐、排粪动作的改变及粪便的感观检查，会分析各种不同改变在临床中的作用和意义。

消化系统包括消化管和消化腺两部分。消化管为食物通过的管道，起于口腔，经咽、食管、胃、小肠、大肠止于肛门。消化腺为分泌消化液的腺体，其中唾液腺、肝和胰腺为消化管外的独立器官，由腺管通入消化道，称壁外腺。胃腺、肠腺位于消化管内，称为壁内腺。

反刍动物的消化系统有别于其他动物的是有瘤胃、网胃、瓣胃和皱胃四个部分，前三个胃合称前胃，其生理功能有两个：一是通过胃的运动磨碎食物；二是通过前胃内微生物和纤毛虫进行生物学消化和合成自身的营养物质。

从口腔摄入的食物和水，经咽和食道被送到胃肠，在消化液的作用下，把食物中各种营养物质分解为氨基酸、脂肪酸和葡萄糖，通过血管吸收供机体利用。而将不能利用的废弃物排出体外。

消化道是与外界相通的管道，最易遭受各种生物的、理化的因子的侵害和刺激，引起动物机体形态学和生理机能的变化。因此，消化系统检查在兽医临床上有十分重要的意义。

## 技能一  采食和饮水的检查

### 【技能基础】

1. 掌握采食、饮水、反刍与嗳气的病理变化和临床意义。

2. 熟悉呕吐及呕吐物的检查方法及临床意义。

### 【检查内容与方法】

采食和饮水的检查，主要包括食欲、饮欲、采食、咀嚼、吞咽、反刍、嗳气及呕吐等检查。

### 一、食欲和饮欲

[检查方法]  动物的食欲和饮欲的检查，主要靠问诊、饲喂试验来了解。根据采食的

数量、持续时间、咀嚼的速度和力度、腹围大小以及剩草、剩料情况及饮用水量进行判定。

[正常状态] 食欲和饮欲是动物对饲料和饮水的需求。采食和饮水是否正常，是动物健康与否的重要标志。生理情况下食欲和饮欲与饲料的种类、品质、饲喂方式、饲喂环境、饥饿、疲劳程度、混药情况以及动物的个体特点有关。

[病理变化]

（1）食欲减退　表现为食量下降或不愿采食，是许多疾病的共同表现。在致病因子的作用下，使消化液分泌发生紊乱、胃肠运动减弱、味觉减退等。见于胃肠道疾病、发热性疾病、疼痛性疾病、代谢和营养障碍、神经机能紊乱及心血管疾病。

（2）食欲废绝　表现为完全拒食饲料。见于各种高热性、剧痛性和中毒性疾病以及急性胃肠道疾病，如急性瘤胃臌气、急性肠臌气、肠阻塞和肠变位等。

（3）食欲不定　表现为食欲时好时坏，变化不定。见于慢性消化不良、不定热型的疾病。

（4）食欲亢进　表现为食欲旺盛，采食量多。见于重病恢复期、某些代谢病和寄生虫病及内分泌病，如甲状腺功能亢进等。

（5）饮欲增加　表现为口渴多饮，常见于热性病、大失水（如呕吐、腹泻、大出汗和大剂量使用利尿剂后）、渗出性炎症（如胸膜炎、腹膜炎）及食盐中毒等。

（6）饮欲减少　表现为不喜饮水或饮水量少，见于意识障碍的脑病及不伴有呕吐和腹泻的胃肠病、马骡疝痛等。病畜恐水，主要提示狂犬病。群发性的饮欲减少或拒饮多见于环境的改变，如在有水源的地方临时搭建其他设施（如遮阴棚）而使其产生惧怕后拒饮；猪群在夏季高温季节拒饮要特别注意饮水管道在烈日下曝晒而水温过高的因素。

## 二、采食障碍

[检查方法] 观察动物采食、咀嚼、吞咽方式。

[正常状态] 健康动物采食的方式各异：马用唇和切齿摄取饲料；牛用舌卷食饲草；羊大致与马相同；猪主要靠上、下颌动作而采食。

[病理变化]

（1）采食异常　表现为采食不灵活，或不能用唇、舌采食，或食后不能将饲料送至臼齿间进行咀嚼。见于唇、舌、齿、下颌、咀嚼肌的直接损害。如口炎、舌炎、齿龈炎及下颌骨或关节的病变所致；马以门齿衔草，多见于面神经麻痹或中枢神经的疾病；饮水时将鼻孔伸入水中，后因呼吸困难则急剧抬头，或口衔草而忘却咀嚼，乃马慢性脑室积水的特有症状；破伤风时由于咀嚼肌痉挛可表现采食障碍。

（2）咀嚼障碍　表现为咀嚼小心、缓慢、无力，并因疼痛而中断，有时将口中的食物吐出。

咀嚼障碍多表明口黏膜、舌、牙齿的疾病，骨软症、放线菌病、破伤风、慢性氟中毒等亦可引起。

（3）吞咽障碍　表现为吞咽时动物伸颈、摇头，屡次企图吞咽而被迫中止，或吞咽同时引起咳嗽，某些动物则常可见有食物、饮水的经鼻返流。

吞咽障碍主要表明为咽与食管的疾病，如咽炎、食道炎、食管阻塞等。一些珍稀鸟类如鸵鸟要特别注意喉囊的变化，由于食道炎、喉囊炎造成吞咽困难常常诱发喉囊积聚大量食物而不停地甩头、不安等。

(4) 异嗜 异嗜是由于消化机能和代谢机能紊乱而导致采食异常的一种表现,其特征为患病动物喜食饲料以外的物质,如啃食泥土、煤渣、木片、灰渣,舔食污水、粪尿。羊有时互相舔毛;母猪食仔、吞食胎衣;小猪咬尾吸血、拱肚皮;鸡啄羽、啄肛、啄蛋、啄食用具和室内墙壁地面的泥土、灰砂。异嗜为矿物质、微量元素、某些氨基酸、维生素缺乏或代谢障碍的征兆,也可见于慢性胃肠卡他、脑病、肠道寄生虫病和一些精神障碍性疾病等。异嗜要注意群发倾向。

## 三、反刍

[检查方法] 对反刍动物注意观察其反刍的开始出现时间、每次持续时间、昼夜间反刍的次数、每次食团的再咀嚼情况等。

[正常状态] 反刍动物采食后,周期性地将瘤胃中的食物返回至口腔重新咀嚼的过程,称为反刍。健康反刍动物,一般于采食后经半小时至一小时即开始反刍;每次反刍持续二十分钟至一小时不等;每昼夜约进行反刍6～8次;每次反刍的食团约再咀嚼40～60次(水牛约40～45次)。每个食团再咀嚼的次数与采食食物的种类略有差异,采食青草比采食干草咀嚼的次数要少。高产乳牛的反刍次数较多且每次的持续时间长。

[病理变化] 反刍机能障碍包括反刍机能减弱和反刍完全停止。

(1) 反刍机能减弱 主要是前胃机能障碍的结果。可表现为反刍开始出现的时间晚,每次反刍的持续时间短,昼夜间反刍的次数少以及每个食团的再咀嚼次数减少。多见于反刍动物前胃疾病(如前胃弛缓、瘤胃积食、瘤胃臌气、创伤性网胃炎)、发热性疾病、中毒病、代谢病和脑病等。

(2) 反刍完全停止 表示前胃运动机能高度障碍,胃壁麻痹,内容物干涸,是病情严重的标志之一。

## 四、嗳气

[检查方法] 注意观察左侧颈部沿食管沟处由下而上的气体流动波和听取嗳气的咕噜音。

[正常状态] 嗳气是反刍动物的一种生理现象,通过嗳气借以排出瘤胃内微生物发酵产生的气体。嗳气的次数决定于气体产生的速度。一般每小时约有15～30次的嗳气活动,奶牛约为20～30次,黄牛17～20次,绵羊9～12次,山羊9～10次。

[病理变化] 嗳气障碍主要有嗳气减少和嗳气停止。

(1) 嗳气减少 常由于瘤胃内微生物活动减弱、发酵过程降低、气体产生减少或瘤胃兴奋性降低、瘤胃运动减弱所致。多见于反刍动物前胃疾病、皱胃疾病以及继发前胃机能障碍的热性疾病等。

(2) 嗳气停止 可见于瘤胃气体排出受阻,如食道阻塞、前胃收缩力不足或麻痹等。

马出现嗳气,常提示胃扩张。

## 五、呕吐

[检查方法] 一般用视诊和嗅诊的方法进行。

[正常状态] 健康的动物一般不发生呕吐现象。

[病理变化] 呕吐是一种病理性的反射活动。胃内容物不自主地经口、鼻反排出来。

表现为动物头部接近地面，借腹肌与横纹肌强烈收缩，胃内容物经食管的逆蠕动由口排出。肉食动物易发，杂食动物次之，牛较少见，马则极少见。反刍动物呕吐的胃内容物经口、鼻排出，但其呕吐物多为瘤胃内容物，而非皱胃内容物，故一般称为返流。马呕吐时多呈恐怖状态而极度不安，腹肌强烈收缩，常有战栗与出汗，多表明有继发胃扩张甚至胃破裂的危险。

（1）呕吐的类型

① 中枢性呕吐。由毒物或毒素直接刺激延脑呕吐中枢而引起。特点：不受内容物的排空而中止。如各种毒物引起的中毒病、脑病、传染病等。

② 末梢性呕吐。是由于延脑以外的其他器官受刺激，反射性引起呕吐中枢兴奋而发生。又称反射性呕吐。特点：排空即止。见于软腭、舌根、咽部异物、寄生虫和炎性产物的刺激以及内容物过度胀满等。

（2）呕吐性质及呕吐混有物的检查　注意频度、出现时间、呕吐物数量、气味、pH 和混有物等。

① 采食后一次呕吐大量正常内容物，并不再出现第二次，是由于过食所致。

② 频频多次呕吐，是由于胃和十二指肠及中枢神经严重疾病造成。

③ 呕吐物中混有血液，表明有出血性胃肠炎的可能。

④ 呕吐物中混有胆汁，表明十二指肠阻塞。

⑤ 呕吐物中出现粪性物，表明有大肠阻塞（单胃动物）的可能。

# 技能二　口腔、咽及食管的检查

**【技能基础】**

1. 掌握开口的方法。

2. 掌握口腔、咽、食管、嗉囊的检查方法和临床意义。

**【材料与设备】**

开口器，胃管。

**【检查内容与方法】**

## 一、口腔检查

[**检查方法**]　一般用视诊、触诊和嗅诊的方法进行。在进行检查前尚需打开动物口腔，其开口方法有徒手开口法和开口器开口法。

（1）徒手开口法

① 马。检查者站于马头侧方，一手把住笼头，另一手食指和中指从一侧口角伸入并横向对侧口角；手指下压并握住舌体；将舌拉出的同时用另手的拇指从另侧口角伸入并顶住上腭，使口张开。

② 牛。检查者位于牛头侧方，一手握住牛鼻并强捏鼻中隔的同时向上提起，另一手从口角处伸入并握住舌体向侧方拉出，即可使口腔打开。

（2）开口器开口法

① 马。一般可使用单手开口器，一手把住笼头，一手持开口器自口角处伸入，随动物张口而逐渐将开口器的螺旋形部分伸入上、下臼齿之间，使口腔张开；检查完一侧后，再同样检查另侧。

② 猪。由助手握住猪的两耳进行保定；检查者持猪开口器，将其平伸入口内，达口角后，将把柄用力下压，即可打开口腔进行检查或处置。

[注意事项]

① 徒手开口时，应注意防止咬伤手指。

② 拉出舌时，不要用力过大，以免造成舌系带的损伤。

③ 使用开口器时应注意动物的头部保定；对患软骨症的病马应注意防止开口过大，造成颌骨骨折。

[正常状态]　健康动物口腔稍湿润，黏膜呈淡红色，牙齿排列整齐。

[病理变化]　口腔检查的内容主要有流涎，气味，口唇形态，黏膜的温度、湿度、颜色和完整性，舌和齿的变化。

（1）流涎及黏膜的湿度　口腔分泌物增多并自口角流出，称流涎。可见于口炎，牛的大量牵缕性流涎，见于某些中毒，如有机磷农药中毒，伴有吞咽障碍的疾病，如咽炎、食道阻塞、口蹄疫；鸡出现大量的流涎多见于有机磷农药中毒。

口腔分泌物减少或干燥，可见于一切热性病及某些消化器官疾病。

（2）口腔的气味　通常用嗅被唾液湿润的手指的方法进行检查。健康动物口腔一般无特殊的气味，仅在采食后留有某种饲料的气味。腐败酸臭见于消化系统及口腔疾病，如口腔炎、牙周炎；丙酮味见于酮血症；恶臭见于副鼻窦化脓性炎症。

（3）口唇形态　除了年老及衰弱的马骡下唇松弛下垂外，健康动物的上下唇闭合良好。病理状态常有以下几种。

① 双唇紧闭。是由于口唇紧张性增高所致，见于脑膜炎或破伤风。

② 唇部肿胀。见于口黏膜的深层炎症性疾病，如血斑病等。

③ 唇部疱疹。见于各种动物的口蹄疫、水泡病等。

④ 口唇下垂。见于面神经麻痹、霉玉米中毒、狂犬病、唇和舌损伤及炎症、下颌骨骨折等。

（4）口腔黏膜的颜色、温度　口腔黏膜潮红、肿胀是口炎的特征；口腔温度增高、有热感，可见于热性病；口腔黏膜的颜色也有潮红、发绀、苍白、黄染和出血变化，其临床意义与眼结合膜颜色的变化基本相同。

（5）口腔黏膜的完整性　口腔黏膜的破损，可表现为疱疹、结节、溃疡；马的溃疡性口炎，其病变常在舌下，应注意之；反刍动物及猪的口黏膜疱疹、溃疡性病变，应特别注意口蹄疫。

（6）舌　应注意观察舌苔、舌色及舌的形态学变化。

① 舌苔。舌苔是一层脱落不全的舌上皮细胞沉淀物，并混有唾液、饲料残渣等。舌苔厚薄、颜色等变化，通常与疾病的轻重和病程的长短有关。舌苔薄白，一般表示病程短或病情轻；舌苔黄厚，表示病程长或病情重等。舌苔变黄绿色或黄褐色主要见于热性病及慢性消化障碍等。

② 舌色。临床意义与口腔黏膜的颜色变化基本一致。

③ 形态学变化。舌硬如木、体积增大致口腔都不能容纳称木舌，可见于牛放线菌病；舌垂于口角外并失去活动能力，见于各类型脑炎后期或饲料中毒，同时常伴有咀嚼和吞咽困难等；猪的舌下和舌系带两侧有高粱米粒乃至豌豆大小的水泡状结节，是猪囊尾蚴的特征；舌面的溃疡多并发于口炎。

（7）牙齿的不整，常发生于骨软病或慢性氟中毒，后者在门齿表面多见有特征性的氟斑。

## 二、咽的检查

[检查方法] 通常进行咽的外部视诊、触诊。视诊注意头颈的姿势及咽周围是否有肿胀；触诊时，可用两手同时自咽喉部左、右两侧加压并向周围滑动，以感知其温度、敏感反应及肿胀的硬度和特点。

[病理变化] 咽喉部及其周围组织的肿胀、有热感，并呈疼痛反应，见于咽炎或咽喉炎；幼驹的咽喉及其附近淋巴结的肿胀、发炎，应注意于腺疫；牛的咽喉周围出现硬性肿物，应注意于结核、腮腺炎、放线菌病、炭疽和出败；猪则应注意于咽炭疽及急性猪肺疫；禽类则应注意传染性喉气管炎、霍乱和禽流感；犬、猫应注意咽炎等。各种动物咽喉部乃至前颈部肿胀尚要注意注射部位消毒不严、药物的不正确使用等因素。

## 三、食管及嗉囊的检查

[检查方法] 大动物的颈部食管，可进行视诊、触诊检查；必要时可应用食管探诊。

视诊时，注意吞咽过程饮水、食物沿食管通过的情况及局部是否有肿胀；触诊时检查者用两手分别由两侧沿颈部食管沟自上向下加压滑动检查，注意感知是否有肿胀、异物，内容物硬度，有无波动感及敏感反应。

鸡的嗉囊主要用触诊检查，注意内容物的多少、软硬度等情况；鸵鸟则应注意喉囊的变化。

[病理变化]

① 牛、马的食道阻塞时，如阻塞物在颈部食管，触诊常能发现该部肿大、硬结，压迫时动物常呈疼痛反应。其上部食管常因贮积饲料、分泌物而扩张，如扩张部内容物为液体，则触诊呈波动感。

食管痉挛则可感知呈一条较硬的索状物，并同时呈敏感反应。

② 鸡的嗉囊积食，可见容积扩大并可感知内容物量多且坚硬；减、拒食则嗉囊内空虚；如嗉囊存有多量气体则膨胀并有弹性；嗉囊积液可见于鸡新城疫或有机磷中毒；鸵鸟喉囊积聚大量饲料，并不断摔头，多见于食道炎症。

③ 犬食管阻塞时，可通过食管触诊和食管探诊来进行，可触摸到硬固的物体。食管炎时，触诊有疼痛反应。

# 技能三　腹部及胃肠的检查

【技能基础】

1. 掌握单胃（反刍）动物腹部、胃肠的检查方法。
2. 熟悉单胃（反刍）动物腹部、胃肠的病理变化和临床意义。

【材料与设备】

听诊器，叩诊槌、叩诊板。

【检查内容与方法】

## 一、反刍动物（牛）的腹部及胃肠检查

### 1. 腹部的视诊、触诊

[检查方法] 观察腹围的大小、形状；触诊腹壁的敏感性及紧张度。

[病理变化]

（1）腹围膨大　左肷部膨隆，叩诊呈鼓音，主要见于瘤胃臌胀；牛右侧肋骨弓下沿出现局限膨隆可见于真胃阻塞。

（2）腹围缩小　主要见于长期饲喂不足，慢性消耗性疾病等。

（3）腹壁敏感　主要见于腹膜炎。

（4）腹下浮肿　触诊留有指压痕，可见于腹膜炎、肝片吸虫病、肝硬化、创伤性心包炎、心脏衰弱和肾性水肿等。

**2. 瘤胃的检查**

[检查方法]　反刍动物的瘤胃，占左侧腹腔的绝大部分，与腹壁紧贴。主要用视诊、触诊、叩诊及听诊检查。

（1）视诊　正常左侧肷部稍凹陷，采饱食后变得平坦或微凸。

（2）触诊　检查者位于动物的左腹侧，左手放于动物背部，右手可握拳、屈曲手指或以手掌放于左肷部，先用力触压瘤胃，以感知内容物性状，后静置以感知其蠕动力量并计算蠕动次数。触诊时内容物似面团样，轻压后可留压痕；随胃壁蠕动而将触诊的手抬起，蠕动力量较强。

（3）叩诊　用手指或叩诊槌在左肷部进行叩诊，以判定其内容物性状。健康牛左肷部上部为鼓音。

（4）听诊　多以听诊器进行间接听诊，以判定瘤胃蠕动音的次数、强度、性质及持续时间。听诊瘤胃随每次蠕动波可出现逐渐增强后又逐渐减弱的沙沙声或由远而近的雷鸣声，健牛每 2min 约蠕动 2～3 次。

[病理变化]

① 左肷部膨隆、触诊有弹性，叩诊呈鼓音，是瘤胃臌胀的特征。肷部下陷见于饥饿或慢性前胃弛缓等。

② 触诊内容物硬固或呈面团样、压痕久不恢复，可见于瘤胃积食；内容物稀软可见于前胃弛缓。冲击性触诊瘤胃出现"咣当"声，可见于瘤胃积液，是真胃阻塞的特征。

③ 瘤胃蠕动频繁、蠕动音增强，可见于瘤胃臌胀的初期；蠕动稀少、微弱、蠕动音短促，可见于瘤胃积食、前胃弛缓以及其他原因引起的前胃功能障碍。

**3. 网胃的检查**

网胃位于腹腔左前下方，相当于 6～8 肋间，前缘紧贴膈肌，与心脏相隔 1cm 左右，其后部位于剑状软骨上。

（1）触诊法　检查者蹲于动物左胸侧，屈曲右膝于动物腹下，将右肘支于右膝上并握拳抵在动物的剑突部，然后用力抬高脚的后跟并以拳顶压网胃区，以观察动物反应。

（2）抬压法　由两人分别站于动物胸部两侧，各伸一手于剑突下相互握紧，各将其另手放于动物的鬐甲部，两人同时用力上抬紧握的手，并将放于鬐甲部的手用力下压；也可用一木棒横放于动物的剑突下，由两人分别自两侧同时用力上抬，迅速下放并逐渐后移压迫网胃区，以观察动物反应。

此外，也可使用叩诊或使动物走上、下坡路或急转弯等运动，观察其反应。

[临床意义]　当进行上述检查时，动物表现不安、痛苦、呻吟或抗拒，企图卧下，不愿意走下坡路时乃网胃的疼痛敏感反应，主要见于创伤性网胃炎或网胃、膈肌、心包炎。

特别提示，要区别健康牛在进行上述疼痛敏感试验时，动物出现挣扎、不驯的一些反应。

**4. 瓣胃的检查**

[检查方法]　主要采用听诊和触诊的方法检查。

（1）听诊法　在牛右侧第 7～9 肋间沿肩关节水平线上下 3cm 的范围内进行听诊，以听取瓣胃蠕动音。

（2）触诊法　在右侧瓣胃区进行强力触诊或以拳轻击，以观察动物是否有疼痛反应。

[正常状态]　瓣胃的蠕动音呈断续性细小的捻发音，于采食后较为明显。

[临床意义]　瓣胃蠕动音消失，可见于瓣胃阻塞，触诊敏感，表现为动物疼痛不安、呻吟、抗拒，主要见于瓣胃创伤性炎症，亦可见于瓣胃阻塞或瓣胃炎。

特别提示，在进行瓣胃检查中，要特别注意瓣胃蠕动音在正常情况下是很微弱的，同时牛对触诊敏感性不高的特点，在疑似瓣胃阻塞的病例中，最好进行瓣胃穿刺，以免做出错误判断。

**5. 真胃及肠的检查**

[检查方法]

（1）真胃的视诊与触诊　牛于右侧第 9～11 肋间、沿肋弓下，进行视诊和深触诊。

（2）真胃的听诊　在真胃区可听到蠕动音，类似肠音，呈流水声或含漱音。

（3）肠蠕动音的听诊　于右腹侧可听诊肠蠕动音，声音较弱，类似大小流水声或含漱音。

[病理变化]　真胃视诊如发现肋弓下方出现膨隆，可见于真胃阻塞或扩张；真胃和肠蠕动音亢进，可见于胃肠炎。真胃触诊呈敏感反应，见于真胃炎或真胃溃疡。

## 二、单胃动物的腹部及胃肠检查

**1. 腹部的视诊、触诊**

[检查方法]　观察腹部的轮廓、外形、容积及肷部的充满程度，应做左右侧对比观察。

触诊时，检查者位于腹侧，一手放于动物背部，检手以掌心平放于腹侧壁或下侧方，用腕力作间断性的冲击式触诊或以手指垂直向腹壁进行突击式触诊，对大动物也可用拳作腹壁冲击性触诊，以感知腹壁的紧张度、敏感性和腹内容物的性状。

[病理变化]

（1）腹围膨大　除可见于妊娠外，常见于肠臌气、胃肠积食、腹水及腹壁疝等。

① 胃肠积气。肠臌气时肷窝常隆起，严重者腹围呈浑圆状态，叩诊时发出清朗的鼓音。

② 胃肠积食。马大肠内积聚大量内容物，也可使腹围膨大，但叩诊多呈浊音，见于结肠阻塞。

③ 腹腔积水。腹水增加时腹围膨大、下垂并多呈向两侧对称性扩展的特征。触诊有波动感或感到有回击波与震荡声；叩诊呈水平浊音，变换体位时，其水平浊音的位置随之改变。常见于腹膜炎。

（2）腹围卷缩　可见于长期饥饿，剧烈的腹泻，慢性消耗性疾病等。

（3）腹壁敏感　表现对触诊呈疼痛反应。动物回视、躲闪、反抗。主要见于腹膜炎。

（4）腹肌紧张性　腹肌紧张性增高主要见于破伤风、重度骨软症等；紧张性降低见于腹泻、营养不良、热性病等。

（5）腹壁疝　对呈现局限性膨大部分进行触诊，其特点是触压柔软或有波动并可发现疝环，并经此可将部分脱出的肠管进行还纳。

**2. 胃、肠的检查**

[检查方法]

（1）胃的检查　马的胃位于腹腔中部偏左侧，其体表投影位置在左侧第 14～17 肋间，髋结节水平线上下相对应处。由于马胃的位置较深，胃管探诊有一定诊断意义。临床上常用精神状态、食欲、舌苔、口腔气味、胃管探诊及其他检查综合分析评定。

（2）肠管的检查　主要进行听诊，以判定肠蠕动音的频率、性质、强度和持续时间。听诊时，每一听诊点应听诊不少于半分钟；小肠主要在左肷部，盲肠在右肷部，右侧大结肠沿右侧肋弓下方，左侧大结肠则在左腹部下 1/3 处听诊。

必要时可配合进行叩诊或直肠检查。

[正常状态]　小肠蠕动音如流水声或含漱音，正常时每分钟 8～12 次；大肠音犹如雷鸣音或远炮声，每分钟约 4～6 次。

对靠近腹壁的肠管进行叩诊时，依其内容物性状不同而音响也不同。正常时盲肠基部（右肷部）呈鼓音；盲肠体、大结肠则可呈浊音或半浊音。

[病理变化]

（1）肠蠕动音亢进　由于肠管受到各种刺激所致。表现为肠音高朗甚至雷鸣，蠕动音频繁甚至持续不断等。主要见于各型肠炎的初期或胃肠炎，如伴有剧烈腹痛现象时则主要提示为痉挛病。

（2）肠蠕动音减弱甚至绝止　由于肠管蠕动减慢或停止所致。表现为肠音微弱、稀少并持续时间短促，严重时则完全消失，主要见于肠弛缓、便秘，亦可见于胃肠炎的后期；伴有腹痛现象时则常见于肠便秘或肠阻塞。

（3）肠音性质的改变　可表现为频繁的流水音，主要见于为肠炎；频繁的金属音（类似水滴落在金属板上的声音）是肠内充满大量的气体或肠壁过于紧张，邻近肠内容物移动冲击该部肠壁发生振动而形成的声音，主要见于肠臌气和肠痉挛。

（4）叩诊音响　成片的鼓音区提示肠臌气；与靠近腹壁的大结肠、盲肠的位置相一致的成片浊音区，可提示相应肠段的积粪及便秘。

## 三、猪的腹部及胃肠检查

[检查方法]　主要靠触诊和听诊检查。

（1）触诊　使猪处于站立姿势，检查者位于后方，两手同时自两侧肋弓后开始加压触摸的同时逐渐向上后方滑动进行检查，或使猪侧卧，然后用手掌或并拢、屈曲的手指，进行深部触诊。

（2）听诊　用听诊器进行胃、肠蠕动音的检查。

[临床意义]

① 触诊胃区有不安、呻吟等疼痛反应，可见于胃炎、胃食滞。

② 胃肠炎时蠕动音可增强；重度便秘时肠蠕动音减弱甚至消失；肠便秘时深触诊可感知较硬的粪块。

③ 猪出现猝死且腹围迅速膨大多见于梭菌性感染；猪不排尿、腹围膨大，提示有膀胱破裂倾向。

④ 腹围卷缩可见于长期饥饿、剧烈的腹泻、慢性消耗性疾病，如仔猪的营养不良、仔

猪贫血、慢性副伤寒，内寄生虫病，结核病等。

⑤ 脐下、腹壁出现圆形囊状肿物多为疝气。

## 四、犬的腹部及胃肠检查

[检查方法]

① 腹部视诊　主要观察腹部外形轮廓的变化。腹围膨大，除母犬、母猫妊娠后期及饱食等正常生理情况外。可见于急性胃扩张、腹水、肠便秘等。腹围缩小，见于慢性消化道疾病，寄生虫病及营养不良等。

② 腹部触诊　双手缓慢用力感觉腹壁及腹腔脏器的状态。检查胃部时，应将犬、猫两前肢提高。通过腹部触诊可以确定胃、肠充盈度，脏器炎症，器官大小的变化，器官变位和较大的异物等变化。

③ 腹部听诊　主要检查肠蠕动音（同猪的腹部听诊）。

# 技能四　排粪动作及粪便的感观检查

【技能基础】

1. 熟悉排粪动作和粪便异常的各种表现。

2. 掌握排粪动作及粪便异常的临床意义。

【检查内容与方法】

## 一、排粪动作

[检查方法]　观察动物排粪时的动作和姿势。正常时，各种动物均采取固有的排粪姿势。

[病理变化]

（1）便秘　主要排粪次数减少，排粪费力，屡呈排粪姿势而排出量少，粪便干而色暗。见于热性病、慢性胃卡他、肠阻塞、瓣胃阻塞等。

（2）腹泻　排粪的次数频繁且粪便稀薄呈粥状、液状甚至水样。主要是由于消化道炎症及其肠道运动机能加速的结果。腹泻的原因很多，主要包括以下几个方面。

① 某些靶向传染病，如大肠杆菌病、梭菌性肠炎、沙门氏菌病、密螺旋体病、流行性腹泻、传染性胃肠炎、猪瘟、伪狂犬病、轮状病毒病等。

② 各类寄生虫病和原虫病，如线虫病、球虫病、附红细胞体病、弓形体病、小袋纤毛虫病、隐孢子虫病等。

③ 营养因素，如日粮中含有抗原过敏物质（致敏的蛋白质如生豆粕等）。

④ 毒物、毒素对胃肠的刺激及全身反应。

⑤ 应激反应等。

⑥ 环境和管理因素，如环境温度过高或过低、无乳或乳汁质量差、饲喂技术和管理经验缺失等。

（3）失禁自痢　动物不经采取固有的排粪姿势，腹肌不收缩而粪便自行由肛门流出，称排粪失禁或称失禁自痢，常见于顽固性胃肠炎和腰荐神经损伤。

（4）排粪带痛　动物于排粪时表现疼痛不安或伴有呻吟，可见于腹膜炎等。

（5）里急后重　排出粪便后长时采取排粪姿势或反复、频作排粪动作，用力努责且仅有少量粪便或黏液排出，可见于直肠炎、直肠息肉、肿瘤或牛的子宫、阴道的炎症。

## 二、粪便的感观检查

[检查方法]　注意检查粪便的臭味、数量、形状、颜色及混有物。

[正常状态]　各种动物的排粪量和粪便性状，受饲料的数量和质量的影响。现简要介绍如下。

（1）马　每昼夜排粪约为 8～10 次，粪量约 15～20kg；呈球形，落地后部分碎开；多为黄绿色。

（2）牛　每昼夜约排粪 12～18 次，粪量约 15～35kg；较软，落地形成叠层状粪盘；但水牛的粪便较稀；乳牛采食大量青饲料时则粪便亦甚稀薄。

（3）羊　其粪多呈极小的干球状。

（4）猪　依饲料的性质、组成不同而异，粪呈叠层状。

[病理变化]

① 粪便有特殊腐败或酸臭味，多见于各型肠炎或消化不良。

② 粪便坚硬、色深，见于肠弛缓、便秘、热性病；牛在稀粪中混有片状硬结粪块提示瓣胃阻塞；水牛粪便呈柏油样，可见于胃肠阻塞。

③ 粪便稀软、水样，常是下痢之症，猪多见于伪狂犬病、传染性胃肠炎、流行性腹泻、轮状病毒病等。

④ 粪便混有血液或排血样便是出血性肠炎的特征。呈黑色，见于胃或前部肠道的出血性疾病；粪球外部附有红色血液，是后部肠管出血的特征；猪粪稀似水、色呈酱油样或煤焦油样，多见于梭菌性肠炎。

⑤ 粪便呈灰白色黏土状，可见于阻塞性黄疸和某些药物的影响。

⑥ 粪便混有未消化饲料残渣，提示消化不良；混有多量黏液，可见于肠卡他；混有灰白色、成片状的脱落肠黏膜，提示伪膜性肠炎，亦可见于猪瘟等。

# 技能五　直肠检查

【技能基础】

1. 熟悉直肠检查的内容、应用范围。

2. 掌握直肠检查的方法。

【材料与设备】

保定柱栏，胶手套，胶指套，肥皂，润滑剂等。

【检查内容与方法】

直肠检查主要应用于大家畜（马、骡、牛等）。将手伸入直肠内，隔着肠壁间接地对后部腹腔器官及盆腔器官进行触诊检查的方法。中、小家畜在必要时可用手指检查。

[目的]

1. 进行母畜发情鉴定和妊娠诊断。

2. 进行母畜生殖器官疾病的诊断。

3. 进行腹腔后部器官疾病, 如肠阻塞、骨盆骨折的诊断等。

4. 对某些疾病具有重要的治疗作用（如隔肠破结等）。

[准备工作]

① 确实保定　以六柱栏保定最简便, 将被检牛、马左、右后肢分别进行保定, 以防后踢; 为防卧下及跳跃, 要加腹带及肩部的压绳, 还应吊起尾巴。根据情况和需要, 也可横卧保定。牛的保定可钳住鼻中隔, 或用绳套住两后肢。

② 术者剪短、磨光指甲, 露出手臂并涂以润滑油类, 必要时可用胶手套或胶指套。

③ 对腹围膨大病畜应先行盲肠穿刺术或瘤胃穿刺术排气, 否则腹压过高, 不宜检查, 特别是横卧保定时, 甚至有造成窒息的危险。

④ 对心脏衰弱的病畜, 可先给予强心剂; 对腹痛剧烈的病马应先行镇静（可静脉注射5％水合氯醛酒精液 100～300ml 等）, 以便于检查。

⑤ 一般先应进行灌肠, 而后再行检查。

[操作方法]

① 术者的手。将拇指放于掌心, 其余四指并拢集聚呈圆锥状, 稍旋转前伸即可通过肛门括约肌进入直肠, 当肠内蓄积粪便时应将其掏出, 如膀胱内贮有大量尿液, 应按摩、压迫膀胱将其排空。

② 术者的手沿肠腔方向徐徐伸入, 当被检马频频努责时, 术者的手可暂停前进或随之后退; 肠壁极度收缩时, 则暂时停止前进, 手指微微用力按摩肠管, 待肠壁弛缓时再徐徐伸入, 一般术者的手伸到直肠狭窄部后, 即可进行各部位及器官的触诊。若被检马努责过甚, 可用1％普鲁卡因 10～30ml 行尾骶穴封闭, 使直肠及肛门括约肌弛缓而便于直肠检查。

③ 术者的手在肠管内不许随意搔抓或以手指锥刺; 前进、后退时宜徐缓小心, 切忌粗暴。并应按一定顺序进行检查。

[检查顺序]

（1）肛门及直肠状态　检查肛门的紧张程度及其附近有无寄生虫、黏液、血液、肿瘤等, 并要注意直肠内容物的多少与性状以及黏膜的温度和状态等。

（2）骨盆腔内部检查　术者的手稍向前下方检查可摸到膀胱、子宫等。膀胱位于骨盆腔底部。膀胱无尿时, 可感触到如梨子状大的物体, 当膀胱内尿液过度充满时, 感觉似一球形囊状物、有弹性和波动感。并可触诊骨盆壁是否光滑, 有无脏器充塞或粘连现象。如被检马、牛有后肢运动障碍时, 须检查有无盆骨骨折。

（3）腹壁　触诊右肷部的腹壁, 注意检查有无结节。

（4）腹腔内器官检查

① 牛的腹腔内器官检查

a. 瘤胃。瘤胃占据腹腔左半部, 后背囊抵至骨盆腔入口处。触诊瘤胃时, 感觉呈捏粉样硬度。瘤胃积食时, 触摸瘤胃内容物较坚硬; 瘤胃壁紧张而有弹性, 表示瘤胃臌气。

b. 肠。全位于腹腔右半部。盲肠在骨盆口前方, 其尖端的一部分达骨盆腔内, 结肠圆盘在右肷部上方。空肠及回肠位于结肠圆盘及盲肠的下方。正常时各部肠管不易区别。

c. 肾。左肾的位置决定于瘤胃的充满程度, 可左可右, 可由第2～3腰椎延伸到第5～6

腰椎。右肾悬垂于腹腔内，可以使之移动，或用手托起来，检查较为方便。检查时应注意肾脏的大小、形状、表面性状、硬度等。当患急、慢性肾盂肾炎时，肾脏体积增大，靠近肾门部位有波动感。

② 马的腹腔内器官检查。术者手指到达直肠狭窄部时常遇到肠管收缩，此时，要暂停前进，待部分肠管套于手上，肠管弛缓时，再细心地用指腹沿肠管壁上下左右寻找肠腔孔，把并拢的手指慢慢地通过直肠狭窄部（在多数情况下，手掌是不能通过直肠狭窄部的）以便于检查。

a. 小结肠。术者手再向前伸，套入直肠狭窄部后，由于小结肠游离性较大，便于检查。因而首先可摸到小结肠内有成串的鸡蛋大小的粪球。

b. 腹膜及腹股沟管内口。先触摸腹壁内面（按上方、侧方、下方的顺序）状态，正常时，表面光滑。然后再检查腹股沟管内口（位于耻骨前下方 3～4cm，于体中线左右两侧，距白线约 11～14cm 处），正常时可插入 1～2 指。检查时宜注意腹股沟管内口内径大小，有无疼痛，有无软体物阻塞等。

c. 左侧结肠。左侧结肠位于腹腔的左侧，耻骨水平面的下方。其骨盆弯曲部在骨盆前口的直前方。其下层结肠内外各具有一条纵带和许多囊状隆起，以上各点在左侧结肠便秘或蓄满积粪时方容易摸到。

d. 左肾。术者手掌向上在脊柱下，可感知腹主动脉的搏动，沿腹主动脉前伸，到第二、第三腰椎左侧横突下，可感到一半圆形，较硬的器官，即是左肾的后半部。

e. 脾。术者手由左肾下面向左腹壁滑动，到最后肋骨部可触知脾脏的后缘，脾脏后缘呈镰刀状。脾后缘一般不超过最后肋骨；但有些马，尤其骡，有时可超过最后肋骨。

f. 胃。术者手从左肾的前下方前伸，当小体型马患急性胃扩张时，在此处可触知膨大的胃后壁，并伴随呼吸而前后移动。

g. 盲肠。在右胁部，触诊盲肠底及盲肠体，呈膨大的囊状，并可摸到由后上走向前下方的盲肠后纵带。

h. 胃状膨大部。在盲肠底的前下方，当该部便秘时，可感到有坚实内容物的半球形物体，随呼吸而前后移动。

i. 肠系膜根。沿腹主动脉向前探索，指尖可感到呈扇状的柔软而有弹力的条索状物，并可感知搏动的脉管。

j. 十二指肠。沿前肠系膜根后方，向下约距腹主动脉 10～15cm 下方，当十二指肠便秘时，可触到由右而左呈弯形横走的圆柱状体，移动性较小，即是积食的十二指肠。

[病理变化]

通过对病畜进行直肠检查，可能发现的主要病理变化有以下几种。

① 脾位的后移及胃囊的膨大，主要提示马的胃扩张。

② 小结肠，大结肠的骨盆曲、胃状膨大部或左侧上、下大结肠，盲肠，十二指肠等部位发现较硬的积粪，主要提示该部位的肠便秘。

③ 大结肠及盲肠内充满大量气体，腹内压过高，检手移动困难，主要提示肠臌气。

④ 肠系膜动脉根部有明显的动脉瘤，提示肠系膜动脉栓塞。

注意：必须将直肠检查结果和临床检查的结果加以综合分析，才能提出合理的诊断意见。

## 【项目小结】

消化系统包括消化管道和消化腺两部分。消化道是机体接纳和消化食物的场所且两端与外界相通，最易遭受各种生物因子、理化因子的侵害和刺激，引起动物机体形态和生理机能的变化。因此，消化系统检查在兽医临床上有十分重要的意义。本项目介绍了消化管道及其采食、饮水、咀嚼、吞咽、反刍及呕吐、排粪动作及粪便检查的基本方法；消化管、消化腺、前胃机能紊乱和器质性病变所表现出的主要病理变化及其临床意义。

## 【目标检测题】

### 一、选择题

1. 反刍动物腹围左腹侧上方膨大，肷窝凸出，腹壁紧张而有弹性，叩诊呈鼓音，见于（　　）。

A. 急性瘤胃臌气　　　　　B. 瘤胃积食　　　　　C. 创伤性心包炎

D. 慢性消耗性疾病　　　　E. 皱胃积食

2. 常见家畜中，其发生呕吐的难易程度不同，正确的难易顺序为（　　）。

A. 肉食兽＞猪＞反刍兽＞马

B. 马＞肉食兽＞猪＞反刍兽

C. 猪＞反刍兽＞马＞肉食兽

D. 反刍兽＞肉食兽＞猪＞马

E. 肉食兽＞马＞反刍兽＞猪

3. 动物临床表现里急后重，见于（　　）。

A. 直肠炎　　　　　　　　B. 腹膜炎　　　　　　　C. 尿道炎

D. 子宫内膜炎　　　　　　E. 胃肠臌气

4. 牛发生口蹄疫时，检查口腔可出现的主要变化为（　　）。

A. 双唇紧闭，口温升高，口腔黏膜潮红。

B. 口唇肿胀，流涎，口腔干臭。

C. 口唇松弛，口温低下，口腔黏膜发绀。

D. 唇部疹疱，口腔黏膜有红肿、疹疱或溃烂。

E. 唇舌肿胀，口腔有腐败臭味，口腔干燥，黏膜极度苍白。

5. 动物发生咽炎时，其特征症状是（　　）。

A. 咽部肿胀　　　　　　　B. 流口水　　　　　　　C. 吞咽障碍

D. 采食障碍　　　　　　　E. 咳嗽

6. 病牛口腔及呼出气有烂苹果味，多提示发生了（　　）。

A. 牛氯仿中毒　　　　　　B. 牛烂苹果渣中毒　　　C. 牛维生素 $B_6$ 缺乏

D. 牛酮血症　　　　　　　E. 牛瘟

7. 听诊检查马肠音时，在右侧肷部听诊的肠音为（　　）。

A. 小结肠音　　　　　　　B. 小肠音　　　　　　　C. 盲肠音

D. 大结肠音　　　　　　　E. 大肠音

8. 饮欲亢进时，首先考虑的是动物患有（　　　）。

A. 消化力强　　　　B. 代谢障碍　　　　　　C. 食盐中毒

D. 慢性肠炎　　　　E. 都不是

9. 触诊犬腹部有串珠样硬物且敏感，说明该犬患有（　　　）。

A. 肠炎　　　　　　B. 肠便秘　　　　　　　C. 肠臌气

D. 肠扭转　　　　　E. 肠套叠

10. 下列中不属于动物排粪动作障碍表现的是（　　　）。

A. 便秘　　　　　　B. 腹泻　　　　　　　　C. 排粪失禁

D. 里急后重　　　　E. 乱排乱拉

## 二、简答题

1. 简述采食和饮水的检查方法及其临床意义。

2. 打开口腔的方法有哪些？简述口腔检查注意事项。

3. 何为吞咽困难？诊断依据是什么？

4. 简述大动物和小动物腹腔检查的特点及临床意义。

5. 引起腹泻的主要原因有哪些？

6. 排粪动作的病理变化有哪些？

7. 简述粪便感观检查的临床意义。

8. 直肠检查的方法有哪些？简述其注意事项。

# 项目六　泌尿、生殖系统的临床检查

## 【学习目标】

通过本项目的学习，了解正常动物的排尿动作，尿液的感观性状，肾、膀胱及尿道、外生殖器及乳房的正常状态和检查方法；掌握排尿动作异常、尿液的感观性状改变、外生殖器及乳房异常的表现和尿道探针和导尿技术；熟悉排尿障碍和尿液异常的临床意义。

## 【技能目标】

1. 通过观察动物排尿动作和尿液感观性状的改变，能对动物的泌尿系统疾病作出初步的诊断。
2. 能正确插入尿道探针和导尿管。
3. 通过动物外生殖器和母畜乳房的检查，能进行发情、妊娠等临床诊断。

泌尿系统是由肾脏、输尿管、膀胱和尿道组成。肾脏是尿液形成器官，其他部分是尿液排泄的通路，称尿路。泌尿系统在神经、体液的调节下，分工协作，不断排出体内的代谢产物和有害物质，维持水、电解质和酸碱平衡，对保护体内环境的恒定具有重要的作用。

生殖系统分公畜生殖系统和母畜生殖系统。公畜生殖系统主要包括阴囊、睾丸、附睾、精索、阴茎及附性腺体（前列腺、贮精囊和尿道球腺）；母畜生殖系统包括卵巢、输卵管、子宫、阴道和阴门。母畜的乳房检查同样具有重要的诊断意义。

## 技能一　排尿动作及尿液的感观检查

### 【技能基础】

掌握排尿动作和尿液感观异常及其临床意义。

### 【检查内容与方法】

## 一、排尿动作的检查

[检查方法]　观察动物在排尿过程中的行为与姿势。

[正常状态]　尿液在肾脏形成后，由肾盂经输尿管进入膀胱而贮存。等膀胱内充满尿液时，刺激膀胱壁的压力感受器，反射性地引起膀胱括约肌松弛，引起排尿动作。正常时，各种动物依其性别的不同而采取固有的排尿姿势。

公牛和公羊排尿时，不作排尿准备动作，腹肌也不参与，仅借助会阴尿道部的收缩，尿液呈细流状排出，在行走和进食时可排尿。母牛和母羊排尿时，后肢张开下蹲，拱背举尾，腹肌收缩，尿液呈急流状排出。

公猪排尿时，尿液急促而断续射出。母猪排尿动作与母羊相似。

公马排尿时，四肢向前后张开站立，背腰下沉，伸出阴茎，举尾排尿，最后部分尿液借腹肌收缩呈断续排出。母马排尿时，后肢略向前踏，并稍下蹲，排尿之末阴门启闭数次。

排尿次数和尿量多少，与肾脏的分泌机能、尿路状态、饲料含水及含盐量、饮水量、气温、使役等因素有密切关系。排尿次数每昼夜马 5~8 次，牛 5~10 次，猪 2~3 次。排尿量每昼夜马 3~6L，牛 6~12L，猪 2~4L。

[病理变化] 泌尿、贮尿和排尿的任何异常时，即为排尿障碍。

(1) 多尿与频尿 多尿表现为排尿次数增加且尿量增加，可见于大量饮水、饲料中食盐超标、慢性肾病或渗出性胸膜炎的吸收期、糖尿病（尿比重增加）和肾盂肾炎（尿比重降低）；频尿则表现为排尿次数多而尿量并不多，主要由膀胱炎、尿道炎和异物刺激引起。

(2) 少尿与无尿 少尿表现为排尿次数减少而且尿量也减少，可见于热性病，急性肾炎或重症的腹泻等。

① 肾前性少尿或无尿。由于血液渗透压升高和外周循环衰竭，肾血流量减少所致。表现尿量中度和轻度减少，一般不出现无尿，见于脱水、休克、心力衰竭、组织内水分潴留等。

② 肾原性少尿或无尿。称真性少尿或无尿，由于肾脏泌尿机能高度障碍所致，多由于肾小球和肾小管的严重病变引起，见于急性肾小球肾炎、慢性肾病等。

③ 肾后性少尿或无尿。称假性少尿或无尿，主要是尿路阻塞所致。见于尿道结石或阻塞（主要见于公牛和公猪），此时可见有排尿行为，但无尿液排出。亦可见于膀胱括约肌痉挛、膀胱破裂（表现无尿、腹部膨大和腹腔积尿、直肠检查膀胱空虚）。

尿道结石或阻塞、膀胱括约肌痉挛造成的少尿和无尿，称尿潴留。尿潴留时，膀胱极度膨胀，沿腹底壁延伸至脐。尿潴留时极易造成膀胱破裂。

(3) 尿失禁 动物不经采取固有的排尿姿势与动作，而尿液不自主的自行流出。主要见于膀胱及其括约肌的麻痹、腰荐部脊髓损伤、脑病昏迷和濒死期的病畜。

(4) 尿淋漓 动物排尿困难，经常有少量尿液呈滴状或细流状，无力或断续排出，见于膀胱炎及老年体衰、胆怯的动物。

(5) 排尿疼痛 动物于排尿时表现疼痛、不安、呻吟、努责、摇尾踢腹或屡作排尿姿势而排尿谨慎、痛苦，可见于膀胱炎、尿道炎或尿道结石与阻塞。

## 二、尿液的感观检查

[检查方法] 于动物排尿时或导尿时搜集尿液，注意检查尿的气味、透明度、颜色及混有物。

[正常状态]

(1) 尿色 马尿呈淡黄色，牛尿色淡，猪尿几乎无色。

(2) 透明度 马尿因含有大量的碳酸钙而混浊，其他动物尿均透明。

[病理变化]

(1) 气味 尿呈强烈的氨臭味，可见于膀胱炎；牛酮尿病时，尿呈醋酮（近似氯仿）味，猪尿有腐败臭味，应注意猪瘟。

(2) 透明度 马尿变为透明，多呈酸性，是病态反应，可见于发热病、饥饿及骨软症。

(3) 颜色

① 尿色变深，可见于热性病、饮水不足、脱水性疾病等尿量减少的疾病。

② 红尿。是血尿或血红蛋白尿的特征。盲目用药，造成肾脏损伤后也会出现红尿。

　　a. 血红蛋白尿。是溶血性病的特征。多透明，放置后无红细胞沉淀，可见于新生仔畜溶血病、牛血红蛋白尿症、钩端螺旋体病、梨形虫病、弓形体病、成年动物（马、牛、猪）硒缺乏症等，马还应注意肌红蛋白尿病。

　　b. 血尿。混浊，放置后可出现红细胞沉淀，提示肾或尿路、膀胱出血；如为鲜血多属尿道损伤；如混有大量凝血块，则多为膀胱出血，亦可见于肾或膀胱肿瘤。

　　③ 黄尿。尿呈深黄色且易起泡沫、其泡沫亦被染成黄色，可见于肝病及胆道阻塞性黄疸。

　　④ 白尿。白尿可见于乳糜尿及饲喂钙质过多时；脓尿见于肾、膀胱和尿道的化脓性炎症及猪的肾虫病等。

# 技能二　肾、膀胱及尿道的检查

**【技能基础】**

掌握插入尿道探针和导尿的方法。

**【材料与设备】**

导尿管，润滑油，高锰酸钾，阴道开膣器。

**【检查内容与方法】**

## 一、肾脏的临床检查

　　[**检查方法**]　马的肾脏，左肾位于自18肋骨至2～3腰椎横突的下方；右肾则稍向前。临床检查可用叩击法：检查者先将左手掌平放于肾区腰背部上，然后用右手握拳，轻轻在左手背上叩击，同时观察动物的反应。

　　牛及肥育的猪，肾区外部叩诊，多无明显变化。

　　检查小动物的肾脏时，检查者可用两手在腰椎横突下面自腹上侧方进行触诊。

　　[**病理变化**]　肾区的叩击试验或触诊时动物疼痛不安，可提示肾炎。

## 二、膀胱的检查

　　[**检查方法**]　大动物由腹壁外触诊膀胱，多无发现；中、小动物则可于后腹部由下方或侧方进行触诊，以判定膀胱的充满度及其敏感性。

　　大动物的肾及膀胱，可进行直肠内部触诊。

　　[**病理变化**]　触诊膀胱区呈波动感，提示膀胱内尿液潴留；如随触压而被动地流出尿液，则提示膀胱麻痹；动物对触诊呈敏感反应，可见于膀胱炎。

## 三、尿道探诊及导尿

　　尿道探诊及导尿，主要用于怀疑尿道阻塞，以探查尿路是否通畅；或当膀胱充满而又不能排尿时，以导出尿液、排空膀胱，必要时可用消毒药进行膀胱冲洗以做治疗；也可用于采集尿液以供检验。

　　通常应用与动物尿道内径相适应的橡皮导尿管；对母畜也可用特制的金属导尿管进行导尿。

[检查方法]

（1）准备　所用导尿管先应用消毒药液浸泡消毒；术者的手臂及被检动物的外生殖器亦应清洗、消毒。通常应使动物站立保定，特别应保定其后肢，以防踢人。

（2）公马的探诊及导尿法　动物保定、清洗其包皮囊的污垢后，一般先用右手抓住其阴茎的龟头并慢慢拉出；再用左手固定其阴茎，以右手用消毒药液（2%硼酸液或0.1%高锰酸钾液等）清洗其龟头及尿道口；取消毒的导尿管，自尿道口处徐徐插入；当导管尖端达坐骨弓处时，则有一定阻力而难于继续插入，此际，可由助手在该部稍加压迫，以使导管前端弯向前方，术者再稍稍用力插入，即可进入盆腔而达膀胱，尿液则自行流出。

如以采尿为目的，应以清洁、无菌、干燥的容器采集并送往实验室供检。

公牛及公猪因尿道有S字状弯曲，一般尿道探查及导尿较为困难。

（3）母马的导尿法　先将外阴部用0.1%高锰酸钾液洗净；术者右手清洗、消毒后伸入阴道内，在前庭处下方触摸外尿道开口；以左手送入导尿管直至尿道开口部；用右手食指将导管头引入尿道口，再继续送入10cm左右深度，即达膀胱。

必要时，可用阴道开腔器打开阴道而进行导尿。

母牛及母猪的导尿法基本同上。

注意：所用导尿管应事先消毒并涂以滑润油，且在导尿管插入或拉出时，动作应轻柔，防止粗暴，以免损伤尿道黏膜。

# 技能三　外生殖器及乳房的检查

【技能基础】

1. 掌握母畜的外生殖器及乳房的检查及病理变化。
2. 掌握公畜生殖器的检查及病理变化。

【材料与设备】

阴道开腔器。

【检查内容与方法】

## 一、公畜的外生殖器检查

[检查方法]　观察动物的阴囊、阴筒、阴茎有无变化，且应配合触诊进行检查。

[病理变化]　阴筒肿胀时，触诊留有指压痕，多为皮下浮肿的表现。

阴囊肿大，由普通水肿、炎性水肿、阴囊疝和血肿、脓肿引起。某些全身性疾病，如贫血、心脏和肾脏疾病也能引起阴囊水肿。如单侧阴囊肿大，触诊内容柔软，在马伴有疼痛不安时，应注意阴囊疝。

触诊睾丸肿胀、硬结或有热痛反应提示睾丸炎。

猪的包皮囊肿大时，常提示包皮囊积尿，是猪瘟的典型症状；也可见于包皮炎。

阴茎和龟头损伤、阴茎麻痹、龟头局部肿胀及肿瘤较为常见。

## 二、母畜的外生殖器及乳房的检查

[检查方法]

（1）外生殖器检查　注意观察外阴部的分泌物及其外部有无病变；打开阴道检视阴道黏膜的颜色及有无疱疹、损伤、炎症、肿物、溃疡等病变；必要时可用开腔器进行深部检查，并注意子宫颈口的状态。

（2）乳房的检查　观察乳房、乳头的外部状态，注意有无疱疹；触诊判定其温热度、敏感度及乳腺的肿胀和硬结等；同时触诊乳腺淋巴结，注意有无异常变化；必要时可挤取少量乳汁，进行乳汁的感观检查。

[病理变化]

（1）阴道分泌物增多，流出脓性或腐败性物，可提示阴道炎、子宫炎。猪阴道内流出似石灰膏样的分泌物，这种症状在附红细胞体感染的病例中多见。

（2）马外阴部皮肤有圆形或椭圆形褪色斑疹块，应提示媾疫；猪、牛的阴户肿胀在排除发情因素外应注意于镰刀菌、赤霉菌中毒病。

（3）阴道黏膜潮红、肿胀、溃疡，提示阴道炎；阴道黏膜黄染，可见于各型黄疸，黏膜有斑点状出血点，提示出血性素质。

（4）乳房有红、肿、热、痛反应，乳腺硬结，乳汁成絮状、凝结或混有血液、脓汁，是乳房炎的症状。

乳牛的乳房淋巴结肿胀、硬结，无热痛反应，多应注意乳腺结核。

猪、牛、羊、山羊乳房皮肤上的疱疹、脓疱及结痂，应注意痘疹和口蹄疫。

## 三、犬生殖器的检查

（1）雌性犬、猫生殖器官检查　以阴户和阴道检查为主，正常犬、猫阴户小而有皱纹，有弹性，无分泌物。阴道检查需借助阴道开张器，观察阴道黏膜有无损伤，异物增生及其分泌物。正常阴道黏膜粉红色，条状皱褶。发情时，其黏膜充血，水肿，皱褶更明显，且阴户肿胀，有异味血色或黏性分泌物。其他时候如有分泌物，尤其有恶臭味，可提示局部感染，肿瘤，子宫积脓等。

（2）雄性犬、猫生殖器官检查　检查阴囊、睾丸、阴茎、附睾等，正常睾丸应硬而有弹性，如其变小质软，表明睾丸蜕变或发育异常；如其坚实，可能发生睾丸炎症，纤维变性或肿瘤。

# 【项目小结】

泌尿系统由输尿管、肾脏、膀胱和尿道组成。在神经体液的调节下，对不断排出体内的代谢产物和侵入体内的有害物质，维护体内的水盐代谢、酸碱平衡等内环境的稳定具有重要的作用。本项目介绍了动物的排尿动作，尿液的感观性状，肾、膀胱及尿道的正常状态和检查方法及其常见的病理异常如排尿障碍、尿液异常的临床意义，并介绍了泌尿系统检查用得较多的尿道探针和导尿技术；生殖系统介绍了公母畜的外生殖器及母畜乳房的检查及病理变化。

# 【目标检测题】

### 一、选择题

1. 家畜出现以眼睑、腹下、阴囊及四肢下部的肿胀，无热无痛，这种肿胀属于（　　）。

    A. 心性水肿　　　　　　B. 肾性水肿　　　　　　C. 营养性水肿

D. 肝性水肿 　　　　　　　E. 血管神经性水肿

2. 下列疾病中，临床可出现多尿症状的是（　　）。

A. 膀胱炎 　　　　　　B. 膀胱结石 　　　　　　C. 糖尿病

D. 急性肾炎 　　　　　E. 尿道炎

3. 检查母畜乳房时，出现乳腺淋巴结肿大、硬结，触诊无热痛，则提示（　　）。

A. 临床型乳腺炎 　　　B. 乳腺结核 　　　　　　C. 隐性乳腺炎

D. 乳腺增生 　　　　　E. 乳腺肿瘤

4. 膀胱充满尿液，直肠检查压迫膀胱才有尿液排出，提示（　　）。

A. 膀胱麻痹 　　　　　B. 膀胱括约肌痉挛 　　　C. 尿道阻塞

D. 肾炎 　　　　　　　E. 膀胱炎

5. 临床上应用三杯尿试验，结果是"第一杯尿有血"，提示出血部位是（　　）。

A. 膀胱 　　　　　　　B. 肾脏 　　　　　　　　C. 尿道

D. 阴道 　　　　　　　E. 子宫

6. 慢性肾炎时，临床上常表现（　　）。

A. 少尿 　　　　　　　B. 多尿 　　　　　　　　C. 尿频

D. 尿淋漓 　　　　　　E. 尿闭

7. 急性肾小球肾炎时，临床上常出现（　　）。

A. 少尿 　　　　　　　B. 多尿 　　　　　　　　C. 尿频

D. 尿失禁 　　　　　　E. 尿闭

8. 健康马的尿液是（　　）。

A. 清亮的 　　　　　　B. 较深黄色 　　　　　　C. 淡黄色

D. 红色 　　　　　　　E. 淡红色

9. 公猪阴囊膨大，触诊阴囊有软堕感，腹痛，阴囊皮肤温度较低，则提示（　　）。

A. 阴囊疝 　　　　　　B. 阴囊炎 　　　　　　　C. 睾丸炎

D. 阴囊脓肿 　　　　　E. 鞘膜积液

10. 检查公犬包皮包囊，表现为包皮炎性肿胀，捏粉样感觉，有痛感，挤压包皮会排出腥臭的浆液性或脓性尿液，包皮口周围的阴毛被尿和脓液污染。最后可能是（　　）。

A. 包皮包囊炎 　　　　B. 阴囊炎 　　　　　　　C. 睾丸炎

D. 阴囊脓肿 　　　　　E. 鞘膜积液

二、简答题

1. 泌尿系统检查的内容和方法有哪些？

2. 简述排尿障碍的异常和临床意义。

3. 公母畜外生殖器、母畜乳房检查方法有哪些？简述其注意事项。

# 项目七　神经系统的临床检查

## 【学习目标】

通过本项目的学习，了解神经系统意识障碍、运动障碍、感觉障碍的检查方法；掌握精神兴奋、精神抑郁、强迫运动、共济失调、痉挛、麻痹及浅感觉、深感觉、感觉器官和反射的定义和病理变化；熟悉意识、运动和感觉障碍等几大主要病变的临床意义。

## 【技能目标】

能够对意识障碍、运动障碍、感觉障碍进行检查并能诊断相应疾病。

神经系统主要包括大脑、小脑、脑干、脊髓和周围神经等。神经系统是机体各器官系统活动的主要协调机构，对所有的生理机能都发挥着调节作用。神经系统检查，不仅对神经系统本身疾病有诊断意义，而且对机体其他系统疾病如代谢病、外（内）源性中毒、血液病等的诊断具有十分重要意义。

神经系统检查主要包括意识障碍、运动障碍、感觉障碍、头颅及脊柱检查等。

### 【检查内容与方法】

## 一、意识障碍

[检查方法]　意识和精神状态是指动物对于刺激是否具有反应以及如何反应。注意观察头部即面部表情、眼、耳、尾、四肢及皮肤的动作，身体姿势，运动时的反应。

[正常状态]　健康动物姿势自然，动作敏捷而协调，反应灵活。

[病理变化]

（1）精神兴奋　精神兴奋乃中枢神经机能亢进的结果。表现为不安、易惊，对轻微刺激即产生强烈反应，甚至挣扎脱缰，无目的地前冲、后退，有时攀登饲槽或顶撞墙壁，暴眼凝视，不顺从饲养人员管理，咬、踢人畜，有时癫狂、抽搐、摔倒而骚动不安。

兴奋发作与外界影响无关。相反，在发作的时候可见病畜对外来刺激的感受性降低。兴奋发作时，常伴有心率加快、节律不齐，呼吸粗厉、快速等症状。

依据其程度不同，可将兴奋分为以下几种。

① 恐怖。

② 异常敏感。

③ 不安。

④ 狂躁和狂乱。

临床见于脑膜充血性疾病，如日射病和热射病；炎症性疾病，如乙型脑炎、狂犬病、猪伪狂犬病、传染性脑脊髓炎等；中毒病，如氟乙酰胺中毒等。

（2）精神抑制　是大脑皮层抑制过程占优势的表现，是神经中枢对刺激反应低下或缺乏的结果。

① 沉郁。是大脑皮质机能轻度抑制的结果。反应迟钝但人为刺激尚能作出反应。动物

表现为低头垂耳，眼半闭，尾不摆而呆立不动，不注意周围事物，反应迟钝。多见于毒素对脑的作用和一定程度的缺氧及血糖降低所致，是一个常见的症状。

② 昏睡。是大脑皮质机能中度抑制的现象。动物表现出沉睡状态，对外界刺激反应异常迟钝，强大刺激后才能出现短暂反应，但很快陷入沉睡。见于脑炎、颅内压升高等。

③ 昏迷。是大脑皮质机能高度抑制的表现。表现为意识丧失，反射消失，瞳孔散大，粪尿失禁，心跳、呼吸微弱。常为预后不良的征兆。临床见于脑部疾病，中暑及中毒后期。

## 二、运动障碍

[检查方法]　检查时首先观察动物静止时肢体的位置、姿势；然后将动物的缰绳松开，任其自由活动，观察有无不自主运动、共济失调等现象。此外，可用触诊的方法检查肌腱的能力及硬度；并且对肢体做他动运动，以感觉其抵抗力。

[病理变化]　运动障碍表现主要为强迫运动、共济失调、痉挛、麻痹四种。

（1）强迫运动　强迫运动是指动物不受意识支配和外界环境影响，而出现的强制的有规律的运动。

① 圆圈运动。动物按一定的方向作游走运动，呈转圈或时针样运动。见于脑部疾病如脑炎或脑膜炎以及某些中毒病。

② 盲目运动。病畜无目的地行走，不注意周围事物，不顾外界刺激而不断前行，遭遇障碍物而顶住不动。见于脑部炎症。

③ 滚转运动。动物不自主地向一侧倾倒或强制性卧于一侧，或以身体的长轴为中心向一侧滚翻。见于颅内占位性病变，如多头蚴病、猪的脑囊虫病。

④ 暴进及暴退。患畜将头高举或低下，以常步或速步不顾障碍向前狂进，称为暴进。见于大脑皮层动物区、纹状体、丘脑等受损害。暴退是头颈后仰、连续后退，甚至倒地。见于小脑损害、颈肌痉挛等。

（2）共济失调　健康动物借小脑、前庭、锥体束及锥体外系以调节肌肉的张力，协调肌肉的动作，从而维持姿势的平衡和运动的协调。视觉也有维持体位平衡和运动协调的作用。在运动中的肌群动作相互不协调所导致动物体位和各种运动异常表现称为共济失调。

① 静止性失调。指动物在站立状态下出现的体位失平衡现象。表现为站立不稳，四肢叉开、倚墙靠壁、四肢紧张度降低、软弱等，常见于小脑、前庭神经受损。

② 运动性失调。为运动时出现共济失调。表现运动时步态失调、后躯摇摆、行走如醉、高抬肢体似涉水状等。见于脑炎、脑脊髓炎以及侵害脑中枢的某些传染病，如猪伪狂犬病、鸡脑脊髓炎、中毒病；某些寄生虫病如脑脊髓丝虫病。

（3）痉挛（运动过强）　是指横纹肌不随意收缩的一种病理现象。可表现强直性、阵发性两种痉挛。

① 强直性痉挛。表现为伸肌都处于高度紧张状态，但以伸肌紧张状态占优势，常使机体持续保持一种强迫的姿势，称为角弓反张，见于破伤风、番木碱中毒。

② 阵发性痉挛。表现为单个肌群发生短暂的收缩，收缩与弛缓交替。如快速交替发生即称震颤。临床上见于链球菌病、伪狂犬病、有机磷中毒、氟乙酰胺中毒、内中毒；低血钙等。

发热、伴发剧痛性的疾病、内源性中毒时，常见肌肉的纤维性痉挛或称为战栗。

（4）麻痹（瘫痪）　是指动物的随意运动减弱或消失。根据病变部位不同，可分为以下两种。

① 末梢性麻痹（外周性麻痹）。下行神经元即位于脊髓、脑干的运动神经细胞、轴突及突触所组成的脊髓运动神经元和脑神经运动枝受损伤所致。特点：肌肉随意运动和反射性运动消失，肌肉松弛，紧张性降低，故被动运动无抵抗力（又称弛缓性麻痹），肌肉萎缩、电兴奋性降低。常见有面神经、三叉神经、坐骨神经麻痹。

② 中枢性麻痹。上行神经元即大脑皮质运动区或锥体、锥体外系统损伤所致。特点：肌肉紧张性增高，对被动运动具有抵抗力，皮肤反射减弱，腱反射亢进，肌肉不发生萎缩，电兴奋性正常，故又称紧张性麻痹或痉挛性瘫痪。常见于脑炎、脑出血、脑中毒性坏死、脑寄生虫、肿瘤、某些重度中毒病等。中枢性麻痹时，多伴有中枢神经机能障碍（如昏迷）。

瘫痪按其发生的肢体部位，还可分为以下几种。

① 单瘫。表现为某一肌群或一肢的麻痹，多由于末梢神经损伤，如三叉神经或面神经受害，能影响咀嚼、开口和采食。

② 偏瘫。即一侧肢体的麻痹，见于脑病且常表现为病变部位的对侧肢体瘫痪。

③ 截瘫。为身体两侧对称部位发生麻痹。多由脊髓横断性损伤所致。

## 三、感觉障碍

### （一）一般感觉

感觉是动物机体与内外环境保持联系的一种特殊功能，是神经系统的基本功能。各种刺激作用于感受器，由传导系统传递到脊髓和脑，最后到达大脑皮质的感觉区，经过分析和综合，产生特定的感觉。动物的感觉系统分为两类：一类是特殊感觉如视觉、听觉、嗅觉和味觉；另一类是一般感觉，包括浅感觉（触、温、痛觉）和深感觉（肌、腱、关节感觉）。

**1. 浅感觉**

[检查方法]　可检查动物皮肤的触觉、痛觉、温热觉。由于浅感觉易受外界环境影响和反射的干扰，在判断上有一定的困难。应在安静的环境下进行检查，一般在检查前用黑布蒙盖动物的双眼，以排除因视觉引起的反应。

（1）触觉检查　可用细棒如细草秆、树枝及手指尖等轻轻接触其鬐甲部被毛，观察所接触的被毛、皮肤有无反应，尤以耳壳内细毛反应最明显。并比较身体的对称部位感觉是否相同。

（2）痛觉检查　可用消毒的钝针头或用镊子夹皮肤，由臀部开始向前沿脊柱两侧直至颈侧，边检查边观察动物反应。由于体表皮肤的各个部位引起感觉的最小刺激强度也就是感觉阈不相同，因此不同部位痛觉的差异也不同，如唇、鼻尖、股内、蹄间隙、外生殖器、肛门周围及尾的下面感觉阈低，因此最为灵敏；而臀部、大腿外侧、胸壁等部位则比较迟钝。

[正常状态]　健康动物对触、痛觉检查可表现被毛颤动及皮肤收缩的反应外，还会出现回头、竖耳、龇牙、躲闪、鸣叫、四肢骚动或其他动作等。

[病理变化]

（1）感觉消失或减弱　亦称感觉迟钝。病畜在清醒的状态下，体表对刺激的感觉能力降低或感觉程度减弱；感觉消失指对任何强度的刺激都不发生感觉反应。常由于中枢机能抑制所致。见于脊髓及脑干的疾病。

（2）感觉过敏　病畜对抚摸、轻微刺激等产生过强的反应，如退避、抗拒、鸣叫等，多见于外周神经、脊髓和丘脑损伤、中毒病和代谢扰乱等。

（3）感觉异常　没有外界刺激而出现的异常感觉，常表现为动物集中注意于某一局部，或经常、反复啃咬、搔抓同一部位。

**2. 深感觉**

深感觉亦称本体感觉。指皮下深部的肌肉、关节、骨骼、腱和韧带的感觉。检查时可人为地改变动物肢体的自然姿势并观察其反应。健康动物在去除外力后即恢复正常，而不恢复则提示深部感觉障碍，提示大脑和脊髓受损害，见于脑炎、慢性脑积水、脊髓损伤、某些中毒病等，如鸡马立克氏病时，两前肢前后叉开着地。

**（二）感觉器官**

**1. 视觉**

[检查方法]　观察眼睑、眼球、角膜、瞳孔的状态；着重检查眼的视觉能力及瞳孔对光的反应。检查视力时，可牵引病畜前进，使其通过障碍物；还可用手在动物眼前晃动，或作欲行打击的动作，观察其是否躲闪或有无闭眼反应。然后，用手遮盖动物的眼睛，并迅即放开以观察光线射入瞳孔后的缩小反应；也可在较暗的条件下，突然用手电筒从侧方照射动物的眼睛，同时观察瞳孔的缩小反应。

[病理变化]

（1）眼睑　上眼睑下垂，多由眼睑举肌麻痹所致，见于面神经麻痹，脑炎、脑肿瘤及某些中毒病；眼睑肿胀，见于流行性感冒、牛恶性卡他热、猪瘟、禽流感、鸡的组织滴虫病等。眼睑水肿，常是仔猪水肿病的特征。

（2）眼球　眼球呈有节律性的搐搦，两眼快速的来回转动，称为眼球震颤，见于急性脑炎、癫痫等；眼球下陷，见于眼球萎缩、严重失水性疾病，如牛的前胃疾病、各种动物的腹泻性疾病等。

（3）角膜　角膜混浊，见于马流感，牛恶性卡他热及泰氏焦虫症；亦可见于创伤或维生素 A 缺乏症及马的周期性眼炎和其他眼病。

（4）瞳孔　瞳孔的变化除见于眼本身的疾病外，还可反应全身的疾病，其中尤以对中枢神经系统病变的判断有重要价值。

瞳孔散大，主要见于脑膜炎、脑肿瘤或脓肿、多头蚴病、阿托品中毒；若两侧瞳孔呈迟发性散大，对光反应消失，眼球固定前视，表明脑干功能严重障碍，病畜已进入垂危期；当病畜高度兴奋和剧痛性疾病时，亦可出现瞳孔散大，但仍保持对光有反应。

瞳孔缩小，若伴发对光反应迟缓或消失，提示颅内压升高或交感神经、传导神经受损害，见于慢性脑室积水、脑膜炎、有机磷中毒及多头蚴病等；若瞳孔缩小、眼睑下垂、眼球凹陷，三者同时出现，乃交感神经及其中枢受损的指征。

（5）视力　病畜视物不清，甚至失明，可见于犊牛、禽类的维生素 A 缺乏症，猪的食盐中毒，马的周期性眼炎以及其他重度眼病的后期。

**2. 听觉**

[检查方法]　一般在安静的环境下，利用人的叫喊声或给以其他音响（如鼓掌）的刺激，以观察动物的反应。

[病理变化]

（1）听觉增强（听觉过敏）　病畜对轻微声音敏感，即将耳郭转向发音的方向或一耳向前、一耳向后，迅速来回转动，同时惊恐不安、肌肉痉挛等，可见于破伤风、马传染性脑脊髓炎、牛酮血症、狂犬病等。

（2）听觉减弱　对较强的声音刺激无任何反应，主要见于脑中枢疾病或耳膜受损等。

**3. 嗅觉**

[检查方法]　将动物眼睛遮盖，用有芳香味的物质或良质饲草、饲料置动物鼻前，给动物闻嗅，以观察其反应。对警犬可先令其闻嗅某人用过的物品（如手帕或鞋袜），然后令其寻找物品的主人等。

[正常状态]　健康动物闻及饲料的芳香味，往往唾液分泌增加，出现咀嚼动作，向饲料处寻食。嗅觉灵敏的警犬，则可正确无误地找出主人。

[病理变化]　嗅觉障碍时，则嗅觉减低或丧失，多由鼻黏膜炎症引起。但应注意结合其他症状与食欲废绝者相区别。

（三）反射机能

**1. 皮肤反射**

（1）鬐甲反射　轻轻触及鬐甲部被毛或皮肤，则皮肌缩动。

（2）腹壁反射　轻触腹壁时，腹肌收缩。

（3）尾反射　轻触尾根部腹侧皮肤时，则尾根收动。

（4）肛门反射　触及肛门皮肤时，肛门外括约肌收缩。

（5）提睾反射　刺激股内侧皮肤时，可见同侧睾丸上提。

（6）蹄冠反射　用针刺或用脚踩蹄冠，正常动物则立即提肢或回顾。此一反射可用于检查颈部脊髓功能。

**2. 黏膜反射**

（1）喷嚏反射　刺激鼻黏膜则引起喷嚏或振鼻。

（2）角膜反射　轻轻刺激角膜，引起眼睑闭合。

**3. 深部反射**

（1）膝反射　检查时动物横卧，应使其上侧的后肢肌肉保持松弛状态，方可进行检查。当叩击髌骨韧带时，肢体与关节伸展。

（2）腱反射　动物横卧，叩击跟腱，则引起附关节伸展与球关节屈曲。

[病理变化]

（1）反射亢进或增强　因反射弧或反射中枢兴奋性增高或刺激过强所致。见于脊髓背根、腹根或外周神经的炎症，以及脊髓膜炎、破伤风、有机磷中毒、士的宁中毒等。此外，当中枢运动神经原（锥体束）损伤时，也可以呈现反射亢进。

（2）反射减弱、消失　是反射弧的传导径路受损所致。常提示脊髓背根（感觉根）、腹根（运动根）或脑、脊髓灰质的病变，见于脑积水、多头蚴病等。极度衰弱的病畜反射均可减弱，昏迷时则消失，这是由于高级神经中枢兴奋性降低的结果。

# 四、头颅和脊柱的检查

[检查方法]　观察头颅形状、大小及脊柱的外形，配合进行触诊及叩诊。

[病理变化]

（1）头颅

① 头部异常增大，见于先天性脑积水；局部膨大变形见于外伤、肿瘤、额窦炎；颅骨变形，见于代谢障碍而致的骨质疏松症、骨软症、佝偻病等；触诊头颅动物呈敏感反应，见于颅骨骨裂或损伤。

② 温度升高除局部外伤、炎症外，常为脑、脑膜充血及炎症，如热射病及日射病等疾患的一个特征。

③ 叩诊浊音见于脑瘤、额窦炎、脑包虫病。叩诊时应两侧对照检查。

（2）脊柱

① 变形。脊柱上凸（向上弯曲），下凹（向下弯曲），侧凸（向侧方弯曲）。一是骨骼的变形，见于骨软症或佝偻病；二是支配脊柱的神经肌肉紧张性不协调，见于脑膜炎、脊髓炎、破伤风和前庭神经麻痹，如鸡新城疫和维生素 B 缺乏症。

② 肿胀。局部肿胀、疼痛常为外伤，如挫伤或骨折。

③ 僵硬。表现快速运动或转圈运动时不灵活，常见于破伤风、腰肌风湿、药物中毒等。

# 【项目小结】

神经系统是机体各器官系统活动的主要协调机构，神经系统检查不仅对神经系统本身疾病有诊断意义，而且对机体其他系统疾病的诊断都具有十分重要意义。本项目介绍了神经系统意识障碍、运动障碍、感觉障碍的检查方法和临床意义；叙述了精神兴奋、精神抑郁、强迫运动、共济失调、痉挛、麻痹及浅感觉、深感觉、感觉器官和反射的定义及病理变化。

# 【目标检测题】

**一、选择题**

1. 浅感觉检查时发现动物有啃咬、摩擦皮肤等瘙痒感，提示（　　）。

A. 感觉过敏　　　　B. 感觉性减退及缺失　　　C. 感觉异常

D. 感觉正常　　　　E. 以上都不对

2. 患畜的肌肉收缩力正常，但在运动过程中，各肌群不协调，使病畜的体位、运动方向、顺序、匀称性及着地力量等发生改变。该症状是（　　）。

A. 痉挛　　　　　　B. 震颤　　　　　　　　　C. 肌纤维颤动

D. 强迫运动　　　　E. 共济失调

3. 牛、羊患有多头蚴病时则出现（　　）。

A. 痉挛　　　　　　B. 震颤　　　　　　　　　C. 肌纤维颤动

D. 强迫运动　　　　E. 共济失调

4. 动物出现强直性痉挛，提示患有（　　）。

A. 一氧化碳中毒　　B. 低钙血症　　　　　　　C. 尿毒症

D. 破伤风　　　　　E. 药物中毒

5. 下列属于动物精神兴奋的症状的是（　　）。

A. 闭目呆立　　　　B. 骚动不安　　　　　　　C. 头低耳耷

D. 全身肌肉松弛　　E. 反应迟钝

6. 下列表现中不属于动物强迫运动表现的是（　　）。

A. 圆圈运动　　　　B. 盲目运动　　　　　　　C. 暴进暴退

D. 滚转运动　　　　E. 震颤

二、简答题

1. 简述动物精神兴奋与抑制的表现和临床意义。
2. 中枢性瘫痪和外周性瘫痪的区别有哪些？
3. 如何区别强直性痉挛和阵发性痉挛？
4. 简述感觉障碍的类型和临床意义。

# 模块二

## 实验室诊断技术

# 项目八　血常规检查

【学习目标】

　　本项目主要介绍了血液标本采集方法，血常规检查（红细胞沉降速度、红细胞压积、血红蛋白、出血时间、凝血时间、红细胞计数、白细胞计数、白细胞分类计数、血小板计数及异常白细胞的检查）原理、方法、参考值及临床意义。通过学习，掌握血常规检查的操作过程，了解各项检查的注意事项，熟悉各种动物各项血常规生理指标和临床意义。

【技能目标】

　　1. 会使用魏氏血沉管、沙利氏血液吸管、细胞计数板。

　　2. 能配制血常规检测用的各种液体（如抗凝剂、染色液等）。

## 技能一　血液的采集与抗凝

【技能基础】

　　1. 掌握毛细血管采血法、静脉采血法和心脏采血法以及血液抗凝的各种方法。

　　2. 熟悉抗凝剂的配制。

　　采血的方法根据检验项目、所需血量和动物的种类不同，可分为毛细血管采血法、静脉采血法和心脏采血法。

　　[毛细血管采血法]　常用的检验项目中除了血沉和红细胞压积测定外，其他各个项目测定用血量较少，均可在耳尖、耳缘及耳静脉处用毛细血管采血法采血。采血前进行剪毛、酒精消毒，待酒精挥发后，用针头快速刺入消毒部位，让血液自然流出。流出的第一滴血制作血液涂片，第二滴血作红、白细胞计数和血红蛋白测定。操作时在使用第二滴血前必须把第一滴残血用棉球擦干净，让第二滴血自然流出。犬、猫等小动物的术部应在消毒后涂布一层凡士林，然后刺入。这样流出的血液易成滴状，便于吸取。

　　[静脉采血法]　大动物可在颈静脉采血，猪可在前腔静脉采血（部位与方法见注射法部分）。禽类可在翼下静脉采血，即用细针头刺入翼下，让血液流出并接入小试管中。犬、猫可利用小腿外侧静脉或前臂内侧皮下静脉，局部剪毛消毒后，用止血带扎住采血部位的上端或由助手握住采血部位的近心端，使静脉怒张，用无菌的注射器接上针头采血。

　　[心脏采血法]　多用于鸡及实验动物需多量血液时。兔和鸡可在左侧胸部第1～2肋间，摸到心搏动明显处，针头与胸壁呈垂直方向缓慢刺入，刺入心脏后由于心脏压力较静脉高，血液可自行流入注射器。

　　采血后，根据不同情况需对血液样品做如下处理。

　　[血清快速分离法]　如需血清作为血样，可将盛血管放入离心机内，以2500r/min的速度离心3min，使红细胞和血浆分离，然后放入37℃温箱中30min促使血块加速凝固、收

缩，以分离较多的血清。

[血液抗凝法]　供检血液最好采取后随即进行检验。血液的各项检验凡需用全血或血浆者，均需用适当的抗凝剂，使血液不发生凝固。使用抗凝剂时，应根据其生化特性和抗凝能力恰当选择。抗凝剂与血液的比例要适当，不能过多，也不能过少。常用的抗凝剂有以下几种。

（1）枸橼酸钠（柠檬酸钠）　配成 38g/L 溶液，主要用于血沉测定时的抗凝，不宜用于化学检验。

（2）草酸钠　配成 0.1mol/L 溶液，与血液按 1∶9 比例使用。可用于血液常规检验。但因其对红细胞大小有影响，故不能用作红细胞压积和红细胞形态学测定，也不能用于血钾与血钙的测定。

（3）双草酸盐抗凝剂　草酸钾 0.8g，草酸铵 1.2g，蒸馏水加至 100ml。使用前吸取 0.5ml 加入采血管或小试管中，置干燥箱（温度不能超过 80℃）或真空干燥箱内干燥备用，每支试管可抗凝 5ml 全血。实际为 10mg 双草酸盐可抗凝 5ml 血液而不改变红细胞的形态，可用于红细胞的压积和容积的测定，但不宜用于血小板和白细胞分类计数，因为双草酸盐可使血小板聚集并影响白细胞形态。

（4）EDTA 二钠（乙二胺四乙酸二钠）　配成 100g/L 溶液，每 2 滴可使 5ml 全血抗凝。在目前的众多抗凝剂中，EDTA 盐（EDTA-$Na_2$，EDTA-$K_2$，EDTA-$K_3$）是对白细胞形态和血小板影响相对较小的抗凝剂，最适合用于血常规检验，但不能用于血钙、钠及含氮物测定。

（5）肝素　抗凝 1ml 全血需用肝素 0.1～10.2mg，优点是抗凝能力强、不影响血细胞体积、不引起溶血，但过量的肝素会引起白细胞聚集并使血涂片染色时产生蓝色的背景，故不能用于白细胞计数和分类计数。通常肝素钠粉剂（每毫克含肝素 100～125 单位）配成 1g/L 溶液，取 0.5ml 放入小瓶中，37～50℃烘干后，可抗凝 5ml 血液。

# 技能二　红细胞沉降速度的测定

【技能基础】

掌握魏氏法测定红细胞沉降速度的操作。

[原理]　红细胞沉降是一个比较复杂的物理化学和胶体化学过程，其原理一般认为与血中电荷含量有关。正常时，红细胞表面带负电荷，血浆中的白蛋白也带负电荷，而血浆中的球蛋白、纤维蛋白原却带正电荷。畜禽体内发生异常变化时，血细胞数量及血液化学成分也会有所改变，直接影响正、负电荷的相对稳定性。如正电荷增多，则负电荷相对减少，红细胞相互吸附，形成串钱状。由于物理性的重力加速，红细胞沉降速度加快。反之，红细胞相互排斥，其沉降速度变慢。

[器材与试剂]

① 魏氏血沉器、采血针头等。

② 抗凝剂：38g/L 枸橼酸钠溶液。

[操作过程与方法]　魏（Westergren）氏法：魏氏血沉管长 30cm，内径为 2.5mm，管壁有 200 个刻度，每个刻度之间距离为 1.0mm，附有特制的血沉架。测定方法如下。

① 取枸橼酸钠液 0.4ml 置于小试管中。

② 自颈静脉采血，沿管壁加入上述试管，轻轻混合。

③ 用血沉管吸取抗凝血至刻度 0，并用棉花擦去管外血液，直立于血沉架上。

④ 分别在 15min、30min、45min、60min 时记录红细胞沉降的刻度数，用分数形式表示〔分母代表时间，分子代表血沉值（mm）〕。

[正常参考值]　动物因品种不同，血沉率有较大差异，一般马属动物血沉率最快，其次是水牛，而黄牛、乳牛、绵羊、山羊、猪及鸡的血沉率较慢。为加速沉降率和便于观察，可将血沉管架倾斜 60°放置。健康动物的血沉率参考值见表 8-1。

表 8-1　健康动物的血沉率参考值

| 动物 | 测定数 | 血沉值/mm | | | | 资料来源 |
| --- | --- | --- | --- | --- | --- | --- |
| | | 15min | 30min | 45min | 60min | |
| 马 | — | 29.7 | 70.7 | 95.3 | 115.6 | 解放军农牧大学 |
| 驴 | 31 | 32 | 75 | 96.7 | 110.7 | 甘肃农业大学 |
| 水牛 | 65 | 9.8 | 30.8 | 65 | 91.6 | 扬州大学 |
| 乳牛 | 55 | 0.3 | 0.7 | 0.75 | 1.2 | 甘肃农业大学 |
| 绵羊 | 113 | 0 | 0.2 | 0.4 | 0.7 | 新疆农业大学 |
| 山羊 | 335 | 0 | 0.5 | 1.6 | 4.2 | 西北农林科技大学 |
| 猪 | 31 | 0.6 | 1.3 | 1.94 | 3.36 | 云南农业大学 |
| 鸡 | 31 | 0.19 | 0.29 | 0.55 | 0.81 | 云南农业大学 |

[注意事项]

① 血沉管必须垂直静立，否则会使血沉加快。

② 血沉测定以室温 20℃左右为宜，冷藏的血液应先回升至室温后再做检查。

③ 采血后应在 3h 内测完，魏氏法中血液与抗凝剂的比例应为 4:1。

[临床意义]

（1）血沉增快

① 各种贫血。因红细胞减少，血浆回流产生的阻逆力也随之减小，细胞下沉力大于血浆阻逆力，故其血沉加快。

② 急性全身性传染病。因致病微生物作用，机体产生抗体，血液中球蛋白增多，球蛋白带有正电荷，使得血沉加快。

③ 各种急性局部炎症。因局部组织受到破坏，血液中 α-球蛋白增多，纤维蛋白原也增多，由于两者都带有正电荷，故使血沉加快。

④ 创伤、手术、烧伤、骨折等。因细胞受到损伤，血液中纤维蛋白原增多，红细胞容易形成串钱状，故使血沉加快。

⑤ 某些毒物中毒。因毒物破坏了红细胞，红细胞总数下降，红细胞数与其周围血浆失去了相互平衡关系，故其血沉加快。

⑥ 肾炎、肾病。血浆蛋白流失过多，使得血沉加快。

⑦ 妊娠。妊娠后期营养消耗增大，造成贫血，使得血沉加快。

（2）血沉减慢

① 脱水。如腹泻、呕吐（犬、猫）、大出汗、吞咽困难、红细胞数相对增多，造成血沉减慢。

② 严重的肝脏疾病。肝细胞和肝组织受到严重破坏后，纤维蛋白原减少，红细胞不易形成串钱状，因而血沉减慢。

③ 黄疸。因胆酸盐的影响，使得血沉减慢。

④ 心脏代偿性功能障碍。由于血液浓稠，红细胞相对增多，相斥性增大，以至血沉减慢。

⑤ 红细胞形态异常。红细胞的大小、厚薄及形状不规则，红细胞之间不易形成串钱状，以至血沉减慢。

【链接】

测定血沉的方法有很多，除魏氏法（Westergren）外还有六五型血沉管法、温氏法（Wintrobe）、涅氏法、微量法等。

# 技能三　红细胞压积容量（PCV）的测定

【技能基础】
掌握用温氏法和微量法测定红细胞压积的方法。

## 一、温氏测定法

[原理]　红细胞压积是指红细胞在全血中所占的体积百分比，其数值高低与红细胞数量及其大小有关。温氏测定法是将抗凝血置于温氏管中，经一定时间离心后，红细胞下沉并紧压于玻璃管中，读取红细胞柱所占的百分比，即为红细胞压积容量。

[器材与试剂]

（1）温（Wintrobe）氏管　管长 11cm，内径约 2.5mm，管壁有 100 个刻度。一侧自上而下标有 0~10，供测定血沉用；另一侧标有 10~0，供测定比容用。如无这种特制的管子，可用有 100 刻度的小玻璃管代替。

（2）长针头及胶皮乳头　选用长 12~15cm 的针头，将针尖磨平，针柄部接以胶皮乳头。也可用细长毛细吸管代替。

（3）水平电动离心机　转速 4000r/min。

[操作过程与方法]

① 用长针头吸满抗凝血，插入温氏管底部，轻捏胶皮乳头，自下而上挤入血液至刻度 10 处。

② 置离心机中，以 3000r/min 的速度离心 30~45min（马的血液离心 30min，牛、羊的血液离心 45min），取出观察，记录红细胞层高度，再离心 45min，如与第一次离心的高度一致，此时红细胞柱层所占的刻度数，即为 PCV 数值。用％表示（表 8-2）。如无离心机，可静置 24h 后，读取其数值。

[参考值]　表 8-2 中所示为用温氏法测定的各种动物的 PCV 值。

表 8-2　各种动物的红细胞压积值

| 动物种类 | 数量 | $\overline{X} \pm SD$ | 资料来源 |
| --- | --- | --- | --- |
| 黄牛 | 30 | 36.01±4.55 | 河南农业大学 |
| 水牛 | 21 | 31.12±3.7 | 广西农业大学 |
| 奶牛 | 30 | 37.04±2.78 | 北京农业大学 |
| 绵羊 | 40 | 35.0±3.0 | 新疆农业大学 |
| 哺乳仔猪 | 50 | 40.68±5.15 | 山西省畜牧兽医研究所 |
| 后备小猪 | 30 | 39.47±3.81 | 山西省畜牧兽医研究所 |

## 二、微量法

[器材与试剂]
毛细玻璃管：管长 75mm，内径 0.8~1mm，壁厚 0.2~0.25mm；离心机。

[操作过程与方法]　用毛细玻璃管采集静脉血后置离心机内离心 5min，取出后用尺量出血液总长度和血细胞层的长度，或用微量血细胞比容测定读数器报告结果。该法由于相对离心力较大，结果平均比温氏法低 2%，且标本用量小，简便，快捷。

[临床意义]

（1）红细胞压积增高

① 生理性增高。红细胞压积的生理性增高多是家畜兴奋、紧张或运动之后，由于脾脏收缩将贮存的红细胞释放到外周血液所致。

② 病理性增高。红细胞压积的病理性增高见于各种性质的脱水，如急性肠炎、马继发性液胀性胃扩张、牛瓣胃阻塞、急性腹膜炎、食管梗塞、咽炎、小动物的呕吐。由于红细胞压积的增高数值与脱水程度成正比，所以根据这一指标的变化可客观地反映机体脱水情况，可以推断应该补液的数量。一般红细胞压积每超出正常值最高限的一个小格（1mm），一天之内应补液 800～1000ml。如果动物仍在继续失水或饮水困难，则在此数量之外还应酌情增补。

（2）压积降低　红细胞压积降低主要见于各种贫血，如马传染性贫血、营养不良性贫血、寄生虫性贫血、溶血性贫血、出血性贫血。

【链接】

测定红细胞压积的方法种类很多，如折射计法、比重测定法、温氏法、微量法、放射性核素法和血细胞分析仪等。微量法用血量少、测定时间短、效率高、精密度高，可代替温氏法。

# 技能四　血红蛋白的测定

【技能基础】

掌握沙利氏血红蛋白计测血红蛋白含量的方法。

[原理]　血液与盐酸作用后，释放出血红蛋白，并被酸化后变为褐色的盐酸高铁血红蛋白，与标准柱相比，求出每升血液中血红蛋白的质量或百分含量。

[器材与试剂]

① 沙利氏血红蛋白计一套（图 8-1）。在测定管上有两种刻度，一侧表示血红蛋白在每百毫升血液内的质量，另一侧表示百分数。国产的血红蛋白计是以每百毫升血液含 14.5g 血红蛋白作为 100% 而设计。

② 0.1mol/L（或 1%）盐酸一小瓶。

[操作过程与方法]

① 向沙利氏比色管内加入 0.1mol/L（或 1%）盐酸 5～8 滴。

② 用沙利氏吸血管吸血至 $20\mu l$ 刻度处，擦去管外黏附的血液。并将血液徐徐吹入沙利氏比色管内，反复吸、吹数次，以洗出沙利氏吸血管中的血液，要求不要产生气泡。轻轻震荡比色管，使血液与盐酸充分混合。

③ 静置 10min，待血液变成褐色后，缓缓滴加蒸馏水（或 0.1mol/L 盐酸），并不断用细玻璃棒搅动，直到颜色与标准色柱完全相同为止。液柱凹面所指的刻度数，即为 100 毫升血液中血红蛋白的质量，换算成每升血液中血红蛋白质量，用 g/L 表示。

[正常参考值]　马 100～180g/L，牛 80～150g/L，猪 90～130g/L，绵羊 90～150g/L，山羊 80～120g/L，犬 120～180g/L，猫 80～150g/L。

[临床意义]

① 血红蛋白增多，主要见于脱水，血红蛋白相对增加。也见于真性红细胞增多症，是一种原因不明的骨髓增生性疾病，目前认为是多能干细胞受累所致。其特点是红细胞持续性显著增多，全身总血量也增加，见于马、牛、犬和猫。

② 血红蛋白量减少，主要见于各种贫血。

【链接】

① 血红蛋白检测在兽医临床检验中还没有规定性方法，氰化高铁血红蛋白测定属于参考方法，光度计法属于推荐方法，沙利氏法属于常规方法。但近年来使用血红蛋白分析仪法逐步取代了手工法。

② 沙利氏吸血管的洗涤方法：用蒸馏水反复吸吹，甩掉水分；用95％酒精吸吹2～3次，以脱去吸管内的水分；用乙醚吸吹2～3次，以脱去酒精，干后备用。

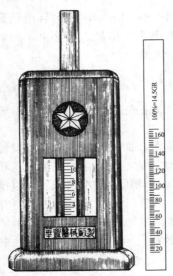

图 8-1　沙利氏血红蛋白计

# 技能五　红细胞计数

【技能基础】

1. 掌握测定红细胞数的方法。

2. 了解红细胞计数的其他方法。

[原理]　血液经稀释后，充入血细胞计数板，用显微镜观察，计数一定容积内的红细胞数并换算成每升血液内的数目。

[器材与试剂]

① 改良式血细胞计数板。临床上最常用的是改良纽巴（Neubauer）氏计数板，它是由一块特制的玻璃板构成，玻璃板中间有横沟将其分为三个狭窄的平台，两边的平台较中间的平台高 0.1mm。中央平台又有一纵沟相隔，其上各刻有一个计数室。每个计数室划分为 9 个大方格，每一大方格面积为 1.0mm²，深度为 0.1mm；四角每一大方格划分为 16 个中方格，为计数白细胞用。中央一大方格用双线划分为 25 个中方格，每个中方格又划分为 16 个小方格，共计 400 个小方格，此为红细胞计数之用（图 8-2、图 8-3）。

② 血盖片。专用于计数板的盖玻片呈长方形，厚度为 0.4mm。

③ 沙利氏吸血管或红细胞稀释管，5ml 吸管，中试管。

④ 显微镜，计数器等。

⑤ 稀释液。0.85％氯化钠溶液。

[操作方法]

（1）稀释　用 5ml 吸管吸取红细胞稀释液 3.98ml 置于试管中。用沙利氏吸血管吸取全

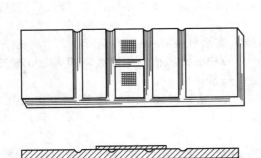

图 8-2　血细胞计数板构造下-加盖片后的侧面观

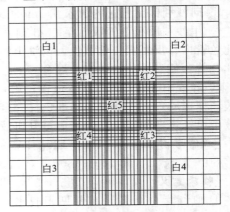

图 8-3　计数室的刻划线区

血样品至 $20\mu l$ 刻度处。擦去吸管外壁黏附的血液，将血液吹入试管底部，再吹、吸数次，以洗净沙利氏管内黏附的血细胞，然后试管颠倒混合数次。

（2）冲液　用毛细吸管吸取已稀释好的血液，放于计数室与盖玻片接触处，让血液稀释液自然流入计数室中静置 $1\sim2min$。注意充液不可过多或过少，过多则溢出而流入两侧槽内，过少则计数池中形成气泡，致使无法计数（图8-4）。

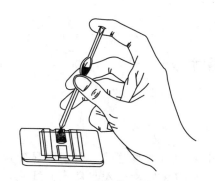

图 8-4　向计数室充液的方法

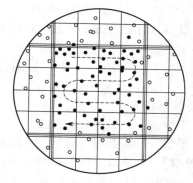

图 8-5　红细胞计数室的中格区及计数顺序

（全黑者计入；空圈者不计入）

（3）计数　用低倍镜，光线要稍暗些，找到计数室的格后，把中央的大方格置于视野之中，然后转用高倍镜。在中央大方格内选择四角与最中间的五个中方格（或用对角线的方法数五个中方格），每个中方格有 16 个小方格，所以共计数 80 个小方格。计数时注意压在左边双线上的红细胞计在内，压在右边双线上的红细胞则不计在内；同样，压在上线的计入，压在下线的不计入，此所谓"数左不数右，数上不数下"的计数法则（图8-5）。

［计算］　用下列公式进行计算。

每立方毫米内的红细胞数＝5 个中方格内红细胞数÷80×400（小方格总数）×稀释倍数（200 或 100）×10（计数室深度）。

如果稀释倍数为 200 倍，每立方毫米内的红细胞数＝5 个中方格内红细胞数×10000。

红细胞用个/L 表示。

［注意事项］

① 所有器材应清洁、干燥，符合标准。

② 充液前混匀检液，检液中应无沉淀。

③ 器械清洗方法正确：沙利氏吸血管每次用完后，先在清水中吸吹数次，然后在蒸馏水、酒精、乙醚中，按次序分别吸吹数次，干后备用。计算板用蒸馏水冲洗后，用绒布擦干，不可用粗布擦拭，也不得用酒精、乙醚等有机溶剂冲洗。

［正常参考值］　健康动物红细胞数（$\times10^{12}$个/L）：马 $6\sim12$，牛 $5\sim10$，猪 $5\sim7$，绵羊 $9\sim15$，山羊 $8\sim12$，犬 $5.5\sim8.5$，猫 $5\sim10$。

［临床意义］

（1）相对性增多　主要由于血浆容量减少所致，见于腹泻、呕吐、多尿、多汗、肠便秘、急性胃肠炎、肠阻塞、牛的皱胃阻塞、渗出性胸膜炎和腹膜炎、热射病与日射病、某些发热性疾病及传染病。

（2）绝对性增多　有原发性增多和继发性增多。

① 原发性增多症，又叫真性红细胞增多症。与促红细胞生成素产生过多有关，见于肾肿瘤、雄激素分泌细胞瘤、肾囊肿，红细胞可增多 $2\sim3$ 倍。

② 继发性增多症是由于代偿作用而使红细胞绝对数增多的，见于缺氧、高原环境、一

氧化碳中毒、代偿机能不全的心脏病及慢性肺部疾患。

（3）红细胞数减少 见于各种原因引起的贫血，如造血原料不足、营养代谢病；红细胞破坏过多或失血、血孢子虫病、恶性肿瘤及白血病等。

**【链接】**

① 血细胞计数板清洗方法 用蒸馏水冲洗后，用绒布轻轻擦干即可，切不可用粗布擦拭，也不可用酒精、乙醚等溶液冲洗。

② 红细胞计数的方法有显微镜计数法和血液分析仪法。

# 技能六 白细胞计数

**【技能基础】**

1. 掌握测定白细胞数的方法。

2. 了解各种动物白细胞的正常值及白细胞变化的临床意义。

**[原理]** 白细胞计数是指测定单位体积外周血中各种白细胞总数。白细胞显微镜计数法是将全血用白细胞稀释液稀释一定的倍数、将红细胞破坏后，充入改良式血细胞计数板内，在普通光学显微镜下计数一定范围内的白细胞数，经换算求出每升血中白细胞总数。

**[器材与试剂]** 改良式血细胞计数板，血盖片，显微镜，计数器，1.0ml 或 0.5ml 刻度吸管；白细胞稀释液可用 1%～2% 的冰醋酸液，内加 1% 结晶紫液 1 滴，以便与红细胞稀释液区别。

**[操作方法]**

（1）稀释 用1ml吸管吸取白细胞稀释液 0.38ml 置一小试管中。用沙利氏管吸取被检血至 $20\mu l$ 处，擦去管外黏附的血液，吹入小试管中，反复吸、吹数次，以洗净管内所黏附的细胞，充分震荡混合。

（2）充液 用毛细吸管或沙利氏吸血管吸取被稀释的血液，充入已盖好盖玻片的计数室内，静置 1～2min，低倍镜检查。

（3）计数 计数计数室（图 8-3）四角四个大方格内的全部白细胞数，压在左线和上线的计入，压在右线和下线的不计入。

**[计算]** 按下列公式进行。

白细胞数/L＝四个大方格内的白细胞总数÷4×20（稀释倍数）×10（计数室深度）× $10^6$（将微升换算成升）。

**[正常参考值]** 健康动物的白细胞数（$\times 10^9$ 个/L）：马 6～12，牛 4～12，猪 11～12，绵羊 4～12，山羊 4～13，犬 6～17，猫 5.5～19.5。

**[临床意义]**

（1）白细胞增多 见于全身和局部感染，中毒（代谢障碍、化学物质和药物以及蛇毒）、白血病、肿瘤、急性出血性疾病以及注射异源蛋白之后。

（2）白细胞减少 见于某些病毒性传染病，长期使用某种药物或一时用量过大（如磺胺类药物、氯霉素、氨基比林等），各种动物的濒死期，某些血液原虫病（如疟疾），营养衰竭症，放射治疗、肿瘤化疗，造血系统障碍等。

# 技能七 白细胞分类计数

**【技能基础】**

掌握血涂片的制作方法、染色技术、白细胞分类计数法，并能识别各类白细胞。

[原理]　白细胞分类计数是将血液制成涂片，经瑞氏或瑞-姬氏染色后在油镜下按白细胞的形态学特征进行分类，求出各类型白细胞比值（百分数）。

[器材与试剂]

（1）器材　载玻片、染色盆及支架、染色缸、洗瓶、显微镜（含油镜头）、香柏油、白细胞分类计数器、吸水纸等。

（2）试剂　瑞氏染液。

[操作方法]

（1）涂片　取无油脂的洁净载玻片两张，选择边缘光滑的一张载片作为推片（推片一端的两角应磨去，也可用血细胞计数板的盖片作为推片），用左手的拇指及中指夹持载玻片，右手持推片；先取被检血一小滴，放于载玻片的右端，将推片倾斜 30°～40°，使其一端与载玻片接触并放于血滴之前，向后移动推片，使与血滴接触，待血液扩散与推片形成一条线之后，以匀速轻轻向前推动推片，使血液均匀地被涂于载玻片上而形成一薄膜。

良好的血片，血液应分布均匀，厚度适当。对光观察时呈霓红色，血膜应位于玻片的中央，两端留有空隙，以便进行标记。

（2）染色　瑞氏染色法是血涂片最常用的染色法之一。将自然干燥的血涂片用蜡笔于血膜两端各划一道横线，以防染液外溢。置血涂片于水平支架上，滴瑞氏染液于血片上，并计其滴数，直至将血膜浸盖为止，染 1～2min 后，再滴加等量缓冲液或蒸馏水，轻轻吹动，使之混匀，再染 4～10min 后，用蒸馏水冲洗、吸干后观察。

瑞-姬氏染色法　瑞氏染液染色偏酸性，对胞浆染色较好，而姬氏染液对细胞核染色效果较好。因此，在临床血片染色中，先用瑞氏染液染半分钟，再用姬氏染液复染 5～10min，这样染出的血片较单一染色法染色效果更好。

（3）分类计数　先用低倍镜检视血片上白细胞的分布情况，一般是粒细胞、单核细胞及体积较大的细胞分布于血片的上、下缘及尾端，淋巴细胞多在血片的起始端。滴加显微镜油（香柏油），在油镜下进行分类计数。

计数时，为避免重复和遗漏，可用四区、三区或中央曲折计数法推移血片，记录每一区的各种白细胞数。连续观察 2～3 张血片，最少计数 100 个细胞，计算出各种白细胞的百分比。

记录时，可用白细胞分类计数器，也可事先设计一表格，用画"正"字的方法记录，以便于统计百分数。

[各种白细胞的形态特征]　各种白细胞的形态特征主要表现在细胞核及细胞浆的特有形状上，并应注意细胞的大小。各种白细胞的形态特征详见表 8-3。

表 8-3　各种白细胞的形态特征

| 白细胞分类 | 细胞核 | | | | | | | 细胞浆 | |
| --- | --- | --- | --- | --- | --- | --- | --- | --- | --- |
| | 位置 | 形状 | 颜色 | 核染色质 | 细胞核膜 | 多少 | 颜色 | 透明带 | 颗粒 |
| 嗜中性白细胞（幼年型） | 偏心性 | 椭圆 | 红紫色 | 细致 | — | 中等 | 蓝、粉红色 | 无 | 红或蓝、细致或粗糙 |
| 嗜中性白细胞（杆状核） | 中心或偏心性 | 马蹄形腊肠形 | 淡紫蓝色 | 细致 | 存在 | 多 | 粉红色 | 无 | 嗜中、嗜酸或嗜碱 |
| 嗜中性白细胞（分叶核） | 中心或偏心性 | 3～5叶者居多 | 深蓝紫色 | 粗糙 | 存在 | 多 | 浅粉红色 | 无 | 粉红色或紫红色 |
| 嗜酸性白细胞 | 中心或偏心性 | 2～3叶者居多 | 较淡紫蓝色 | 粗糙 | 存在 | 多 | 蓝、粉红色 | 无 | 深红，分布均匀，马的最大其他动物次之 |

续表

| 白细胞分类 | 细胞核 | | | | | | | 细胞浆 | |
| --- | --- | --- | --- | --- | --- | --- | --- | --- | --- |
| | 位置 | 形状 | 颜色 | 核染色质 | 细胞核膜 | 多少 | 颜色 | 透明带 | 颗粒 |
| 嗜碱性白细胞 | 中心性 | 叶状核不太清楚 | 较淡紫蓝色 | 粗糙 | 存在 | 多 | 淡粉红色 | 无 | 蓝黑色,分布不均匀,大多在细胞的边缘 |
| 淋巴细胞 | 偏心性 | 圆形或微凹入 | 深蓝紫色 | 大块中等快致密 | 浓密 | 少 | 天蓝、深蓝或淡红色 | 胞浆深染时存在 | 无或极少数嗜天青蓝色颗粒 |
| 大单核细胞 | 偏心或中心性 | 豆形、山字形、椭圆形 | 淡紫蓝色 | 细致网状边缘不齐 | 存在 | 很多 | 灰蓝或云蓝色 | 无 | 很多,非常细小,淡紫色 |

[正常参考值] 各种动物白细胞分类平均值(%)见表 8-4。

表 8-4 各种动物白细胞分类平均值　　　　　　单位:%

| 项　　目 | 犬 | 猫 | 牛 | 马 | 猪 | 绵羊 | 山羊 |
| --- | --- | --- | --- | --- | --- | --- | --- |
| 嗜中性分叶粒细胞 | 60～70 | 35～75 | 15～45 | 30～75 | 20～70 | 10～50 | 30～48 |
| 嗜中性杆状粒细胞 | 0～3 | 0～3 | 0～2 | 0～1 | 0～4 | 0 | 0 |
| 嗜中性晚幼粒细胞 | — | — | 0～1 | 0～1 | 1～2 | 0～3 | 0～3 |
| 嗜碱性粒细胞 | 0 | 0 | 0～2 | 0～3 | 0～3 | 0～3 | 0～1 |
| 嗜酸性粒细胞 | 2～10 | 2～12 | 2～20 | 1～10 | 0～5 | 0～10 | 1～8 |
| 淋巴细胞 | 12～30 | 20～55 | 45～75 | 25～40 | 35～75 | 40～75 | 50～70 |
| 单核 | 3～10 | 1～4 | 2～7 | 1～8 | 0～10 | 0～6 | 0～4 |

[临床意义]

(1)嗜中性粒细胞

① 嗜中性粒细胞增多。病理性嗜中性粒细胞增多,见于炭疽、腺疫、巴氏杆菌病、猪丹毒等细菌性传染病,急性胃肠炎、肺炎、子宫内膜炎、急性肾炎、乳房炎等急性炎症,化脓性胸膜炎、化脓性腹膜炎、创伤性心包炎、肺脓肿、蜂窝织炎等化脓性炎症,酸中毒及大手术后一周内。

② 嗜中性粒细胞减少。见于猪瘟、马传染性贫血、流行性感冒、传染性肝炎等病毒性疾病,各种疾病的垂危期、碱中毒、砷中毒及驴的妊娠毒血症。

③ 嗜中性粒细胞的核象变化。在分析中性粒细胞增多和减少的变化时,要结合白细胞总数的变化及核象变化进行综合分析,中性粒细胞的核象变化是指其细胞核的分叶状态,它反映白细胞的成熟程度,而核象变化又可反映某些疾病的病情和预后。

a. 如果外周血液中不成熟的中性粒细胞增多,即幼年核和杆状核中性粒细胞的比例升高,称为核左移。

当白细胞总数和中性粒细胞百分率略微增高,轻度核左移,表示感染程度轻,机体抵抗力较强;如果白细胞总数和中性粒细胞百分率均增高,中度核左移及中毒性改变,表示有严重感染;而当白细胞总数和中性粒细胞百分率明显增高,或白细胞总数并不增高甚至减少,但有显著核左移及中毒性改变,则表示病情极为严重。

b. 如果分叶核中性粒细胞大量增加,核的分叶数目增多,则称为核右移。如在疾病期出现核右移,则反映病情危重或机体高度衰弱,预后往往不良。

(2)嗜酸性粒细胞

① 嗜酸性粒细胞增多。见于肝片吸虫、球虫、旋毛虫、丝虫、钩虫、蛔虫、疥癣等寄生虫感染，荨麻疹、饲草过敏、血清过敏、药物过敏及湿疹等疾病。

② 嗜酸性粒细胞减少。见于尿毒症、毒血症、严重创伤、中毒、过劳等。

（3）嗜碱性粒细胞　嗜碱性粒细胞在外周血液中很少见到，故其在临床上无多大意义。

（4）淋巴细胞

① 淋巴细胞增多。见于结核、鼻疽、布鲁氏菌病等慢性传染病、急性传染病的恢复期，也可见于淋巴性白血病。

② 淋巴细胞减少。多为嗜中性粒细胞增多而造成相对性变化。

（5）单核细胞

① 单核细胞增多。见于巴贝斯焦虫病、锥虫病等原虫性疾病，结核、布鲁氏菌病等慢性细菌性传染病，马传染性贫血等病毒性传染病，还见于疾病的恢复期。

② 单核细胞减少。见于急性传染病的初期及各种疾病的濒危期。

【链接】

瑞氏染液的配制用量：瑞氏染粉 0.1g，甲醇 60.0ml。将染色粉置于研钵中，加少量甲醇研磨，使其溶解，将已溶解的染液倒入洁净的棕色玻璃瓶中，剩下未溶解的染料再加少量甲醇研磨，如此继续操作，直至全部染料溶解并用完甲醇为止。在室温中保存 7d 后即可应用，在应用前最好进行过滤。新配的染液偏碱性，放置后可呈酸性。保存时间愈久，染色能力愈佳。

姬氏染液的配制用量：姬姆萨氏染粉 0.5g，纯甘油（中性）33.0ml，纯甲醇（中性）33.0ml。先将姬姆萨氏染粉加入甘油内，置水浴加温（56～60℃）2h，使染粉溶解，再加入甲醇，混匀，保存于棕色瓶内，一周后过滤即成原液。临用时吸收 1ml 加蒸馏水 10ml 配制成应用液。

# 技能八　凝血时间测定

【技能基础】

掌握凝血时间的定义、测定方法及临床意义。

[原理]　血液流出血管后，一系列凝血因子被相继酶解激活，最终生成凝血酶，形成纤维蛋白凝块，使血液发生凝固。

[器材与试剂]　载玻片，针头，刻度小试管，秒表，恒温水浴箱等。

[操作方法]

（1）试管法　适合于大动物。先将动物保定，取洁净试管一支，静脉采血，用试管接取新鲜血液。将试管静置，5min 后每 30s 倾斜试管一次，直至血液不再流动即为血液凝固所需时间。

（2）玻片法　适合于小动物。先将动物保定，取洁净载玻片一块，耳静脉采血，用吸管吸取新鲜血液，滴在载玻片上，每 30s 用针挑动一次，看是否有纤维状血丝，如有即记为凝血时间。注意用针挑动时一定要横穿血滴直径，不能连续满片挑，否则成了脱纤维蛋白血，不能凝固。

[正常参考值]

（1）试管法　牛 8～11min，马 13～18min，山羊 6～11min，犬 7～16min。

（2）玻片法　牛 5～6min，马 8～10min，猪 3.5～5min，犬 10min。

[临床意义]

① 在大手术或肝、脾穿刺前进行本测定，可以及早发现出血性素质疾病，以防大量出血。

② 凝血时间延长。血浆内任何一种凝血因子的缺陷，几乎都可引起凝血时间的延长，见于凝血物质Ⅷ、Ⅸ、维生素 K 缺乏及伴有弥散性血管内凝血的重剧性疾病等。血中抗凝物质增多时，凝血时间也可延长。

③ 凝血时间缩短。凝血时间明显缩短，说明体内有血栓形成的可能，或已经开始形成血栓。

# 技能九　出血时间测定

**【技能基础】**

掌握出血时间的测定方法及临床意义。

[原理]　出血时间是指皮肤毛细血管刺伤出血后到自然止血所需的时间。出血时间的长短主要与血管壁的完整性、收缩功能、血小板数量与功能、血小板在血浆中的含量等有关。上述各种因素有缺陷，出血时间可见延长。

[材料与试剂]　兔子，毛剪，酒精棉球，细针头，新华滤纸，秒表。

[操作方法]　将兔子保定在保定架上，在耳尖部剪毛消毒后，用细针头刺入 3～4mm，血液即自动流出，每隔半分钟，用滤纸吸取血滴一次，如此，则纸上血滴逐渐缩小，出血停止时则不再留有血迹。计算血液流出到血迹消失的时间，即为出血时间。

[正常参考值]　正常马为 2～3min。

[临床意义]　当血小板大量减少，肝脏受损害，维生素 K 缺乏可使出血时间延长。马的血斑病时，出血时间可显著延长到 23～30min。

# 技能十　血小板计数

**【技能基础】**

掌握血小板计数的方法及临床意义。

[原理]　用血小板稀释液将血液稀释一定的倍数并破坏红细胞和白细胞而保留血小板，在血细胞计数室内计数，求得每升血液中的血小板数。

[器材与试剂]

① 器材与白细胞计数同。改良式血细胞计数板，血盖片，显微镜，计数器，1.0ml 或 0.5ml 刻度吸管。

② 稀释液。常用复方尿素稀释液：尿素 10.0g，枸橼酸钠 0.5g，40%甲醛 0.1ml，蒸馏水加至 100.0ml。溶解后过滤置于冰箱内可保存 2 周。

[操作方法]

① 于洁净小试管中加入稀释液 0.38ml。

② 用沙利氏吸血管吸取抗凝血至 20μl 处，擦去管外黏附的血液，吹入试管中，反复吸、吹数次，混匀。静置 10～30min，以充分溶解红细胞和白细胞。

③ 用毛细吸管吸取上述稀释好的血液，充入计数池内静置 10～15min，使血小板下沉。

④ 在高倍镜下精确计数中间一个大方格（400 个小方格）所得血小板数乘以 200 或计数 5 个中方格（80 个小方格）的血小板数乘以 1000 即为每微升的血小板数。

血小板计数单位用"个/L"表示，即每升血液中血小板数＝每微升血小板数×$10^6$。

[注意事项]

① 血小板稀释液要清洁，配制后要多次过滤，并要注意不被杂物、酸、碱和细菌污染。

② 经常用不加血液的稀释液计数，结果应为"0"。

③ 血小板为圆形、椭圆形或不规则的折光小体。计数时，应不断调节显微镜的微调螺旋，以便识别血小板或异物。充入计数池前，应将稀释的试管充分振摇，但不能过猛，以防血小板破裂。

④ 血与稀释液混合要在 1h 内计数完毕。

⑤ 滴入计数池后要静置 10~15min。

[正常参考值]　健康动物血小板数（$\times 10^{11}$ 个/L）：马 1~6，牛 1~8，猪 2~5，绵羊 2.5~7.5，山羊 3~6，犬 2~9，猫 3~7。

[临床意义]

（1）血小板减少　血小板生成减少见于再生性障碍贫血、急性白血病、某些真菌中毒、某些蕨类植物中毒等；血小板破坏增多见于原发性血小板减少性紫癜、脾功能亢进；血小板消耗过多见于弥散性血管内凝血、血栓性血小板减少性紫癜。

（2）血小板增多　原发性血小板增多见于原发性血小板增多症；继发性血小板增多多为暂时性的，见于急慢性出血、骨折、创伤等。

【链接】

血小板计数常用的方法分为两大类：一是在普通生物显微镜下采用目视计数法；二是用血细胞分析仪进行。后法除了得到血小板数，还能测得血小板压积，血小板平均体积和血小板体积分布宽度等数据。目前国内仍以目视法作为参考方法，常用的稀释液有草酸铵稀释液和尿素稀释液两种。

# 技能十一　血液自动分析仪在血液检验中的应用

【技能基础】

掌握血液自动分析仪的工作原理及在临床检验中的应用。

血细胞分析仪（bloodcell analyzer）是临床实验室最常用的仪器，可进行全血细胞计数及其相关参数的检测。1953 年美国 Coulter 公司成功研制第一台电阻抗式血细胞分析仪，经过几十年的反复应用、开发、改进，现已经形成血细胞分析流水线，即把标本识别、标本运输、血细胞分析仪、网织红细胞分析仪、推片机、染片仪联成一线。为临床诊断提供了更多、更新、更有用的指标，对于某些疾病的诊治具有重要的意义，已成为现代兽医临床实验室不可缺少的仪器之一。

## 一、血细胞分析仪的原理

### 1. 细胞计数及体积测定原理

（1）电阻抗检测原理　利用血细胞通过微孔时瞬间的电阻变化产生脉冲电流而计数。白细胞、红细胞的稀释标本在一个负压的控制下，分别通过各自的计数微孔，流入各自通道，然后通过两个光电传感器，将细胞信号甄别、放大、计数。

（2）流式细胞术及光学检测原理　利用流式细胞术使单个细胞随着流体动力聚集的鞘流液在通过激光照射的检测区时，使光束发生折射、衍射和散射，散射光由光检测器接受后产生脉冲，脉冲大小与被照细胞的大小成正比，脉冲的数量代表了被照细胞的数量。其优点是：①细胞是一个一个通过激光检测区，避免了细胞重叠的可能性；②利用高、低角等前向散射光还可获得这个细胞的各种相关数据，经综合分析可进一步提高对细胞的鉴别功能。

**2. 白细胞分类原理**

仪器的白细胞分类计数（DC）由电阻抗法的二分群、三分群发展为多项技术联合同时检测一个细胞，综合分析得到五分类结果。目前细胞计数仪主要有四种检测种类。

（1）电阻抗法　白细胞计数池除加入一定量稀释液外还要加入溶血剂，红细胞迅速溶解同时使白细胞膜通透性改变，白细胞质经细胞膜渗出，使细胞膜紧裹在细胞核或存在的颗粒物质周围，所以经溶血剂处理后含有颗粒的粒细胞比无颗粒的单核细胞和淋巴细胞要大些。作白细胞体积分析时，仪器可将白细胞体积从 $30 \sim 450fl$ 分为 256 个通道，每个通道为 $1.64fl$，细胞根据其大小分别进入不同通道中，从而得到白细胞体积分布直方图。电阻抗法得到的白细胞分类数据是根据白细胞体积直方图推算得来，以三分类群仪器为例，经溶血处理白细胞根据体积大小初步分为三群：第一群为小细胞区，体积为 $35 \sim 90fl$，主要为淋巴细胞；第二群为中间细胞区，也称单个核细胞区，体积 $90 \sim 160fl$，包括幼稚细胞、单核细胞、嗜酸性细胞、嗜碱性细胞；第三群为大细胞区，体积 $160fl$ 以上，主要为中性粒细胞。仪器根据各群占总体积的比例计算出百分比，与该标本的白细胞总数相乘，得到各项细胞绝对值。由于幼稚细胞、嗜酸及嗜碱性粒细胞等多出现在中间细胞区，所以这种白细胞分群只能代表分大小细胞群而已，只用于初筛，显微镜下作白细胞分类结果更可靠。

（2）容量、电导、激光散射（VCS）白细胞分类法　根据流体力学的原理，利用鞘流技术使溶血后液体内剩余的白细胞单个通过检测器接受（volume conductivitylight scantter，VCS）三种技术同时检测。体积（V）测量使用电阻抗原理。电导性（C）采用高频电磁探针测量细胞内部结构：细胞核、细胞质比例，细胞内的化学成分，以此可辨认体积相同而性质不同的细胞群，如小淋巴细胞和嗜碱性粒细胞两者的直径均在 $9 \sim 12\mu m$，当高频电流通过这两种细胞时，由于它们的核与胞质比例不同而呈现不同信号，加以区分。激光散射（S）特别具有对细胞颗粒的构型和颗粒质量的区别能力，激光单色光束在 $100° \sim 70°$ 时对每个细胞进行扫描，细胞粗颗粒的光散射要比细颗粒更强，以此可将粒细胞分开。根据以上三种方法检测的数据经计算机处理得到细胞分布图，进而计算出结果。

（3）阻抗与射频技术联合白细胞分类法　此类仪器白细胞分类计数通过四个不同的检测系统。

① 嗜酸性粒细胞检测系统。血液进入仪器后，血液与嗜酸性粒细胞特异计数的溶血剂混合，由于其特殊的 pH，使除嗜酸性粒细胞以外的所有细胞溶解或萎缩，只有完整的嗜酸性粒细胞通过小孔产生脉冲被计数。

② 嗜碱性粒细胞检测系统。原理同嗜酸性粒细胞。血液中嗜碱性粒细胞只存在于碱性溶血剂中，根据脉冲多少以计数嗜碱性粒细胞数。上述两种方法除需要使用专一的溶血剂外，还需特定的作用温度和时间。

③ 淋巴、单核、粒细胞（中性、嗜碱性、嗜酸性）检测系统。此系统采用电阻抗与射频联合检测。溶血素作用较轻，对细胞形态改变不大。在测量小孔的内外电极上存在直流和高频两个光射器及直流电和射频两种电流。直流电测量细胞大小，但不能透过细胞质，射频可透入细胞内，测量核的大小及颗粒多少。因此细胞进入小孔时产生两个不同的脉冲信号，脉冲的高低分别代表细胞大小（DC）和核及颗粒的密度（RF），以DC信号为横坐标，RF为纵坐标，将两个信号把同一个细胞定位于二维的细胞散射图上。根据中性粒细胞、淋巴细胞、单核细胞的细胞大小、胞质含量、颗粒大小与密度、核形态与密度的不同，得出各类细

胞比例。

④ 幼稚细胞检测系统。由于幼稚细胞膜上脂质较成熟细胞少，在细胞悬液中加入硫化氨基酸后，幼稚细胞结合硫化氨基酸较成熟细胞多，且对溶血剂有抵抗作用，当加入溶血剂后成熟细胞易被溶解，幼稚细胞形态不受破坏，因此可通过电阻抗法检测出。

（4）光散射与细胞化学技术联合白细胞分类计数　此类仪器联合利用激光散射和过氧化物酶染色技术进行血细胞分类计数。嗜酸性粒细胞有很强的过氧化物酶活性，依次为中性粒细胞、单核细胞，而淋巴细胞和嗜碱性粒细胞无此酶。如果待测细胞质中含有过氧化物酶，能催化一种供氢（电子）体，通常是苯胺或酚等脱氢，当其脱氢后，供氢体分子结构发生了变化，从而出现了色基显色，即可使四氯-萘酚显色并沉积定位于酶反应部位。利用酶反应强度不同（阴性、弱阳性、强阳性）和细胞体积大小不同，激光光束射到细胞上所得前向角和散射角不同，以 $X$ 轴为吸光率（酶反应强度），$Y$ 轴为光散射（细胞大小），每个细胞产生两个信号并结合定位在细胞图上。仪器每秒钟可测定上千个细胞，经计算机处理得出白细胞分类结果。

（5）多角度偏振光散射白细胞分类技术（multi-angle polarised scatter separation of white cell，MAPSS）　该技术的基本原理是标本在水动力聚焦系统的作用下进入检测部，在激光束的照射下，细胞在多个角度部产生散射光。仪器特别设置了四个角度来收集散射光的信号。0°为前角散射，用于粗略判断细胞体积大小；10°为狭角散射，用于检测细胞结构及其内部复杂性的指标；90°为垂直光散射，用于对细胞内部颗粒及细胞核分叶情况的分析；90°偏振光散射基于颗粒可以将垂直角度的激光消偏振的特性，将嗜酸性细胞从中性粒细胞和其他细胞中分离出来，根据散射光的角度和位置，仪器内部的四个检测器可以接收到相应的信号，由仪器内部的微处理器进行分析处理。可将白细胞分为嗜酸性粒细胞、中性粒细胞、嗜碱性粒细胞、淋巴细胞和单核细胞 5 种。

**3. 红细胞测试原理**

（1）红细胞（RBC）和血细胞比容（HCT）　红细胞和血细胞比容测定与前述细胞计数及体积测定原理一样。红细胞通过小孔，由于电阻抗作用，使电压改变，形成大小不同的脉冲，脉冲的多少与红细胞数目成正比，脉冲高度决定单个红细胞体积，脉冲高度叠加经换算可得到血细胞的比容（有的仪器，先以单个细胞高度计算平均红细胞容积，再乘以红细胞数得出血细胞的比容）。在红细胞检测的各参数中均含有白细胞，但因白细胞比例少（红细胞：白细胞为 700：1），这种干扰可忽略不计。但在白血病及严重感染时白细胞数增高，同时又伴有严重贫血时，可造成红细胞各参数的严重误差。此类标本，应该从红细胞计数结果中减去白细胞计数结果。同样由于仪器内存在的脉冲经分析器信号整理，可打出红细胞体积分布直方图。它是反应红细胞大小或任何相当于红细胞大小范围内粒子分布图，横坐标表示红细胞体积、仪器设置范围一般在 25～250fl，纵坐标表示不同体积红细胞出现相对频率。

（2）血红蛋白（Hb）测定　任何类型仪器 Hb 测定原理基本相同。细胞悬液加入溶血剂后，红细胞溶解释放出 Hb，并与溶血剂中有关成分形成 Hb 衍生物，在 540nm 特定波长下比色，吸光度与 Hb 含量成正比，可直接反映 Hb 浓度。国际血液标准化委员会（ICSH）推荐氰化高铁血红蛋白（HiCN）法，其最大吸收峰在 540nm。不同系列血细胞分析仪配套溶血剂配方不同，形成的血红蛋白衍生物亦不同，吸收光谱各异，但最大吸收峰均接近540nm。由于 HiCN 有毒性，近年来使用非氰化物溶血剂如十二烷基月桂酰硫酸钠（SLS）溶血剂，形成的衍生物（SLS-Hb）与 HiCN 吸收光谱相似，实验结果的精确性、准确度达到氰化物溶血剂同等水平。

（3）各项红细胞指数检测原理　红细胞平均体积（MCV）、红细胞平均血红蛋白含量（MCH）、平均红细胞血红蛋白浓度（MCHC）及红细胞体积分布宽度（Red blood cell volume distribution width，RDW），均可根据仪器检测的 RBC、HCT 和 Hb 的实验数据，经仪器换算出来的。

**4. 血小板分析原理**

血小板随红细胞一起在一个系统进行检测，根据不同阈值，分别计数血小板与红细胞数。血小板分布贮存于 64 个通道内，根据所测血小板体积大小自动计算出血小板平均体积（mean platelers volume，MPV）。血小板直方图也是反映血小板体积的，横坐标表示体积，范围一般为 2～30fl，纵坐标表示不同体积血小板出现的相对频数，要注意的是，不同的仪器血小板直方图范围存在差异，为了使血小板计数更准确，有些仪器设置了增加血小板准确性的技术，如鞘流技术、浮动界标复合曲线等。

## 二、血细胞分析仪的类型

血细胞分析仪的类型较多，根据对白细胞分析程度分为二分群、三分群、五分类。根据自动化程度又分为两大类：半自动仪器需手工稀释血标本；全自动可直接用抗凝血进样。不同的仪器型号有不同的分析方法并提供不同数量的参数。

**1. 半自动二分群血细胞分析仪**

（1）仪器性能

① 检测速度为每小时 60 份样本，仪器为双通道，容易操作。

② 用血量少，准确性、重复性好。

③ 测定结果超过正常界限或直方图不正常，可出现警示符号提示。

④ 有质控资料及标本检测资料贮存、手工鉴别、设备警告系统等软件程序。

⑤ 对仪器状态可自动监测。

（2）检测项目　不同仪器可检测 8～15 项参数及 3 个直方图，主要有 WBC、RBC、Hb、HCT、MCV、MCH、MCHC、PLT、小型白细胞比率（W-SCR）、大型白细胞比率（W-LCR）、小型白细胞计数（W-SCC）、大型白细胞计数（W-LCC）、红细胞分布宽度（RDW）、血小板分布宽度（PDW）、血小板平均体积（MPV），并打印白细胞、红细胞及血小板直方图。

**2. 全自动三分群血细胞分析仪**

（1）仪器性能　①检测速度每小时 60～80 份标本，配上自动装置可连续吸取标本，避免实验室内感染；②两种溶血素，即白细胞溶血素和红细胞溶血素 SLS-Hb 法（无毒）；③该仪器线性范围宽、重复性好、准确性高、变异范围小；④有的设有浮球式绝对定量检测，每次测定后自动冲洗，避免管道污染和颗粒阻塞，携带污染率几乎为零；⑤自动化程度高，对试剂污染、气泡干扰、异物阻塞有监控系统及自动报警系统，结果异常时出现提示，通过直方图可反映出标本问题或提示某些疾病导致图形异常，如自身免疫性病变、白血病、高免疫球蛋白血症等；⑥有质控资料及标本检测资料贮存等软件程序。

（2）检测项目　除二分群的 15 项参数外，还增加了中等大小白细胞比率（W-MCR）、中等大小白细胞计数（W-MCC）及大血小板比率（P-LCR），达 18 项参数及 3 个直方图。

### 3. 全自动五分类血细胞分析仪

（1）仪器性能 ①速度快，每小时 110～150 个标本。②具有检测有核红细胞的功能。③专用幼稚细胞检测通道和试剂，包括幼稚细胞在内的十余种异常细胞的检测。④半导体激光技术、荧光染色及流式技术或在增强型流式单通道内采用 VCS 和 Acc-nFiex 分析技术，使白细胞分类更精确，达到最低分类镜检率。⑤强大的网络功能及完善的数据管理系统，可开展远程诊断、远程维护和质控，提供软件支持。⑥高效、自动的标本资料管理及强大的工作平台，包括自动质控、实验室质量保证程序和事件记录功能。⑦无错进样管理，包括穿刺进样，条码识别和双重样本完整性探测器。⑧仪器可与网织红检测仪、自动进样仪、自动涂片机相连，形成自动化模块。

（2）检测项目 五分类仪器共可检测 25 项参数或更多。

### 4. 全自动五分类连接网织红细胞分析仪

（1）仪器性能 ①准确性高，通过对细胞 RNA 检测比目测法准确、敏感。②精确度达 97％以上。并可将网织红细胞分类为 HFR、MFR 及 LFR，对贫血、骨髓移植、白血病、放疗、化疗观察有非常重要意义。③自动化程度高，连续测定每小时可达 60 份标本。④可与五分类联接形成自动化模块。

（2）检测项目 检测网织红细胞的有关项目 10 多项。

## 三、动物血细胞分析仪的使用方法

以 XF9080 型动物血细胞分析仪（图 8-6）为例。

### 1. 操作前准备

（1）使用前检查稀释液瓶内是否有充足的稀释液，稀释液吸入管应插入稀释液内，不能空瓶。

（2）使用前检查废液瓶不能盛满废液，废液排出管应插入废液瓶内且硅胶管必须伸入瓶底。

（3）开机前托盘上放一杯稀释液，约占样杯体积的 2/3。

（4）打开电源开关仪器进入开机清洗状态，此时从定量器观察窗孔观察窗内水柱上升时是否存在气泡，如有气泡，反复按 2～3 次"清洗"键至气泡全部排尽为止。

（5）开机后预热 20～30 分钟，预热后先用稀释液进行空白测量一遍，检查仪器测量功能是否正常，具体如下。

① 按"选择"键选择所需检测动物的种类。

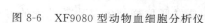

图 8-6 XF9080 型动物血细胞分析仪

② 按"测量"键，仪器在红细胞状态，开始进行稀释液检验，即红细胞空白计数，MT10S 显示仪器的测量计数，一般计数时间在（10±2）秒，如果计数时间过长或者过短都反映仪器计数结果不正常。

③ 测量结束后，仪器先显示红细胞的直方图，直方图显示时间为 2 秒，仪器发出一声讯响表示红细胞测量程序结束。

④ 按"测量"键，仪器在白细胞状态下开始进行检测，测量结束后，仪器显示白细胞直方图，直方图显示约 2 秒后发出一声讯响，白细胞测量结束，同时打印机自动打印出检测结果。

**2. 样品测量**

（1）取两只干净的样杯，分别加入 10ml 稀释液，并注明红细胞样杯、白细胞样杯。

（2）将两采血器分别调至 20μl、100μl，将采血杯插在采血器头上。

（3）将采好的血样注入采血皿内，用 20μl 采血器从采血皿内吸取血样注入红细胞杯中，轻轻摇晃到混合均匀。

（4）用 100μl 采血器从白细胞样杯中吸取 100μl 的样液，注入红细胞的样杯中，轻轻摇晃至混合均匀。

（5）在白细胞样杯中滴入 2～3 滴溶血剂轻轻摇晃均匀，加入溶血剂后在 1～3 分钟之内进行测量。

（6）将稀释液从托盘上取下，放上红细胞样杯，按"测量"键进行红细胞测量，仪器发出一声讯响，红细胞测量结束。

（7）将红细胞样杯取下，放上白细胞样杯按"测量"键进行白细胞测量，仪器发生一声讯响，白细胞和血红蛋白测量结束。

（8）打印机打印出血细胞十四项参数测量结果。

（9）取下白细胞样杯，放上一杯干净的稀释液，将微孔浸泡在稀释液中，仪器又回到血细胞十四项待测状态。

（10）仪器使用完毕，在关机前用稀释液空白测量 2～3 次，微孔管必须浸泡在稀释液中，不可在空气中长时间暴露。

（11）关机、关闭电源。

**3. 日常维护**

（1）若仪器长时间停止使用，最好每星期用蒸馏水开机清洗 2～3 次，然后再测量 1～2 次，使管路长期充满水，并保证微孔的清洁，微孔管一定要浸泡在蒸馏水中，这样才能使仪器性能保持良好。

（2）如打印纸用完需重新安装时，一定要确认打印机在关机状态。

## 四、全自动血液分析仪的几个关键技术

**1. 自动取样技术**

由于仪器需要对全血进行自动取样和稀释，因此取样量也同样需要精确控制。最初的仪器是需要进行手工取样和稀释的，后逐渐发展成外置式专用取样稀释器，再后来仪器内部设置了内置式负压取样稀释器，根据负压量的大小来吸取血液样品，这对控制负压的精确度要求很高。此外还有微量注射器取样技术，依靠光电管控制血液取样量的技术等。目前认为采用旋转阀取样技术是比较精确的方法，旋转阀内部有多个按一定体积设计的小孔，当血液进入后，旋转阀从吸入的小孔转向排出的小孔，此时血液不能再进入，而孔内保留的固定量的血液进入仪器的稀释部，然后清洗，再进入下一次循环。目前许多更加先进的血液分析仪均采用陶瓷制的旋转阀来分配血液标本。

另外，进样方式也从最初的单一预稀释方式，演化为预稀释和全血方式两者兼有。现在许多先进的五分类血液分析仪还采取了更多种进样方式，如末梢血方式、开盖手工进样、闭盖手工进样、急诊检验进样、全自动进样等方式以及连接到全自动流水线的自动进样技术等。进样设备有的采用旋转式进样盘，如 MEDONICCA 570 和 SWELA-BAC 920/970，这种旋转式进样器多是选立件。更多的血液分析仪采用了平推式的自动进样系统，即将待

检样品插在专用试管架上，仪器将试管架一步步送入仪器的取样口，测定完毕后自动推出。平推式自动进样系统在有些厂家的仪器上是可选择的配件，而在某些仪器上则是必备件。

**2. 仪器的清洗技术**

最初的仪器清洗靠人工浸泡或使用毛刷清洗，如果测定完一个很高值的标本，则需要用空白液清洗一下，以防止对下一个标本的携带污染。而现在许多仪器在完成一个标本的检测后可自动对计数小孔、管道进行冲洗，还可同时对取样器、稀释器、取样针内外进行全面清洗，减少交叉污染的机会。许多仪器在开机和关机时可自动执行清洗程序或按事先设定的清洗程序进行定时清洗，保证仪器正常工作。

**3. 扫流技术**

为减少已通过计数小孔后由于液流的回流而重新返回计数区造成重复计数，在小孔后面增加一个扫流液系统，将计数过的细胞通过扫流液冲进废液管道。

**4. 防反流装置**

为防止细胞返回到计数敏感区，在小孔后面加一个带孔的挡板，用负压将已经计数过的细胞阻挡后直接收集到废液管道中。

**5. 水动力聚集技术**

水动力聚集技术是目前认为最为有效的方法，也叫鞘流技术。它利用流体动力学原理，既可保证细胞位于鞘液中心并排成一列通过检测孔中心或通过激光束中心，又保证它不会返回敏感区，目前许多高级的血液分析仪一般采用此种技术。

**6. 质控程序的进展**

血液分析仪需要进行日常质量控制，以监控其测定结果的准确性。早期的血液分析仪一般没有质控程序，是依靠人工记录质控数据，人工绘制质控图。20 世纪 90 年代以来由于微机技术的发展，使得包括质控程序在内的许多功能得以在血细胞分析仪上实现。例如浮动均值质控法，自动将符合条件的每 20 个样本的 MCV、MCH、MCHC 数值求出均值并储存，最后绘制为浮动均值质控图，如 Sebia 的 Hemalyser3 型就有这个功能。近年来的许多仪器都增加了多种质控程序，例如 ADVIA120 型血液分析仪和 SYSMEXXE-2100 型血液分析仪，可以将日常质控的多达 20 组的质控数据储存在机内，或传入相连的电脑处理，甚至通过网络直接发送到厂家的服务器，设备厂商可通过网络直接了解每台设备每天的质控情况，必要时对用户进行指导和对仪器进行校正及检修。

# 【项目小结】

血常规检验是兽医临床中一项常用技术，其检验指标对诊断动物疾病具有重要的意义。本项目主要介绍了血液标本采集、抗凝方法，多项血常规（红细胞沉降速度、红细胞压积、血红蛋白、出血时间、凝血时间、红细胞计数、白细胞计数、白细胞分类计数、血小板计数及异常白细胞）的检查原理、方法、参考值及临床意义，技能十一重点介绍血液自动分析仪在血液检验中的作用、原理、方法以及血细胞分析仪的类型。在每个技能后的【链接】中还详细介绍了各种检验方法和新的研究、发展动态信息。

# 【目标检测题】

## 一、选择题

1. 实验室血液检验大剂量用血时，各种动物采血的部位正确的是（　　）。

A. 牛在颈静脉上 1/3 与中 1/3 交界处

B. 猪在耳边缘处

C. 犬在尾部内侧

D. 羊在耳尖部

E. 成年鸡在胸骨脊前端至背部下凹陷连线的 1/2 处

2. 下列结果哪项不符合典型的严重感染患者（　　）。

A. 白细胞总数增加　　　　B. 中性细胞核左移　　　　C. 淋巴细胞相对减少

D. 嗜酸性粒细胞轻度增加　　E. 显著的核左移

3. 瑞氏染色时，嗜碱性粒细胞胞浆颗粒染成（　　）。

A. 粉红色　　　　　　　　B. 红色　　　　　　　　C. 蓝黑色

D. 绿色　　　　　　　　　E. 紫色

4. 关于全血、血浆和血清的概念叙述，错误的是（　　）。

A. 血清是血液离体后血块收缩所分离出的微黄色透明液体。

B. 血浆是不含纤维蛋白原的抗凝血。

C. 抗凝血一般是指血液加抗凝剂后的全血。

D. 脱纤维蛋白全血指用物理方法促进全部纤维蛋白缠于玻珠上而得到的血液。

E. 血浆是指除去血细胞的抗凝血。

5. 关于白细胞核左移的叙述，（　　）项较为确切。

A. 粒细胞杆状核以上阶段的细胞增多称核左移。

B. 外周血片中出现幼稚细胞称左移。

C. 未成熟的粒细胞出现在外周血中称核左移。

D. 分类中发现许多细胞核偏于左侧的粒细胞称核左移。

E. 分叶状核的粒细胞增多。

6. 嗜中性粒细胞增加多见于（　　）。

A. 病毒感染　　　　　　　B. 细菌感染　　　　　　　C. 寄生虫感染

D. 变态反应　　　　　　　E. 药物作用

## 二、简答题

1. 简述红细胞沉降速度测定的原理及临床意义。

2. 哪些疾病能导致红细胞压积增高，其原理是什么？

3. 血红蛋白测定的原理及临床意义有哪些？

4. 简述细胞计数板的构造及红细胞计数时的注意事项。

5. 白细胞计数和红细胞计数在操作方法上有何区别？

6. 白细胞的种类及白细胞计数的临床意义有哪些？

7. 查阅相关资料，简述血液凝固的过程。

8. 血液中血小板的功能如何？血小板计数的临床意义是什么？

9. 异常白细胞有哪些？异常白细胞检查的临床意义如何？

10. 怎样用血液自动分析仪进行血常规检查？

# 项目九  尿液检验

## 【学习目标】

动物泌尿器官本身或有些其他器官的疾病都可引起尿液成分和性状的变化，因此，尿液检验在临床诊断、治疗和预后判断上都具有重要意义。尿液检验包括尿液物理性质、化学性质和尿沉渣检验。通过本项目的学习，掌握尿液标本的采集，尿液检测的操作方法、步骤和临床意义。

## 【技能目标】

能采集尿液并进行检验。

## 技能一  尿液标本的采集和尿比重的测定

### 【技能基础】

掌握尿液标本的采集和保存、尿比重测定的基本方法。

### 【材料与设备】

集尿瓶（烧杯、烧瓶等），导尿管，量筒，量杯，尿比重计。

### 【检查内容与方法】

## 一、尿液标本的采集和保存

[尿液的采集]

（1）采尿原则  尿样通常在早上采集。尿样在送检的过程中，要用清洁干净的容器盛装。采集到的尿样应该立即检验，如果检验时间超过 30min 时，在夏天可用冷藏的方法，也可加入防腐剂保存检尿。供微生物检验时，在采尿的过程中要注意术部、操作过程和器皿消毒。

（2）采尿方法  采尿的方法主要有自然排尿、尿管导尿、膀胱穿刺等，在兽医临床检验中一般采用动物自然排尿的方法收集尿液，在必要的时候可采用导尿和膀胱穿刺的方法采得检尿。但膀胱穿刺采得的尿液一般不得用作尿液检验。

[尿液的保存]  尿液采集后应立即检查。如不能及时检查或需送检时，为防止尿液发酵分解，须加入适量的防腐剂，如甲醛（100ml 供检尿液中加入 3～4 滴）、麝香草酚（100ml 供检尿液中加入 0.1g）、甲苯（100ml 供检尿液中加入 0.5ml）。用作细菌学检查的尿液，不可加入防腐剂。

## 二、尿比重的测定

[测定方法]  尿比重测定有化学试带法，折射计法，超声波法，比重计法等。前三种方法设备条件要求高，兽医临床用得不多，下面介绍比重计法。

① 将尿震荡后，放入 20ml 量筒内，如液面有泡沫，可用胶头吸管或滤纸吸除泡沫。

② 用温度计测尿温，并作记录。

③ 小心地将尿比重计浸入尿液中，不可与瓶壁相接触，1min 后，待尿比重计稳定，读取凹液面对应的尿比重计上的刻度数，即为尿的比重。

如尿量不足时，可将尿用水稀释后测定，然后，将测得比重值的最后两位数乘以稀释倍数，即得原尿的比重。

[注意事项]　比重计上的刻度是以尿温 15℃ 为标准制作的，当尿温高于 15℃ 时，则每高 3℃ 加 0.001，反之每低 3℃ 则减 0.001。比重法操作较繁，标本用量大，温度及尿葡萄糖、蛋白质、尿素对结果有一定影响。

[正常值]　尿比重为单位容积尿液中含固体物质的多少，其中影响最大的是尿素和氯化钠。健康动物每天排出固体物质比较恒定，因此，尿量对比重影响较大，一般尿比重值与排尿量呈反比。此外，还与饮水、排汗以及肠道的排水量等因素有关。

健康动物尿的比重为：马 1.025～1.055，牛 1.025～1.050，羊 1.015～1.065，猪 1.018～1.022，犬 1.020～1.050，猫 1.035～1.060。

[临床意义]

① 病理性尿比重增高。多见于引起尿量减少的各种疾病，如发热、脱水、便秘、糖尿病。

② 病理性尿比重降低。多见于引起尿量增多的各种疾病，如间质性肾炎、酮病。

# 技能二　尿液的化学检验

## 【技能基础】

掌握尿液酸碱度、尿蛋白、血液、尿胆素原、尿糖、尿酮体、尿肌红蛋白、尿血红蛋白、尿蓝母等的检验方法和临床意义。

## 【材料与设备】

pH 试纸，尿蛋白检验试纸，尿糖检测试纸，尿潜血试纸，酸度计，硝酸，盐酸，冰醋酸，磺基水杨酸，浓氨水，硫酸铵，联苯胺，邻联甲苯胺，过氧化氢，对二甲氨基苯甲醛，无水碳酸钠，柠檬酸钠，亚硝基铁氰化钠，结晶硫酸铜，蒸馏水。

## 【检查内容与方法】

# 一、尿液酸碱度（pH）的测定

[原理]　肾小管上皮细胞分泌的 $H^+$ 与肾小管滤液中的 $NH_3$ 或 $H_2PO_4^-$ 结合，形成 $NH_4^+$ 或可滴定酸（$H_3PO_4$）随尿排出，与提示剂发生颜色反应或与电极产生电位反应。

尿液中正常 $H^+$ 浓度取决于饲料的种类，以植物性饲料为主的动物倾向于产生碱性尿液，而饲喂高蛋白含量的谷类或以动物性蛋白质为主的动物，通常产生酸性尿。吮乳的幼龄动物均为酸性尿。在病理情况下或用某些药物，尿液 pH 可发生改变。

[测定方法]　酸碱度测定的方法有试带法、pH 试纸法、指示剂法、滴定法、pH 计法等。临床上常用的是试纸法，此法简便快捷。

取 pH 试纸一条浸入被检尿内，取出后比色，以判断尿液的 pH 值。

[正常值] 健康动物尿液的 pH 为马 7.2～7.8，牛 7.7～8.7，羊 8～85，猪 6.5～7.8，犬 6～7，猫 6～7。

[临床意义]

① 病理性的尿液 pH 降低（酸性尿），见于某些发热性疾病、长期饥饿和酸中毒（如奶牛酮病、瘤胃酸中毒等）。

② 病理性的尿液 pH 增高（碱性尿），常见于尿道阻塞和膀胱炎，使尿液在膀胱内积滞，也见于代谢性碱中毒及摄入乳酸钠、碳酸氢钠、枸橼酸钠等盐类物质。

[注意事项] 被检尿液一定要新鲜，因为放置时间过长，可导致尿中 $CO_2$ 丢失和细菌分解尿素而释放出氨，使尿液变碱性。尿液 pH 的变化将影响到尿液中结晶形成的类型。

## 二、尿蛋白的测定

病理情况下，肾脏的滤过发生障碍，大量的蛋白质进入尿中，尿中出现蛋白质，称为蛋白尿。动物正常排出的尿液蛋白质含量极少，用一般方法不能检测。如尿液中能用一般定性方法检测出蛋白质，均为病理现象。

（一）尿蛋白的定性定量检测

方法有加热醋酸法、磺基水杨酸法、硝酸法及试纸法。

**1. 加热醋酸法**

本法较简单。

[原理] 蛋白质遇热发生凝固而出现混浊。

[检查方法] 取中试管一支，加供检尿（如为碱性尿，需加少许 10％醋酸，使之成为弱酸性）5～10ml，于酒精灯上加热至沸，如呈白色混浊或出现絮状沉淀，则为蛋白尿阳性。

如酸性尿的动物检尿在检验的过程中出现混浊现象，可滴加醋酸溶液数滴。若滴酸后混浊消失，为假阳性反应（由草酸盐或磷酸盐而生成的假阳性）；若滴酸后不消失并混浊加重或产生沉淀，则为阳性反应。

**2. 磺柳酸法**（磺基水杨酸法）

本法较灵敏。

[原理] 磺柳酸又称磺基水杨酸，在酸性环境中，阴性离子可与阳电荷的蛋白质结合成不溶性的蛋白盐而沉淀。

[试剂] 通常用 20％磺柳酸溶液。

[检查方法] 取酸化尿置于玻片上，滴加 20％磺柳酸溶液 1～2 滴，如尿中含有蛋白质或蛋白胨，即出现白色混浊。

**3. 硝酸法**

[原理] 蛋白质遇酸发生凝固沉淀。

[试剂] 35％硝酸溶液。

[检查方法] 取一支小试管，先加入 35％硝酸 1～2ml，随后沿试管壁缓慢滴加尿液，使两液面重叠，静置 3～5min 观察结果，两液叠面产生白色环者为阳性反应。白色愈宽，表示蛋白质含量愈高。

**4. 试纸法**

试纸法是用检验试纸和已知标准彩图进行肉眼对比，从而获得大概的含量，有半定量和定量试纸法。定量试纸法是把检验试纸插入自动尿分析仪中，可自动打印出所检样品的蛋白质含量。半定量试纸法可检出 $1^+$ 到 $4^+$，它们分别为 30mg/dl、100mg/dl、300mg/dl、1000mg/dl 蛋白质，下面介绍的是半定量法。

[原理] 根据指示剂的"蛋白质误差"的原理，在一定的 pH 条件下，由于尿中蛋白质的作用可使试纸条上的试剂产生绿色，阴性结果为黄色。根据尿中蛋白质含量的多少，阳性结果时可呈现黄绿、绿和蓝绿等不同颜色。

[试纸] 市售的尿蛋白检验试纸，在产品规定的存放条件下，有效期可达 2～3 年。

[检查方法] 由试纸瓶中取出试纸条（取后立即扭紧瓶盖以防瓶内试纸受潮影响有效期），将试纸插入新鲜的未经离心的尿液中，立即取出试纸并在容器壁上沾去多余的尿液，迅速与瓶签上的标准比色板比色判定。

[注意事项] 强碱性的尿液或混有洗必泰等消毒剂的尿液，可引用假阳性结果。因此，对强碱性尿，要用醋酸液调整其 pH 至弱酸性。

尿蛋白检测还有试带法，用于尿蛋白定性或定量分析。

（二）临床意义

由于剧烈的运动、精神紧张、寒冷、发热、摄入蛋白质过多等引起暂时性尿蛋白增加，此时泌尿系统无器质性病变，称生理性蛋白尿。

病理性的蛋白尿多见于急性肾炎、慢性肾炎，膀胱炎、尿道炎也可出现轻微的蛋白尿；多数急性传染病，如马腺疫、流行性感冒、传染性胸膜肺炎、牛恶性卡他热、猪瘟、猪丹毒等；寄生虫病，如弓形体病；某些药物和化学物质（重金属、抗生素、磺胺类）引起的肾脏损伤等；某些饲料中毒时，也可出现蛋白尿。

## 三、尿潜血的测定

正常动物尿中不含红细胞、血红蛋白和肌红蛋白。尿液中不能用肉眼直接观察出来的红细胞或血红蛋白叫做潜血；尿中混有一定量红细胞，称为血尿；含有一定量血红蛋白时，称为血红蛋白尿；含有一定量的肌红蛋白时，称为肌红蛋白尿。

（一）检验方法

常用方法有联苯胺法和试纸法。

**1. 联苯胺法**

[原理] 血红蛋白中的铁具有过氧化酶的作用，可分解过氧化氢放出氧，使联苯胺氧化呈绿色或蓝色。

[试剂] 联苯胺冰醋酸饱和液，3%过氧化氢溶液。

[方法] 取供检尿 3～5ml 置洁净试管中煮沸，以破坏其他可能存在的过氧化酶。冷却后滴加冰醋酸使尿呈酸性，然后加入联苯胺冰醋酸饱和液数滴，再加 3%过氧化氢溶液数滴，混合，数秒钟若呈现蓝色反应，表明尿蛋白为阳性。

[注意事项]

① 过氧化氢必须新鲜。

② 玻璃器材必须十分清洁，否则可呈假阳性反应。

**2. 试纸法**

[原理] 血红蛋白中的铁质具有过氧化酶的作用，使试剂中的过氧化物分解，而邻联

甲苯胺氧化呈蓝色或绿色。

[试纸] 市售尿潜血试纸。本试纸选用邻联甲苯胺作呈色剂，可避免联苯胺有致癌作用的缺点。

[检查方法] 把试纸插入尿中，取出 40s 后观察颜色变化，从而确定尿中血红蛋白含量。尿中血红蛋白含量能检出的级别有非溶血性微量、溶血性微量、少量（＋）、中等量（＋＋）和大量（＋＋＋）。

试纸法一般检验能力为 0.015～0.060mg/dl 游离血红蛋白，或每微升尿中含 5～20 个完整红细胞。非溶血性微量是指尿中含有完整红细胞超过 5 个/$\mu$l，在试纸上出现蓝色斑点，斑点状的绿色或蓝色说明尿中有完整的红细胞，弥漫性的绿色或蓝色为血红蛋白或肌红蛋白。为区分血尿与血红蛋白尿，可按表 9-1 鉴别之。

表 9-1 血尿与血红蛋白尿的鉴别方法

| 鉴 别 方 法 | 血 尿 | 血 红 蛋 白 尿 |
|---|---|---|
| 肉眼观察 | 常混浊不透明 | 常透明 |
| 静置后 | 有红色沉淀 | 无红色沉淀 |
| 显微镜检查 | 可发现完整红细胞 | 无完整红细胞 |
| 多次过滤 | 脱色 | 不脱色 |

[注意事项]

① 比重增加、蛋白质增多或含 5mg/100ml 以上抗坏血酸时，可使试纸的敏感性降低。

② 混入某些氧化剂（如次氯酸盐）时，可引起假阳性结果。尿路感染时，细菌的过氧化酶也可引起假阳性结果（呈点状蓝色，容易误判为尿中有红细胞）。

（二）临床意义

**1. 尿潜血**

常见于泌尿器官的炎症（如急性肾炎、肾盂肾炎、输尿管炎、膀胱炎、尿结石、尿道炎等）、肿瘤（肾脏和膀胱肿瘤）、寄生虫病（如犬恶丝虫幼虫、肾膨结线虫等）、某些中毒性疾病（如铜、砷、汞等中毒）。

**2. 血红蛋白尿**

常见于引起溶血的各种疾病，如钩端螺旋体病、血液寄生虫病（如血孢子虫）、牛血红蛋白尿症、某些中毒性疾病（如铜、汞、蕨类植物中毒等）、细菌感染（如溶血性梭菌）以及新生仔畜溶血病等。

**3. 肌红蛋白尿**

由肌细胞溶解所产生，尿呈棕色或黑色，无贫血症状，见于马肌红蛋白尿病、动物蛇毒中毒、幼畜白肌病等。

## 四、尿胆素原的测定

尿胆素原是肠道中细菌还原胆红素结合物而产生的物质，从粪便中排出为粪胆原，大部分尿胆素原从肠道重吸收经肝脏转化为结合胆红素再排入肠道，小部分尿胆素原从肾小球滤过从尿液排出。因此，健康动物的尿中含有少量的尿胆素原，在空气中氧化成尿胆素。

[原理] 尿胆素原在酸性溶液中可与对二甲氨基苯甲醛发生醛化反应生成红色化合物。

[试纸] 艾氏试剂（对二甲氨基苯甲醛 2.0g，浓盐酸 20.0ml，蒸馏水加至 100ml）；

10％醋酸。

[方法]　先测定被检尿液的pH，如为碱性，用10％醋酸调至弱酸性。取中试管1支，加被检尿9ml，再加艾氏试剂1ml，充分混匀后静置10min观察结果。观察时在管底垫一张白纸，在明亮处自管口往管底观察其颜色变化，呈现樱桃红色为阳性。

[注意事项]

注射或内服磺胺类药物后，尿中的磺胺与艾氏试剂作用产生黄色或杏黄色物质，影响判断。

[临床意义]　尿胆素原增多见于肝脏疾病（肝炎、中毒性肝炎、肝硬化），溶血性疾病，充血性心力衰竭，便秘和胆道阻塞的初期。尿胆素原减少见于肠道阻塞，肾炎的后期（多尿），腹泻，口服抗生素药物（抑制或杀死肠道细菌）等。

## 五、尿糖的测定

健康动物的尿中仅含微量的葡萄糖，一般化学方法无法检出。虽然葡萄糖很容易从肾小球滤出，但在肾小管内全部被重吸收。如果血液中葡萄糖含量超过了肾脏的葡萄糖阈，尿液中即出现多量葡萄糖。若用一般方法能检出尿中含有葡萄糖时，称为糖尿，表示机体的碳水化合物代谢障碍或肾脏的滤过机能严重破坏。

[检验方法]　有试带法、薄层层析法、班氏试剂法、试纸法。前两种方法设备条件要求高，在兽医临床较少采用，下面介绍后两种常用的方法。

### 1. 试纸法

[原理]　葡萄糖在葡萄糖氧化酶的催化作用下形成葡萄糖酸和过氧化氢，过氧化氢在过氧化氢酶的催化作用下形成水和原子氧。利用原子氧可以将某种无色的化合物氧化成有色的化合物的原理，将上述两种酶和无色的化合物固定在纸条上，可制成测试尿糖含量的酶试纸。这种酶试纸与尿液相遇时，很快就会因尿液中葡萄糖含量的由少到多而依次呈现出浅蓝、浅绿、棕或深棕色。

[试纸]　尿糖试纸，市面上有售。

[方法]　将试纸浸入尿液，湿透后取出，1min后观察试纸颜色，并与标准比色板比较，即能得出测定结果。

### 2. 班氏试剂法

[原理]　在高热和强碱溶液中，葡萄糖或其他还原性糖能将溶液中蓝色的硫酸铜还原为黄色的氢氧化亚铜沉淀，进而形成红色的氧化亚铜沉淀。根据沉淀有无和色泽变化判断含量。

$$班氏试剂＋氢氧化钠 \xrightarrow{\triangle} 葡萄糖酸钠＋氧化亚铜（红色）$$

[试剂]　班氏试剂：结晶硫酸铜17.3g，无水碳酸钠100.0g，柠檬酸钠173.0g及蒸馏水若干。先将无水碳酸钠和柠檬酸钠溶于700ml蒸馏水中，加热促其溶解，另将结晶硫酸铜溶于100ml蒸馏水中，待硫酸铜溶解后将其缓慢倾入前液中并加蒸馏水至1000ml，过滤后保存于橙色瓶中备用。

[方法]　取班氏试剂5ml于试管中，加尿液0.5ml充分混合，加热煮沸1～2min，静置5min观察结果。管底出现黄色或黄红色沉淀者为阳性反应。沉淀愈多表示尿葡萄糖含量愈高。

[注意事项]

① 尿中如有蛋白质，先把尿加热煮沸，过滤后再检。

② 尿液与试剂必须按要求加入，否则会出现假阳性反应。

[临床意义]

① 暂时性糖尿，又称生理性糖尿，见于恐惧、兴奋等引起机体肾上腺素分泌增多及肾小管对葡萄糖的重吸收暂时性降低，也见于饲喂大量含糖饲料等。

② 病理性的糖尿可见于糖尿病、甲状腺功能亢进、肾上腺皮质功能亢进、肾脏疾病、化学药品中毒、肝脏疾病等。

## 六、酮体的测定

酮体是乙酰乙酸、$\beta$-羟丁酸和丙酮的总称，是脂肪代谢的中间产物。健康动物尿中含有微量的酮体，用一般化学试剂无法检出。尿中出现多量的酮体称为酮尿。常用郎氏法或改良罗特拉氏法检测。

**1. 郎氏法**

[原理]  丙酮或乙酰乙酸与亚硝基铁氰化钠作用后，再与氨液接触可产生紫红色化合物。冰醋酸可抑制肌酐产生类似的反应。

[试剂]  亚硝基铁氰化钠、冰醋酸、浓氨水（28%）。

[检测方法]  取被检尿液约 2ml 于小试管内，加入亚硝基铁氰化钠结晶数小粒，振荡使其溶解，再加冰醋酸 0.2ml（3～4 滴），混匀后，将试管倾斜，沿管壁缓缓加入浓氨水 0.5～1ml，然后观察产生的现象。

[结果判定]  在两液交界处呈现紫红色环即为阳性。根据颜色产生的时间，可作定量判定：立即出现深紫红色环（＋＋＋）、逐渐出现紫红色环（＋＋）、10min 内出现淡紫色环（＋）、10 分钟后不显色（－）。

**2. 改良罗特拉氏法**

[原理]  丙酮和乙酰乙酸在一定的 pH 环境中，与亚硝基铁氰化钠及硫酸铵作用形成紫色化合物。

[试剂]  亚硝基铁氰化钠 0.5g，无水碳酸钠 10g，硫酸铵 20g。将此三种药物研磨均匀（不宜太细），贮于棕色瓶中备用。若放置过久变黄，说明失效。

[检测方法]  取粉剂约 0.1g 于载玻片上或反应盘内，加新鲜尿 2～3 滴使粉剂完全被尿液浸透。

[结果判定]  粉剂呈紫红色为阳性反应，5min 后仍不显色者为阴性。根据显色快慢、色泽深浅亦可以用（＋→＋＋＋）号表示。

**3. 注意事项**

尿液采集后立即送检或冷藏，否则，室温下放置过久，丙酮会挥发而影响检验结果。

**4. 临床意义**

尿中出现酮体，主要是机体碳水化合物和脂肪代谢障碍，见于奶牛酮病、奶羊妊娠毒血症、仔猪低血糖等，也见于动物长期饥饿、犬和猫的糖尿病。

# 技能三  尿液的显微镜检查

正常尿液中含有少量来自泌尿生殖系统的上皮细胞和其他有形成分，尿液的显微镜检查一般主要检查尿沉渣。尿沉渣包括有机沉渣和无机沉渣两类。有机沉渣包括各种细胞和各种管型，无机沉渣包括碱性尿中的盐类结晶和酸性尿中的盐类结晶。尿液的显微镜检查可以补充理化检查的不足，即能查明理化检查不能发现的病理变化。一般有机沉渣的检查比理化检查更重要，不仅可确定疾病发生的部位，而且可了解病理性质，对肾脏和尿路疾病的诊断具有重要意义。

**【技能目标】**

掌握尿沉渣的显微镜检查方法，识别尿沉渣中见到的各种成分形态并了解其诊断意义。

**[尿沉渣标本的制备与检查方法]** 将尿液静置或低速（1500～2000r/min）离心5～10min。倒去上清液，剩少量尿液，然后混合，用吸管吸少量放在载玻片上，盖上盖玻片，在显微镜较暗视野下观察。观察到大体印象后再转换高倍镜仔细观察。

通常无需染色，即可进行尿沉渣检验。如果需要染色，有多种染色液可供选用。一般染色用Sternheimer-Malbin染色液，欲染细胞成分可用瑞氏染色液，欲染脂肪可用苏丹Ⅲ，欲染细菌可用革兰氏染色液。Sternheimer-Malbin染色法为0.2ml尿沉渣加入一滴染液，混合后吸到载玻片上，用盖玻片覆盖，3min后镜检。此时，红细胞染成淡紫色，多形核白细胞核染成橙红色，透明管型染成粉红色或淡紫色，细胞管型染成深紫色。

动物尿沉渣中如果见到少量红细胞或白细胞（1～2个/HPF）、几个上皮细胞（成年母畜尿中含有大量鳞状上皮细胞）及偶尔见到透明管型，都视为正常尿液。

**[尿中有机沉渣及临床意义]**

（1）上皮细胞 见图9-1。

① 肾上皮细胞。呈圆形或多角形，细胞核大而明显，核呈圆形或椭圆形，位于细胞中央。细胞浆中有小颗粒。尿中出现肾上皮细胞，表明肾实质损伤，见于急性肾小球肾炎、肾病等。

② 肾盂及输尿管上皮细胞。比肾上皮细胞大，肾盂上皮细胞呈高脚杯状，细胞核较大，偏心。输尿管上皮细胞多呈纺锤形，也有呈多角形及圆形者，核大，位于中央或略偏心。尿中大量出现以上细胞则为肾盂炎、输尿管炎的症状。

③ 膀胱上皮细胞。为大而多角的扁平细胞的圆形或椭圆形的核，膀胱炎时在尿中大量出现。见图9-1。

（2）血细胞、白细胞及脓细胞

① 红细胞。小而圆，淡黄褐色，无细胞核。尿中出现红细胞，见于肾炎、膀胱炎、尿道炎、结石及泌尿器官的出血。

② 白细胞。比红细胞略大，有细胞核。尿中出现大量白细胞，见于肾及尿路的炎症。

③ 脓细胞。为变性的分叶核中性粒细胞。结构模糊，细胞核隐约可见，常聚集成堆。尿中出现多量脓细胞，见于肾炎、肾盂肾炎、膀胱炎和尿道炎。

（3）管型 管型是蛋白质在肾小管发生凝固而形成的圆柱状物质。如果尿中出现多量管型，表示肾脏实质受到严重损害。临床上常见的管型有以下几种。见图9-2。

① 肾上皮细胞管型。在蛋白质基质中嵌入肾上皮细胞而形成的管型。见于急性肾炎、慢性肾炎、间质性肾炎、肾病及某些化学物质中毒病（如银、汞中毒）等。

② 红细胞管型。红细胞穿过肾小球或肾小管基底膜进入肾小管，在管型形成过程中嵌入蛋白质基质中而形成。常见于急性肾炎、慢性肾炎的急性发作期等。

③ 白细胞管型。在蛋白质基质中嵌入白细胞而形成的管型。见于肾盂肾炎、间质性肾炎等。

图 9-1 尿沉渣中的上皮细胞
1—肾上皮细胞；2—尿路上皮细胞；
3—肾盂上皮细胞；4—膀胱上皮细胞

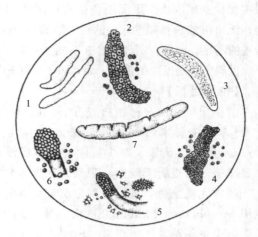

图 9-2 尿沉渣中的各种管型
1—透明管型；2—上皮管型；3—颗粒管型；
4—红细胞管型；5—脂肪管型；6—混合管型；
7—蜡样管型

④ 颗粒管型。为肾上皮细胞变性、崩解或由血浆蛋白及其他物质等崩解的大小不等颗粒聚集而形成的管型，细胞结构不明显，管型表面散在有大小不等的颗粒。见于各种肾炎。

⑤ 透明管型。结构细致、均匀、透明，边缘明显伸直而少弯曲。

⑥ 脂肪管型。为肾上皮细胞脂肪变性而形成，是种较大的管型，在管型基质中含有脂肪滴或嵌入含有脂肪滴的肾小管上皮细胞。脂肪滴大小不等，呈卵圆形，有强的屈光性。常见于肾病综合征、肾炎及中毒性肾病等。

⑦ 蜡样管型。可能是在发生淀粉样变性的上皮细胞溶解后逐渐形成，或由颗粒管型衍化而来，是细胞崩解的最后产物，表明肾小管病变严重。特征为质地均匀、轮廓明显，具有毛玻璃样的闪光，表面似蜡块，长而直，很少有弯曲，较透明管型宽，称为假管型。

（4）黏液 为均质物质，常呈细长、弯曲、缠绕的线状，在视野背景调暗时才能看到，黏附在其他物体上时看得更清楚。马肾盂和近端输尿管有黏液分泌腺，因此马尿中有黏液是正常现象，其他动物尿中有黏液，表明尿道受刺激或生殖道分泌物混入了尿液。

（5）脂肪滴 是一种具有折光性强、大小不一的物体，由于它总浮在表面，镜检时总不能和其他沉渣在一个焦点上同时见到。用苏丹Ⅲ可染成橘黄色至红色。正常猫尿中含有脂肪滴，其他动物则否，如有发现，要么由于人工导尿所致，要么存在甲状腺机能降低、糖尿病等。

（6）微生物

① 细菌。尿中单个或成串的杆菌，一般可以辨认；单个球菌类似于微小结晶或碎片，在尿中呈布朗运动（液体分子运动），即使在高倍显微镜下也无法辨认，但成串的球菌容易辨认。尿沉渣进行瑞氏或革兰氏染色时，细菌较容易辨认。

如果尿样收集适当，正常尿液中无细菌。如果在膀胱穿刺或无菌导尿的尿样中发现含有大量的细菌，尤其在尿沉渣中同时还含有大量白细胞和红细胞，可诊断为膀胱炎和肾盂肾炎。采集排尿中段尿样含有大量细菌时，除膀胱炎和肾盂肾炎外，还表明有尿道炎、子宫炎、阴道炎或前列腺炎。

② 真菌。尿沉渣中有时可看到分节的真菌菌丝或出芽的酵母菌，这是尿污染造成的，

临床上无意义。

（7）寄生虫 尿沉渣中能检验到有齿冠尾线虫（猪肾虫）、膨结线虫（犬和狼大型肾脏寄生虫）、皱襞毛细线虫（犬、猫和狐的膀胱寄生虫）等寄生虫的虫卵，有时可检验到犬恶丝虫的微丝蚴。

**［尿中无机沉渣及临床意义］** 在尿沉渣中可观察到形态各异的盐类结晶，尿液中盐类结晶的析出与否决定于该物质的饱和度及尿液的pH、温度和胶体物质的浓度。

（1）碱性尿中的无机沉渣 如图9-3所示。

① 碳酸钙结晶。圆形，具有放射状线纹，此外，还有哑铃状、磨刀石状、饼干状等。草食动物尿中缺乏碳酸钙为病理状态，是尿变酸的特征。

② 磷酸钙（镁）结晶。为无定形浅灰色颗粒，聚集成束。此结晶为碱性尿的正常成分。

③ 尿酸铵结晶。为黄色或褐色，圆型，表面有刺突。

④ 马尿酸结晶。为棱柱状或针状结晶，有时成束或交错的针状、扇形等。

（2）酸性尿中的无机沉渣 如图9-4所示。

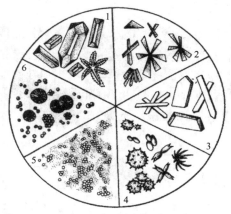

图 9-3 碱性尿中的无机沉渣
1—碳酸钙结晶；2—磷酸钙结晶；3,4—尿酸
铵镁结晶；5—尿酸铵结晶；6—马尿酸结晶

图 9-4 酸性尿中的无机沉渣
1—草酸钙结晶；2—硫酸钙结晶；
3—尿酸结晶

① 硫酸钙结晶。为长棱杆状物或针状状。见于酸性尿中。

② 尿酸结晶。为棕黄色的磨刀石状、叶簇状、菱形片状或梳状等。见于肉食动物的正常尿中。

③ 草酸钙结晶。为四面八角体，如信封状，有十字形折光体。

**【链接】 尿干化学分析仪和干化学试带**

尿干化学分析仪是检测尿中化学成分的自动化仪器，尿干化学分析仪通常由机械系统、光学系统、电路系统三部分组成。机械系统主要功能是在微电脑的控制下，将待测试带送入预定的检测位置，将测定后试带输送到废物盒中。包括齿轮传输、胶带传输、机械臂传输、自动进样传输装置、样本混匀器、定量吸样针等。光学系统包括光源、单色光处理、光电转换三部分。光线照射到反应物表面产生反射光，光电转换器件将不同强度的反射光转换为电信号。

干化学试带是尿干分析仪的专用产品。干化学试带分单项试带和多联试带。单项干化学试带是最基本的结构形式。它以滤纸为载体，用各种试剂成分浸渍后干燥，作为试剂层，再在表面覆盖一层纤维膜，作为反射层。试带浸入尿液后，尿液与试剂发生反应，产生颜色变化。多联试带是将多种检测项目的试剂膜块按一定间隔、顺序固定在同一个试带上，可同时检测多个项目。多联试带采用多层膜结构。

不同型号的尿干化学分析仪使用配套的专用试带，且试剂膜块的排列顺序也不相同。各试剂膜块与尿中被测成分的反应呈现不同的颜色变化。通常情况下，试带上的试剂膜块比检测项目多一个空白块，以消除尿液本身的颜色在试剂膜块上所产生的检测误差。

目前临床实验室常用的检测带主要包括酸碱度、蛋白质、葡萄糖、酮体、胆红素、尿胆原、红细胞或血红蛋白或隐血、亚硝酸盐、白细胞、相对密度、维生素 C 和有形成分分析等。尿干化学分析仪主要优点是：检测标本用量较少；速度快、项目多；重复性好，准确性较高；适用于大批量标本筛检。虽然尿干化学分析仪的使用一般不受人为因素的影响，但尿液分析准确与否却受许多因素的影响，必须重视尿干化学分析和多联试带的质量控制，把握检查前、检查中、检查后的质量控制环节。

## 【项目小结】

尿液是血液经肾小球滤过、肾小管和集合管的排泌及重吸收的终末代谢产物，尿液的成分和形状反映了机体的代谢状况，也受机体各系统功能状态的影响。尿液检验包括尿液物理性质、化学性质和尿沉渣检验。本项目介绍了尿液标本的采集、各项尿液物理和化学检测的操作方法、步骤和临床意义。在【链接】中详细介绍了尿干化学分析仪和干化学试带进行尿液分析的内容、原理，为读者了解尿液检验先进的方法提供检索参考。

## 【目标检测题】

### 一、选择题

1. 下列药品中不适用于动物尿液标本防腐用的是（    ）。

A. 甲醛　　　　　　　B. 甲苯　　　　　　　C. 甲酸

D. 醋酸　　　　　　　E. 硼酸

2. 下列中不属于管型病变表现的是（    ）。

A. 透明管型　　　　　B. 颗粒管型　　　　　C. 脂肪管型

D. 磷酸盐团管型　　　E. 蜡样管型

3. 犬发生急性肾小球肾炎的时候，尿管型多为（    ）。

A. 细胞管型　　　　　B. 透明管型　　　　　C. 颗粒管型

D. 脂肪管型　　　　　E. 蜡样管型

4. 尿液检查时，若见病犬尿液中有大量大圆上皮细胞，则多提示的疾病是（    ）。

A. 肾盂肾炎　　　　　B. 输尿管炎　　　　　C. 膀胱炎

D. 尿道炎　　　　　　E. 慢性肾炎

5. 下列中不属于酸性尿结晶的是（    ）。

A. 草酸钙结晶　　　　B. 尿酸结晶　　　　　C. 尿酸盐结晶

D. 硫酸钙结晶　　　　E. 碳酸钙结晶

6. 犬发生肝炎时，尿液化学性质的改变是（　　）。

A. 蛋白尿　　　　　　B. 尿胆素原增高　　　　C. 尿酮体升高

D. 尿出血胆红素　　　E. 尿亚硝酸盐呈阳性

7. 尿液检查时，样品采集最好是（　　）。

A. 进食前的晨尿样品　B. 药物治疗后的尿样品　C. 进食后的尿样品

D. 下午尿样　　　　　E. 给予大量饮水后的尿样品

8. 正常情况下，健康动物的尿液每个高倍视野的尿沉渣中红细胞数不应多于（　　）。

A. 1个　　　　　　　B. 2个　　　　　　　　C. 3个

D. 4个　　　　　　　E. 5个

9. 尿潜血实验不会出现阳性的是（　　）。

A. 血尿　　　　　　　B. 肌红蛋白尿　　　　　C. 血红蛋白尿

D. 药物性红尿　　　　E. 都出现

## 二、简答题

1. 尿液采集的方法有哪些？有何优缺点？

2. 尿液感观检查的内容是什么？有何临床意义？

3. 尿液化学检查的内容、原理、临床意义分别是什么？

4. 尿液的无机沉渣有哪些？有何临床意义？

5. 尿液的有机沉渣有哪些？简述其临床意义。

# 项目十 粪便检验

【学习目标】

掌握动物粪便检查的临床意义及检测方法。

【技能目标】

1. 能进行粪便的酸碱度测定。
2. 能进行粪潜血检查。

## 技能 粪便的酸碱度和潜血检验

【技能基础】

掌握粪便 pH 的测定方法和潜血检查的基本原理、方法、临床意义。

【材料与设备】

pH 试纸，冰醋酸，联苯胺，过氧化氢，蒸馏水等。

【检查内容与方法】

### 一、粪便 pH 测定

[测定方法] 一般是用 pH 试纸法测定粪便的 pH。取新鲜粪便（从粪的内外各层采取）2～3g，置于试管或小烧杯中，加中性蒸馏水 8～10ml，混匀后，用精密 pH 试纸测定。

[临床意义] 杂食与肉食动物粪便的酸碱度与饲料成分及肠内容物的发酵或腐败过程有关。草食动物的正常粪便呈弱碱性反应。但马的粪球内部常为弱酸性。当肠管内糖类发酵过程旺盛时，粪便的酸度增加。当蛋白质腐败分解过程旺盛时，粪便的碱度增加，见于胃肠炎等。

### 二、潜血检查

潜血是胃肠道有少量出血，红细胞被破坏，以致粪便外观无异常改变，显微镜下也不能证实。这种肉眼及显微镜均无法检测的微量血液称为潜血或隐血。粪便潜血检查对消化道出血的诊断有重要价值。

常用的检验方法有联苯胺法和邻联甲苯胺法。两者的原理和检验方法基本一致。

[原理] 血红蛋白有过氧化酶的作用，能分解过氧化氢而产生新生态氧，使联苯胺氧化为联苯胺蓝而呈现蓝色反应。

[试剂] 联苯胺冰醋酸溶液：临用时取联苯胺少许（约一刀尖）于洁净的小试管中，加冰醋酸约 2ml，振荡，溶解；过氧化氢溶液。

[检查方法] 用干净的竹制镊子选取绿豆大小的粪块，于干净载玻片上涂成约 1cm 的范围（如粪便干燥，可加少量蒸馏水）。然后将玻片在酒精灯上缓慢通过数次（破坏粪中的

酶类），待玻片冷却后，滴加联苯胺冰醋酸溶液约 1ml 及新鲜过氧化氢溶液 1ml，用竹或木牙签搅动混合，在白纸上观察。

也可以取粪便 100g 放入盛有 100ml 蒸馏水的量筒中搅匀并离心后，按尿潜血的方法进行检验。

[结果判定]

60s 开始出现蓝色反应为痕迹反应，用"±"表示。

30s 开始出现蓝色反应为阳性反应，用"＋"表示。

15s 开始出现蓝色反应为强阳性反应，用"＋＋"表示。

3s 开始出现蓝色反应为最强阳性反应，用"＋＋＋"表示。

[临床意义] 粪潜血检查结果阳性，提示出血性胃肠炎、牛创伤性网胃炎、真胃溃疡、犬钩虫病、消化道恶性肿瘤、肠结核、溃疡性结肠炎以及其他能引起胃肠道出血的疾病。

[注意事项] 采食动物血粉、肉类及进食大量青绿饲料时可出现假阳性反应，因为青草中含有过氧化氢酶。因此检查草食动物的粪便时应加热，以破坏酶的活性，防止干扰检验结果，肉食动物应禁食肉类食物 3d。所用的玻片、试管应经洗液浸泡，以防器材上黏附血液而产生假阳性，使判断失误。

【链接】

潜血检查供选择的方法很多，有本项目介绍的联苯胺法、邻联甲苯胺法，还有还原酚酞法、匹拉米洞法、无色孔雀绿法、愈创木酯法，干化学试带法、大便潜血测定仪等。

粪便寄生虫检查见本书项目十三。

# 【项目小结】

本项目介绍了粪便的酸碱度和潜血检验的技能，粪便酸碱度测定介绍了试纸法，粪潜血检查系统介绍了联苯胺法的原理、操作方法、临床意义。

# 【目标检测题】

**一、选择题**

1. 关于粪便潜血，叙述正确的是（　　　）。

A. 正常无潜血的粪便不呈现颜色反应

B. 呈现蓝色反应者为阳性

C. 蓝色出现越早，表明粪便内的潜血也越多

D. 粪中肉眼看不出的血液称为潜血

E. 肉食动物应禁食 1 天再进行检验

2. 阻塞性黄疸时，粪便性状为（　　　）。

A. 脓血便　　　B. 血便　　　C. 沥青样便

D. 淡黏土样便　　　E. 稀粥样便

**二、简答题**

1. 简述潜血检查的基本原理。

2. 潜血检查的方法步骤如何？简述其结果判断方法和临床意义。

# 项目十一　肝功能检验

## 【学习目标】

通过本项目的学习，掌握肝功能检查的目的和临床意义，掌握这些检测项目的具体方法和操作步骤，为临床诊断奠定基础。

## 【技能目标】

1. 会使用分光光度计和其他方法进行肝功能的检查。
2. 能配制相关试剂。

肝脏是维持生命的一个重要器官，但是到目前为止，有些肝脏功能还不十分清楚。同时，由于肝脏拥有极大的储备能力，因而即使有相当部分肝组织受到损害，肝功能试验有时见不到比较明显的异常变化。但在临床上，肝功能试验仍然是诊断肝脏疾病不可缺少的项目。

## 技能一　黄疸指数测定

### 【技能基础】

掌握 Harrison 氏法、目视比色法和光电比色法测定黄疸指数。

### 一、Harrison 氏法

[原理]　胆红素与氯化钡反应，形成钡盐沉积胆红素，滴加佛歇（Fouchet）氏试剂可将胆红素氧化成胆绿素，从而显绿色。

[试剂]

① 佛歇（Fouchet）氏试剂。三氯化铁 0.9g，三氯乙酸 25g，加蒸馏水溶解并稀释至 100ml 置褐色瓶内，冷暗处保存，至少可稳定使用半年。

② 氯化钡滤纸。将厚滤纸浸于 100g/L 氯化钡溶液内约 5min，取出于室温下干燥，剪成 50mm×36mm 纸条，冷暗处保存。

[方法]　在钡滤纸中央加一滴血清，约 30s 后滴加 1 滴佛歇氏试剂，30s 后在明亮的白光下观察颜色。

[结果判定]　血清胆红素在 12mg/L 以下者，颜色不改变，判为阴性；20mg/L 以上，呈现蓝色—绿色者为阳性。凡 15mg/L 以上者即可检出。

[注意事项]

① 如因非蛋白氮含量过高，亦可发生混浊，此时可将滤液稀释后重新测定。

② 血液样品不可用草酸铵作为抗凝剂。

### 二、目视比色法

[原理]　1∶10000 的重铬酸钾溶液的色度相当于未稀释血清的一个黄疸指数单位。

［试剂］　0.2%重铬酸钾溶液：重铬酸钾0.2g，置于100ml容量瓶中，加蒸馏水90ml及浓硫酸0.1ml，再加蒸馏水至刻度处，充分振摇混合；生理盐水；疸指数标准管按表11-1制备。

**表 11-1　疸指数标准管的制备**

| 0.2%重铬酸钾/ml | 1 | 2 | 3 | 4 | 5 | 6 | 7 | 8 | 9 | 10 | 11 | 12 | 13 | 14 | 15 | 16 | 17 | 18 | 19 | 20 |
|---|---|---|---|---|---|---|---|---|---|---|---|---|---|---|---|---|---|---|---|---|
| 蒸馏水/ml | 19 | 18 | 17 | 16 | 15 | 14 | 13 | 12 | 11 | 10 | 9 | 8 | 7 | 6 | 5 | 4 | 3 | 2 | 1 | 0 |
| 相当于黄疸指数单位 | 1 | 2 | 3 | 4 | 5 | 6 | 7 | 8 | 9 | 10 | 11 | 12 | 13 | 14 | 15 | 16 | 17 | 18 | 19 | 20 |

［方法］　取血清0.2ml，放入与标准管口径相同的小试管内，加生理盐水0.3ml，混合后与标准管肉眼比色，与稀释血清色泽相同的标准管单位乘以5即得血清黄疸指数。如血清呈现高度黄疸时，可将血清以生理盐水稀释5倍以上再与标准管比色，结果乘以稀释倍数即可。

## 三、光电比色法

［原理］　同目视比色法。

［试剂］　1%重铬酸钾储存液，0.1%重铬酸钾应用液，生理盐水。

［方法］　按表11-2的方法进行。

**表 11-2　黄疸指数光电比色法操作步骤**

| 试　剂 | 测定管/ml | 标准管/ml |
|---|---|---|
| 生理盐水 | 4.5 | 4.5 |
| 血清 | 0.5 | — |
| 标准应用液 | — | 0.5 |

用分光光度计测定，取420nm，波长比色水校正零点，分别求出各管光密度。

**［721型分光光度计的使用方法］**

① 使用前检查仪器各部件是否正常，检查电源电压是否符合仪器要求。

② 接通电源开关，打开比色槽箱盖，指示灯位于透光度"T"处，调节"%"电位钮，使显示屏显示"0"，预热20min后，再选择需要的单色光波长。用调零按钮校正显示屏为"0"。

③ 取3支比色杯，分别装入空白液、标准液和测定液至比色杯3/4处，用擦镜纸擦净外壁，依次放入比色槽内，使空白管对准光路。盖上暗箱盖，此时指示灯位于透光度"T"处，调节100%按钮，使显示屏显示为100。

④ 指针稳定后逐步拉出样品滑竿，分别读出标准管和测定管的光密度值，并记录。

⑤ 比色完毕，关上电源，取出比色皿洗净，倒置于滤纸上晾干，备用。

［结果］

$$黄疸指数 = \frac{测定管光密度}{标准管光密度} \times 10$$

［临床意义］

① 黄疸指数增高，见于急性或慢性肝炎、中毒性肝炎、急性黄色肝萎缩、溶血性疾病、妊娠毒血症、阻塞性黄疸等。

② 黄疸指数减少，见于再生障碍性贫血、继发性贫血等。

黄疸指数测定的临床意义与血清胆红素的测定相似，所以在临床上分析黄疸症状时，通常将两者结合起来，相互参考，更有诊断意义。

# 技能二 血清胆红素定性试验

## 【技能基础】

掌握血清胆红素定性试验的操作方法和临床意义。

[原理] 血液中的直接胆红素或肝胆红素经过肝脏处理又和葡萄糖醛酸结合成水溶性物质，与重氮试剂偶联产生红色或紫红色的重氮胆红素；如未经肝脏处理的间接胆红素或血胆红素，与重氮试剂不产生反应，要经甲醇、乙醇等助溶剂作用后，才可和试剂产生红色或紫红色的重氮胆红素。

[材料与设备]

① 重（偶）氮试剂。

甲液：氨基苯磺酸 1g，浓盐酸 15ml，蒸馏水加至 1000ml。

乙液：亚硝酸钠 0.5g，蒸馏水加至 100ml。

临用前，取甲液 5ml 加乙液 0.15ml（约 3 滴）混合即成应用液。

② 95％甲醇或乙醇溶液。

[操作过程与方法]

① 吸取血清（或血浆）1ml 加入小试管内。

② 沿管壁慢慢加入重（偶）氮试剂应用液 0.5ml，使血清与试剂形成叠面，记录时间，观察反应。

[判定标准]

① 30s 内叠面出现红色或紫红色环的叫做迅速反应；

② 30s 到 1min 内叠面出现红色或紫红色环的叫做双相反应；

③ 1min 后叠面出现红色或紫红色环的叫做迟缓反应；

④ 10min 后叠面仍不见红色或紫红色环的叫做直接反应阴性；

⑤ 如果直接反应阴性，可将血清与试剂混合，加 95％酒精 5ml，混合，静置 2～3min，出现红色的叫做间接反应阳性，否则，则为间接反应阴性。

[临床意义]

① 阻塞性黄疸、肝细胞性黄疸，呈立即直接阳性反应或直接迟缓反应。

② 溶血性黄疸多为直接反应阴性或间接反应强阳性。

③ 血液中有胡萝卜素及其他药物引起黄疸，直接反应均为阴性。

# 技能三 血清蛋白质测定

## 【技能基础】

掌握血清蛋白质测定的操作方法和临床意义。

血清蛋白质的测定包括血清总蛋白、白蛋白及球蛋白的测定。

## 一、血清总蛋白测定（双缩脲法）

[原理]　蛋白质中的肽键（—CONH—）在碱性酒石酸钾钠铜盐溶液中与 $Cu^{2+}$ 络合显紫红色，称双缩脲反应。其颜色强度与血清白蛋白或球蛋白的含量成正比。

[材料与设备]

① 双缩脲试剂。硫酸铜 1.5g，酒石酸钾钠 6.0g，分别用蒸馏水溶解后，混匀，再加入 10% 氢氧化钠 300ml，随加随摇，最后加蒸馏水至 1000ml。

② 标准血清蛋白。收集混合血清，用凯氏定氮法定氮，也可用定值参考血清或标准液作标准。

[操作过程与方法]

① 按表 11-3 的方法进行。

表 11-3　双缩脲法测定血清总蛋白

| 试　剂 | 空白管/ml | 标准管/ml | 测定管/ml |
| --- | --- | --- | --- |
| 待检血清 | — | — | 0.1 |
| 标准血清蛋白 | — | 0.1 | — |
| 蒸馏水 | 0.1 | — | — |
| 双缩脲试剂 | 5.0 | 5.0 | 5.0 |

② 混匀后室温静置 30min，用 540nm 波长比色，以空白管调零，读取测定管和标准管的光密度。

③ 计算。

$$血清总蛋白(g/L)=\frac{测定管光密度}{标准管光密度}\times 标准血清浓度(g/L)$$

## 二、血清白蛋白测定（溴甲酚绿法）

[原理]　白蛋白具有与阴离子染料结合的特性，在 pH 4 左右，有非离子去垢剂聚氧乙烯月桂醚存在时，溴甲酚绿与白蛋白结合后由黄色变为绿色，其深浅与白蛋白的浓度成正比。可直接测定血清白蛋白含量。

[材料与设备]

① 琥珀酸缓冲储存液（0.5mol/L，pH 4）。溶解氢氧化钠 10g，琥珀酸 56g 于 800ml 蒸馏水中，用氢氧化钠调 pH 至 4.05～4.15，加水至 1000ml。置 4℃ 保存。

② 溴甲酚氯储存液（10mmol/L）。溶解溴甲酚氯 1.75g 于 5ml 1mol/L 氢氧化钠中，用蒸馏水 250ml 稀释。

③ 叠氮钠储存液。叠氮钠 40g 溶于 1000ml 蒸馏水中。

④ 聚氧化乙烯月桂醚储存液。聚氧化乙烯月桂醚 25g，用 80ml 蒸馏水加温溶解后，加蒸馏水至 100ml。

⑤ 溴甲酚氯试剂。于 1000ml 容量瓶中加蒸馏水 40ml，琥珀酸缓冲储存液 100ml，溴甲酚氯储存液 8.0ml，并用蒸馏水将移液管内溴甲酚氯残液洗涤投入容量瓶内，加叠氮钠液 2.5ml，聚氧化乙烯月桂醚液 2.5ml，加蒸馏水至 1000ml。配好的液体 pH 为 4.10～4.20。

⑥ 白蛋白标准液 40g/L，也可用定值参考血清作白蛋白标准。于 4℃ 保存。

[操作过程与方法]

① 按表 11-4 进行。

表 11-4　血清白蛋白的测定

| 加　入　物 | 测定管/ml | 标准管/ml | 空白管/ml |
|---|---|---|---|
| 待检血清 | 0.02 | — | — |
| 白蛋白标准液 | — | 0.02 | — |
| 蒸馏水 | — | — | 0.02 |
| 溴甲酚氯试剂 | 4.0 | 4.0 | 4.0 |

② 混匀，室温放置 10min，波长 630nm 比色，空白调零，读取各管的光密度。

③ 计算。

$$血清白蛋白(g/L) = \frac{测定管光密度}{标准管光密度} \times 标准白蛋白浓度(g/L)$$

## 三、球蛋白测定（比浊法）

[原理]　血清中球蛋白在硫酸铵的半饱和溶液中析出，使溶液变混浊，浊度的大小与球蛋白含量成正比。与同样处理的球蛋白标准液进行比较，可求出血清中的球蛋白含量。

[材料与设备]

① 饱和硫酸镁溶液。将硫酸镁溶于蒸馏水中，边加边搅拌，直到不能再溶解为止，静置取上清液即可使用。

② 球蛋白标准液（30g/L）。

[操作过程与方法]

① 按表 11-5 进行。

表 11-5　血清球蛋白的测定

| 加　入　物 | 测定管/ml | 标准管/ml | 空白管/ml |
|---|---|---|---|
| 待检血清 | 0.05 | — | — |
| 球蛋白标准液 | — | 0.05 | — |
| 8.5%氯化钠 | 2.95 | 2.95 | 3.0 |
| 饱和硫酸镁溶液 | 3.0 | 3.0 | 3.0 |

② 混匀，室温放置 10min，波长 540nm 比色，空白调零，读取各管的光密度。

③ 计算。

$$血清球蛋白(g/L) = \frac{测定管光密度}{标准管光密度} \times 标准球蛋白浓度(g/L)$$

[判定标准]　见表 11-6。

表 11-6　健康动物血清蛋白的数值　　　　　　　　　　　　单位：g/L

| 动物 | 总蛋白 | 白蛋白 | 球蛋白 | 白/球 |
|---|---|---|---|---|
| 马 | 55～79 | 25～38 | 24～46 | 0.7～1.9 |
| 牛 | 62～82 | 28～39 | 29～49 | 0.6～1.3 |
| 猪 | 58～83 | 23～40 | 29～60 | 0.4～0.7 |
| 山羊 | 61～74 | 23～36 | 27～44 | 0.6～1.1 |
| 绵羊 | 59～78 | 27～37 | 32～50 | 0.4～0.8 |
| 犬 | 55～75 | 26～40 | 21～37 | 0.7～1.9 |
| 猫 | 57～80 | 24～37 | 24～47 | 0.6～1.2 |

[临床意义]

① 正常情况下，幼畜、妊娠中期、泌乳期的血清总蛋白偏低。血清总蛋白随年龄的增长有升高的趋势。

② 血清总蛋白、白蛋白及白蛋白/球蛋白比值减低，见于肝功能损害，如脂肪肝、肝硬变、中毒性肝实质性炎症；肾脏疾病，如肾炎、肾病等；胃肠道疾病以及恶性贫血、妊娠毒血症、恶病质等。

③ 球蛋白增高、血清总蛋白升高、白蛋白/球蛋白比值下降者，见于各种感染及慢性肝脏疾病等。

④ 血清总蛋白升高，但白蛋白/球蛋白比值不变者，见于各种原因造成的脱水。

⑤ 血清总蛋白、球蛋白均降低，白蛋白/球蛋白比值升高者，见于重度疾病的濒死期。

⑥ Venturoli（1958）用电泳方法研究了牛在各种肝病时，血清蛋白质的变化。见表11-7。

表 11-7　牛在各种肝病时血清蛋白质的变化

| 健康牛与病牛 | 白蛋白/% | 球　蛋　白/% | | | 总蛋白/% | 白蛋白/球蛋白 |
| --- | --- | --- | --- | --- | --- | --- |
| | | 甲 | 乙 | 丙 | | |
| 健康牛 | 43.5 | 14.5 | 13.5 | 27.0 | 6.4 | 0.77 |
| 肝脏寄生虫病 | 34.5 | 14.8 | 15.8 | 35.3 | 6.1 | 0.52 |
| 肝脏棘球绦虫病 | 33.7 | 15.7 | 15.0 | 35.8 | 6.2 | 0.51 |
| 肝脏异物侵害 | 29.9 | 13.6 | 18.7 | 37.8 | 6.5 | 0.42 |
| 肝脏结核 | 22.9 | 14.2 | 17.7 | 45.1 | 8.3 | 0.29 |

# 技能四　血清麝香草酚浊度试验

【技能基础】

掌握血清麝香草酚浊度试验的操作方法和临床意义。

[原理]　肝脏的实质性病变时，血清白蛋白减少，而球蛋白增高，当它与麝香草酚巴比妥缓冲液混合后可引起沉淀及产生混浊。其浊度与人工标准浊度管相比较，可求出麝香草酚浊度单位数值。

[材料与设备]

① 巴比妥缓冲液。巴比妥钠 1.03g，巴比妥 1.38g，蒸馏水加至 500ml，调 pH 至 7.8。

② 10% 麝香草酚酒精溶液。

③ 麝香草酚应用液。取 pH 7.8 的巴比妥缓冲液 500ml，10% 麝香草酚酒精溶液 10ml，充分振摇 15min，静置一夜即成。

④ 硫酸钡人工标准管的制备。称取二水氯化钡（$BaCl_2 \cdot 2H_2O$）1.175g 或无水氯化钡 1g，溶于蒸馏水使成 100ml，此为 0.0481mol/L 的氯化钡溶液。

于 100ml 容量瓶内，加入 0.1mol/L 硫酸溶液约 70ml，滴加 0.0481mol/L 的氯化钡溶液 3ml，再以 0.1mol/L 硫酸稀释至刻度处，此液为乳白色硫酸钡悬浮液。按表 11-8 配成各种浓度的标准浊度液。配好各种浓度的试管应加塞，浸蜡密封，备用。如日久变质，应重新配制。

表 11-8　各种浓度标准浊度液的配制法

| 麦氏单位 | 1 | 2 | 3 | 4 | 5 | 6 | 7 | 8 | 9 | 10 | 11 | 12 | 13 | 14 | 15 | 16 | 17 | 18 | 19 | 20 |
|---|---|---|---|---|---|---|---|---|---|---|---|---|---|---|---|---|---|---|---|---|
| 硫酸钡标准液 | 0.2 | 0.4 | 0.6 | 0.8 | 1.0 | 1.2 | 1.4 | 1.6 | 1.8 | 2.0 | 2.2 | 2.4 | 2.6 | 2.8 | 3.0 | 3.2 | 3.4 | 3.6 | 3.8 | 4.0 |
| 0.1mol/L 硫酸 | 3.8 | 3.6 | 3.4 | 3.2 | 3.0 | 2.8 | 2.6 | 2.4 | 2.2 | 2.0 | 1.8 | 1.6 | 1.4 | 1.2 | 1.0 | 0.8 | 0.6 | 0.4 | 0.2 | 0 |

[操作过程与方法]

① 取一支与标准管口径大小一致的试管，加血清 0.05ml。

② 加麝香草酚巴比妥缓冲液 3ml，充分振摇均匀。

③ 水浴箱 37℃保温 30min。

④ 颠倒混合数次，用目视法与标准管比浊，即得麝香草酚浊度试验之单位。

⑤ 如用光电比色计比浊，将测定液置于比色杯内，用 620nm 或红色滤光板光电比浊，以蒸馏水校正光密度"0"点，读取测定管光密度后，以标准曲线查得麦氏浊度单位。

标准曲线绘制：按表 11-8 配制不同浓度的标准液，用 620nm 或红色滤光板光电比浊，以蒸馏水校正光密度"0"点，读取各管读数，与其相应的单位数制图，绘成标准曲线。

[判定标准]　各种动物的正常值见表 11-9。

表 11-9　各种动物血清麝香草酚浊度

| 家畜种类 | 测定头数 | 测定方法 | 范围 | 测　定　者 |
|---|---|---|---|---|
| 马 | 21 | 目测比浊 | 平均 3.0 | 西北农学院 |
| 公马 | 50 | 光电比浊 | 平均 1.57 | 马"急性肠炎"研究所 |
| 母马 | 32 | 光电比浊 | 1.91 | 马"急性肠炎"研究所 |
| 驴 | 7 | 目测比浊 | 平均 4.0 | 西北农学院 |
| 怀孕驴 | 40 | 光电比浊 | 平均 5.68 | 西北地区妊娠毒血症组 |
| 未孕驴 | 30 | 光电比浊 | 平均 4.88 | 西北地区妊娠毒血症组 |
| 水牛 | 216 | 目测比浊 | 阴性 | 江苏农学院 |

[临床意义]

① 肝脏急性或慢性病变，如传染性肝炎、肝硬化等都可使浊度增加。肝脓肿、风湿性关节炎及心力衰竭等，可使浊度轻度或中度增加。

② 血中类脂质含量增加时浊度也可增高。驴怀骡的妊娠毒血症，浊度可高达 30 单位。但肝脂变一般不引起浊度增高。

③ 阻塞性黄疸呈阴性反应。肝实质性黄疸呈阳性反应。

④ 传染性肝炎，麝香草酚浊度试验阳性反应的出现时间迟于脑磷脂胆固醇絮状试验，但其持续的时间却较脑磷脂胆固醇絮状试验长。此种浊度增高的持续存在，往往是慢性肝炎的指征。其混浊程度与肝脏损害的程度成正比。

# 技能五　血清谷丙转氨酶活力测定（金氏直接显色法）

【技能基础】

掌握血清谷丙转氨酶活力测定的操作方法和临床意义。

[原理]　血清中谷丙转氨酶作用于丙氨酸及 α-酮戊二酸组成的基质，产生丙酮酸。产生的丙酮酸与 2,4-二硝基苯肼作用，形成丙酮酸二硝基苯腙，它在碱性溶液呈现棕红色，与丙酮酸标准液比色，可求其含量。

**[材料与设备]**

① 谷丙转氨酶基质液。精确称取 α-酮戊二酸 29.2mg、丙氨酸 1.78g，放于 100ml 量瓶内，先加 pH 7.45 的磷酸盐缓冲液约 30ml，再加 1mol/L 的氢氧化钠 0.5ml，完全溶解后，再以 pH 7.45 的磷酸盐缓冲液加至 100ml 刻度处，加氯仿数滴防腐，存放冰箱内备用。此基质液的 pH 应为 7.4，可用 1 周。

② 2,4-二硝基苯肼溶液。称取 2,4-二硝基苯肼 19.8mg，加入 1mol/L 盐酸 100ml，混合均匀，待完全溶解后，过滤，贮于棕色瓶保存。

③ 0.4mol/L 氢氧化钠溶液。称取氢氧化钠 16g，加水溶解至 1000ml，用草酸溶液标定后应用。

④ 磷酸盐缓冲液（pH 7.4）。

甲液。15mol/L 磷酸氢二钠溶液：称取磷酸氢二钠（$Na_2HPO_4$）9.47g（或 $Na_2HPO_4 \cdot 12H_2O$，23.87g），溶于蒸馏水中，使成 1000ml。

乙液。15mol/L 磷酸二氢钾溶液：称取磷酸二氢钾（$KH_2PO_4$）9.078g，溶于蒸馏水中，使成 1000ml。

取甲液 825ml，乙液 175ml，混合，其 pH 应为 7.4。

⑤ 丙酮酸标准液。精确称取丙酮酸钠 22mg，置于 100ml 量瓶中，加缓冲液至刻度处。标准曲线绘制见表 11-10。

**表 11-10　丙酮酸标准曲线**　　　　　　　　　　　　　　　　　　单位：ml

| 试管 | 1 | 2 | 3 | 4 | 5 | 6 |
|---|---|---|---|---|---|---|
| 丙酮酸标准液 | 0 | 0.05 | 0.1 | 0.15 | 0.2 | 0.25 |
| 谷丙转氨酶基质液 | 0.5 | 0.45 | 0.4 | 0.35 | 0.3 | 0.25 |
| 磷酸盐缓冲液 | 0.1 | 0.1 | 0.1 | 0.1 | 0.1 | 0.1 |
| 37℃ 10min | | | | | | |
| 2,4-二硝基苯肼 | 0.5 | 0.5 | 0.5 | 0.5 | 0.5 | 0.5 |
| 37℃ 20min | | | | | | |
| 0.4mol/L 氢氧化钠液 | 5 | 5 | 5 | 5 | 5 | 5 |
| 相当于谷丙转氨酶或谷草酶单位 100ml | 空白 | 100 | 200 | 300 | 400 | 500 |

混匀，用波长 520nm 滤光板比色，以空白管调零点，读取各管光密度。以浓度为横坐标，光密度为纵坐标，绘成标准曲线。

**[操作过程与方法]**

① 按表 11-11 操作。

**表 11-11　血清谷丙转氨酶活力测定的操作方法**　　　　　　　　　单位：ml

| 试管 | 空白管 | 测定管 |
|---|---|---|
| 血清 | 0.1 | 0.1 |
| 谷丙转氨酶基质液 | — | 0.5 |
| 混匀,37℃,水浴 60min | | |
| 谷丙转氨酶基质液 | 0.5 | — |
| 2,4-二硝基苯肼液 | 0.5 | 0.5 |
| 混匀,37℃,水浴 20min | | |
| 0.4mol/L 氢氧化钠溶液 | 5.0 | 5.0 |

② 混匀，放置 5min，用波长 520nm 滤光板比色，以空白管调零点，读取光密度。

③ 计算。

a. 以空白管调 "0" 点，可直接查标准曲线。

b. 以蒸馏水调 "0" 点时，须从测定光密度中减去空白光密度，再查标准曲线。

**[注意事项]**

① 测定结果与作用时间、温度和 pH 值有密切关系，故操作时应准确掌握这些条件。

② 溶血的标本不宜使用。

③ 标本采集后应当天测定，否则应分离血清，保存于冰箱内。

④ 标准曲线应经常绘制，以免因试剂、操作仪器等发生改变而引起误差。

**[判定标准]**　马 8%±6%，乳牛 16%±8%，水牛 36.65%±27.36%（江苏农学院，193 例，穆氏单位）。

**[临床意义]**

① 谷丙转氨酶存在于机体肝、心肌、脑、骨骼肌、肾及胰腺等组织细胞内，但以肝细胞及心肌细胞含量较多。

② 谷丙转氨酶显著增高见于各种肝炎急性期及药物中毒性肝细胞坏死；中度增高见于肝硬化、慢性肝炎及心肌梗死；轻度增高见于阻塞性黄疸及胆道炎等。

# 技能六　血清谷草转氨酶活力测定（金氏直接显色法）

**【技能基础】**

掌握血清谷草转氨酶活力测定的操作步骤和临床意义。

**[原理]**　血清谷草转氨酶作用于由天门冬氨酸及 α-酮戊二酸组成的基质，产生草酰乙酸。草酰乙酸脱羧后形成丙酮酸。丙酮酸与 2,4-二硝基苯肼作用形成丙酮二硝基苯腙，它在碱性溶液中呈现棕红色。与同样处理的丙酮酸标准液进行比色，求其含量。

**[材料与设备]**

① 谷草酶基质（pH 7.4）精确称取 DL-天门冬氨酸 2.66g 及 α-酮戊二酸 29.2mg，放于烧杯内，加 1mol/L 氢氧化钠溶液 20.5ml，溶解后，置入 100ml 量瓶中，加 pH 7.4 缓冲液至刻度处。

② 其他试剂与谷丙转氨酶测定相同。

**[操作过程与方法]**　除基质液不同外，其他均与谷丙转氨酶相同。

**[判定标准]**　见表 11-12。

表 11-12　常见家畜血清谷草转氨酶活力正常值

| 家畜种类 | 测定头数 | 数值范围/% | 测　定　者 |
|---|---|---|---|
| 马（公） | 69 | 397.06±81.44 | 马"急性肠炎"研究所 |
| 马（母） | 32 | 328.48±62.5 | 马"急性肠炎"研究所 |
| 空怀母驴 | — | 444.2±72.18 | 西北地区妊娠毒血症协作组 |
| 怀骡母驴 | — | 504.9±106.36 | 西北地区妊娠毒血症协作组 |
| 水牛 | 59 | 76.98±33.86（穆氏单位） | 江苏农学院 |

**[临床意义]**　谷草转氨酶显著增高见于各种急性肝炎、手术之后及药物中毒性肝细胞

坏死；中度增高见于肝硬化、慢性肝炎、心肌炎等；轻度增高见于肌炎、胸膜炎、肾炎及肺炎等。

## 【项目小结】

肝功能检测是诊断肝脏疾病不可缺少的项目。本项目介绍了黄疸指数、血清胆红素、血清胆红质、血清蛋白质、血清麝香草酚浊度、血清谷丙转氨酶、血清谷草转氨酶七个主要的肝功能项目的检验原理、方法和正常值，为临床肝脏疾病的诊断提供依据。

## 【目标检测题】

**一、选择题**

1. 对于犬、猫肝损伤病例，进行血液生化检验应选择的特异性酶是（　　）。

A. 天门冬氨基转移酶　　　　　B. 丙氨酸氨基转移酶　　　　　C. 碱性磷酸酶

D. 肌酸激酶　　　　　　　　　E. 乳酸脱氢酶

2. 血清转氨酶升高是（　　）。

A. 肝病　　　　　　　　　　　B. 肾病　　　　　　　　　　　C. 心脏病

D. 胃病　　　　　　　　　　　E. 肺病

3. 黄疸的生化检验指标是（　　）。

A. 总胆红素　　　　　　　　　B. 血清白蛋白　　　　　　　　C. 碱性磷酸酶

D. 谷氨酸氨基转移酶　　　　　E. 天门冬氨酸氨基转移酶

4. 肝细胞炎症临床可出现（　　）。

A. 溶血性黄疸　　　　　　　　B. 阻塞性黄疸　　　　　　　　C. 实质性黄疸

D. 败血症　　　　　　　　　　E. 以上都是

5. 总胆红素增高，间接胆红素增高的检测，说明（　　）。

A. 正常情况　　　　　　　　　B. 阻塞性黄疸　　　　　　　　C. 实质性黄疸

D. 溶血性黄疸　　　　　　　　E. 以上都不是

**二、简答题**

1. 黄疸指数测定的原理是什么？

2. 简述黄疸指数测定的操作方法和结果判定方法。

3. 血清胆红素定性试验的原理是什么？

4. 简述定量检测血清胆红素的临床意义。

5. 简述测定血清蛋白质的操作方法。

6. 血清麝香草酚浊度试验的原理是什么？有何临床意义？

7. 测定血清谷丙转氨酶活力（金氏直接显色法）的原理是什么？有何临床意义？

8. 简述测定血清谷草转氨酶活力（金氏直接显色法）的操作方法？有何临床意义？

# 项目十二　血液生化检验

## 【学习目标】

通过本项目的学习，了解血清中的葡萄糖、钠、钾、钙、镁、氯化物、无机磷及碱性磷酸酶、二氧化碳结合力和非蛋白氮的测定原理，重点掌握血清中的葡萄糖、钠、钾、钙、镁、氯化物、无机磷的测定方法、注意事项及临床意义，为临床诊断提供依据。

## 【技能目标】

1. 能使用分光光度计。
2. 会配制相关试剂。
3. 能操作酸碱滴定管。

## 技能一　血　糖　测　定

### 【技能基础】

掌握光电比色法（福林－吴法）测定血糖浓度的方法。

[原理]　无蛋白血滤液与碱性硫酸铜试剂混合加热后，滤液内的葡萄糖将二价的高铜 $[Cu(OH)_2]$ 还原为一价的低铜（$Cu_2O$），再加磷钼酸试剂后，生成蓝色的化合物钼蓝（$Mo_2O_8$），蓝色的深浅与葡萄糖浓度成正比。与同样处理的标准管比色，即可求得血液中葡萄糖的浓度。

[材料与设备]

① 特制的血糖测定管。管末端成球形，便于贮放液体，管本身与球部之间拉长成颈状，目的为减少反应物与空气接触，避免反应物重新氧化。

② 碱性硫酸铜溶液。

a. 在蒸馏水 400ml 中加入无水碳酸钠 40g；在蒸馏水 300ml 中加入酒石酸 7.5g；在蒸馏水 200ml 中加入硫酸铜结晶（$CuSO_4 \cdot 5H_2O$）4.5g。以上分别加热溶解。

b. 冷却后，将酒石酸溶液倾入碳酸钠溶液中，混合。再将硫酸铜溶液倾入，并加蒸馏水使总量为 1L。

此试剂可在室温长期保存，如放置数周后有沉淀产生，可用优质滤纸过滤后再使用。

③ 磷钼酸试剂。取氢氧化钠 40g 溶于 800ml 蒸馏水中，加入钼酸 70g、钨酸钠 10g，煮沸 20～50min，放冷后移入 1000ml 容量瓶，用少许蒸馏水洗涤原容器，合并洗液，加入 85％浓磷酸 250ml，用蒸馏水加至刻度。

④ 0.25％安息香酸和 10％钨酸钠。

⑤ 1/3mol/L 硫酸。

⑥ 葡萄糖标准贮备液（1ml 含有 2mg 葡萄糖）。精确称取葡萄糖 1g 于 500ml 容量瓶中，加 0.25％安息香酸至刻度。

⑦ 葡萄糖标准使用液（1ml 含有 0.1mg 葡萄糖）。精确吸取贮备液 5ml 于 100ml 容量瓶中，加 0.25％安息香酸加至刻度。

[操作过程与方法]

（1）制备无蛋白血滤液

① 取 50ml 容量的三角烧瓶，加蒸馏水 7ml。

② 用奥氏吸管准确吸取抗凝血 1ml，擦去吸管外血液，将吸管插入瓶底，缓缓加入血液（必须加得慢，否则血液附着吸管壁，影响结果）。加完后吸取瓶内水洗吸管一次。充分混匀。

③ 加 1/3mol/L 硫酸 1ml，边加边摇动。

④ 加 10% 钨酸钠 1ml，边加边摇动。

⑤ 用滤纸过滤，即得无蛋白血滤液。过滤所用滤纸、漏斗及试管均需干燥。所得滤液应澄清，否则须重复过滤。

（2）测血糖　取血糖测定管 3 支，标明标准、测定和空白。按表 12-1 步骤操作。

表 12-1　血糖测定法　　　　　　　　　　　　　　单位：ml

| 操作步骤 | 标准管 | 测定管 | 空白管 |
|---|---|---|---|
| 无蛋白血滤液 | — | 2 | — |
| 葡萄糖标准使用液 | 2 | — | — |
| 蒸馏水 | — | — | 2 |
| 碱性硫酸铜溶液 | 2 | 2 | 2 |
| 混匀，沸水中煮沸 8min，取出后于冷水中 2～3min（勿摇动血糖管） | | | |
| 磷钼酸试剂 | 2 | 2 | 2 |
| 混匀，室温静置 2min（使 $CO_2$ 逸出） | | | |
| 蒸馏水加至 | 25 | 25 | 25 |
| 充分混匀后，用 620nm 波长或红色滤光片进行比色。以空白管校正光密度到"0"点，读取各管光密度数 | | | |

（3）计算

$$葡萄糖含量（mg/dl）= \frac{测定管光密度}{标准管光密度} \times 0.2 \times \frac{100}{0.2}$$

单位转换：葡萄糖含量（mmol/L）＝葡萄糖含量（mg/dl）×0.05551

[判定标准]　部分动物血糖含量正常值（mmol/L）：牛 3.33～5.55；马 4.44～6.66；猪 2.78～5.55；犬 3.89～5.55；绵羊 2.22～3.33。

[临床意义]

① 血糖含量增高，见于酸中毒、脑脊髓炎、肾上腺素分泌增加及胰岛素分泌不足等；呕吐、腹泻和高热等，也可使血糖轻度增高。

② 血糖含量减少，见于肝脏疾病、毒物中毒性疾病、营养不良与衰竭、饥饿、乳牛生产瘫痪等；新生仔猪的低血糖症时，血糖可显著降低。

[注意事项]

① 若磷钼酸试剂出现蓝色，表示试剂已变质，应重新配制。

② 碱性硫酸铜溶液如有红黄色沉淀，应重新配制。

③ 血液标本不能放置过久，否则血糖分解，致使血糖偏低，如不能及时操作，应制成无蛋白滤液，放入冰箱保存。

④ 严格掌握煮沸的温度和时间。待水沸腾后放入血糖管，并开始计数，若温度过低，结果偏低，若时间太长，结果偏高。

【链接】

血糖测定的方法除了光电比色法外，还有己糖激酶法、葡萄糖氧化酶法和便携式血糖仪快速测定法等。

# 技能二　血清钾测定（四苯硼钠比浊法）

【技能基础】

掌握测定血清中钾含量的方法。

[原理]　血清中钾离子与四苯硼钠作用，形成不溶于水的四苯硼钾，产生的浊度与钾离子的浓度成正比，故根据浊度可测得血清中钾的含量。

[材料与设备]

**1. 仪器设备**

分光光度计，离心机，刻度吸管等。

**2. 试剂**

(1) 缓冲液

① 0.2mol/L 磷酸氢二钠溶液。称取磷酸氢二钠 7.16g，溶于 100.0ml 蒸馏水中。

② 0.1mol/L 枸橼酸溶液。枸橼酸 2.1g，溶于 100.0ml 蒸馏水中。

应用时取①液 19.45ml，加②液 0.55ml 混合而成。

(2) 1％四苯硼钠溶液　称取四苯硼钠 1.0g，溶于 20ml 缓冲液中，加重蒸馏水至 100.0ml。

(3) 钾贮存标准液（1ml 含有 2mg 钾）　精确称取干燥硫酸钾 0.446g，置于 100.0ml 容量瓶中，用重蒸馏水溶解并稀释至刻度。

(4) 钾应用标准液（1ml 含有 0.02mg 钾）　吸取钾贮存标准液 1ml，置于 100.0ml 容量瓶中，以重蒸馏水加至刻度。

[操作过程与方法]

① 在血清 0.2ml 中加入重蒸馏水 1.4ml，10％钨酸钠溶液 0.2ml 及 1/3mol/L 硫酸溶液 0.2ml，混匀。离心沉淀，取得上清液，按表 12-2 操作。

表 12-2　血清钾测定法　　　　　　　　　　　单位：ml

| 操作步骤 | 空 白 管 | 标 准 管 | 测 定 管 |
|---|---|---|---|
| 无蛋白上清液 | 1.0 | — | — |
| 钾应用标准液 | — | 1.0 | — |
| 重蒸馏水 | — | — | 1.0 |
| 1％四苯硼钠溶液 | 4.0 | 4.0 | 4.0 |

混匀，5min 后用 250nm 滤光板进行光电比色，以空白管校正光密度到"0"点，分别读取各管读数

② 计算。

$$血清钾含量（mg/dl）=\frac{测定管光密度}{标准管光密度}×0.02×\frac{100}{0.1}$$

单位转换：血清钾含量（mmol/L）=血清钾含量（mg/dl）×0.02558

[注意事项]

① 红细胞内的钾离子比血清内的含量高约 20 倍，因此，血清不能稍有溶血，否则会导致很大的误差，采血后趁血液未凝固之前，离心将红细胞除掉，待血浆凝固，分离血清。

② 四苯硼钠的质量直接影响检验结果，应选择外观洁白，溶解度高，溶解后溶液清晰者。溶液最好经常更新。

[判定标准]　见表12-3。

**表 12-3　几种常见动物血清中钾、钠含量**　　单位：mmol/L

| 动物种类 | 血清钾（$K^+$） | 血清钠（$Na^+$） |
|---|---|---|
| 牛 | 4.60(4.09～5.88) | 154.43(141.38～165.30) |
| 马 | 3.33(2.81～3.58) | 148.77(145.73～152.25) |
| 猪 | 5.88(4.86～5.88) | 154.43(141.38～160.95) |
| 狗 | 4.60(3.84～4.86) | 156.60(147.90～165.30) |
| 猫 | 3.07(2.81～4.09) | 154.86(143.55～169.65) |
| 家兔 | 4.09(2.81～5.12) | 157.91(152.25～163.13) |

[临床意义]　动物体内绝大部分钾存在于细胞内，为维持细胞活动的重要阳离子。细胞外液中一定浓度的钾盐含量也是维持肌肉神经的正常功能所必须。钾盐由肠道吸收，约90％由尿液排出体外。某些疾病可因钾摄入过少或排出过多，或排出障碍使钾盐潴积，或在体内分布失常而形成血钾增高或减低。

血清钾增高见于肾上腺机能不全、肠阻塞、尿毒症及注射肾上腺素之后。

血清钾减低见于酸中度、昏迷、呕吐、腹泻、大手术后或因钾盐不足等。

# 技能三　血清钠测定（乙酸铀镁试剂法）

## 【技能基础】

掌握测定血清中钠含量的方法。

[原理]　血清中钠离子与乙酸铀镁试剂作用，生成乙酸铀镁钠沉淀，然后以亚铁氰化钾与试剂中剩余的乙酸铀作用，生成棕红色的亚铁氢化铀，血清中的钠含量愈高，则剩余的乙酸铀愈少，显色愈淡，反之则显色愈深。故由剩余的乙酸铀量，可以间接计算出血清中钠的含量。

[材料与设备]

① 乙酸铀镁试剂

取乙酸铀 4g，乙酸镁 15g，冰醋酸 15ml，加入蒸馏水 75ml，煮沸 2min，冷却后加蒸馏水至 100ml；将上液移入 500ml 容量瓶中，无水乙醇加至 500ml，混匀，冰箱过夜。除去微量沉淀，上清液保存于棕色瓶中。

② 1％乙酸：乙酸 1ml，蒸馏水 99ml。

③ 10％亚铁氰化钾液。

④ 钠标准贮备液（1000mmol/L）。精确称取干燥氯化钠 5.845g 于 100ml 容量瓶中，加蒸馏水至刻度。

⑤ 钠标准使用液 Ⅰ（150mmol/L）。精确吸取贮备液 15ml 于 100ml 容量瓶，加水至刻度。

⑥ 钠标准使用液 Ⅱ（250mmol/L）。精确吸取贮备液 25ml 于 100ml 容量瓶中，加水至刻度。

[操作过程与方法]

① 具体方法见表12-4。

表 12-4 血清钠测定法 单位：ml

| 操作步骤 | 标准管 | 测定管 | 空白管 |
|---|---|---|---|
| 血清 | — | 0.1 | — |
| 钠标准使用液Ⅰ | 0.1 | — | — |
| 钠标准使用液Ⅱ | — | — | 0.1 |
| 乙酸铀镁试剂 | 5 | 5 | 5 |
| 充分混匀，使生成沉淀，室温静置 10min，离心 | | | |
| 上清液 | 0.2 | 0.2 | 0.2 |
| 1%乙酸液 | 8 | 8 | 8 |
| 10%亚铁氰化钾 | 0.4 | 0.4 | 0.4 |
| 混匀，5～30min 内在 520nm 处比色，以空白管调零 | | | |

② 计算。

$$钠含量（mmol/L）=250-\frac{测定管光密度}{标准管光密度}\times 100$$

[判定标准]　常见动物血液中钠的含量，见表 12-3。

[临床意义]　正常时，钠盐自肠道吸收进入血流，然后自尿排出。体内的钠主要以氯化钠的形式存在于血清内。在红细胞内钠的含量极少。钠离子的主要功能为调节细胞外液及细胞内液的正常分布，维持体液的渗透压及酸碱平衡。

血钠增高主要见于肾上腺皮质机能亢进以及补入过多的钠盐所致。

血钠减少见于严重的胃肠炎、液胀性胃扩张、日射病与热射病、大出汗等情况。此外，慢性肾小球肾炎并发尿毒症、代谢性酸中毒等，也可引起大量的钠、钾及氯化物由尿丢失。

【链接】

临床上非常重视血清钾、钠浓度的测定，且多数情况下是同时测定的。测定的常用方法还有火焰发射光谱法（FES）、离子选择电极电位分析测定法（ISE）及原子吸收分光光度法。原子吸收光谱法测定灵敏、准确，但设备昂贵，需要特殊的元素灯，因此不能广泛使用。目前在人医临床应用最多的是离子选择性电极法。

# 技能四　血清氯化物的测定（硝酸汞法）

氯离子是细胞外液中的主要阴离子，主要分布于血浆（清）、尿液中，在汗液及脑脊液中也有分布。氯和钠以氯化钠形式存在，在维持体内水、电解质及酸碱平衡方面起重要作用。血中的氯化物约有 1/3 分布于红细胞，2/3 分布于血浆，因此测定时一般采用血清或血浆。测定的方法有数种，下面仅介绍硝酸汞滴定法。

【技能基础】

掌握血清氯化物的测定方法。

[原理]　以标准硝酸汞溶液滴定血清中的氯化物，用二苯卡巴腙（又名二苯胺脲）作指示剂，硝酸汞与氯化物作用生成溶解而不离解的氯化汞。当滴定到达终点时，过量硝酸汞中的汞离子与二苯卡巴腙作用，生成紫红色的络合物，根据硝酸汞的用量，可求得标本中氯化物的含量。

[材料与设备]

（1）氯化钠标准液　取氯化钠（二级试剂）少许置小烧杯中，于 110～120℃干燥 3h，取出立即放入硫酸干燥器内，待冷却后，精确称取 250mg 置于 500ml 容量瓶中，加蒸馏水溶解，并稀释至 500ml，混匀备用。

（2）硝酸汞标准液　称取硝酸汞 0.75g，置于 1000ml 三角烧瓶中，加 1mol/L 硝酸 40ml，溶解后加蒸馏水至 1000ml，再按下述方法标定并校正。

标定方法：取氯化钠标准液 2.0ml 于大试管中，加二苯卡巴腙指示剂 1 滴，乙醚 0.5ml，以新配制的硝酸汞溶液滴定，至乙醚层出现淡紫红色时即为终点，用去的硝酸汞量应恰为 2ml，否则应予调整至 2ml 为止。

（3）0.5% 二苯卡巴腙　取二苯卡巴腙 0.5g，溶于 95% 乙醇 100ml 内，置棕色滴瓶中，可保存一个月。

**[操作过程与方法]**

① 取中试管 1 支，准确加入血清 0.1ml，乙醚 0.5ml，二苯卡巴腙 1 滴，振荡。

② 以 1ml 刻度吸管取硝酸汞标准液滴定，边滴边振，至乙醚层出现淡紫红色振荡不退时为止。记录硝酸汞的用量。

③ 计算。

$$氯化钠含量(mg/dl) = 硝酸汞用去的体积(ml) \times 0.5 \times \frac{100}{0.1} = 硝酸汞用去的体积(ml) \times 500$$

血清氯化物亦可以氯离子计算，其换算关系如下：

$$氯含量(mg/dl) = 氯化物(mg/dl) \times 0.606$$

**[判定标准]**　血清氯化物正常值在 500～750mg/dl，各地测定的数值见表 12-5，可供参考。

**表 12-5　几种动物的血清氯化物正常值**

| 动物种类 | 测定头数 | 变动范围/(mg/dl) | 测定者 |
|---|---|---|---|
| 马 | 51 | 575.49±716.57 | 山西忻县地区胃肠炎协作组 |
| 骡 | 35 | 572.02±718.38 | 山西忻县地区胃肠炎协作组 |
| 黄牛 | 33 | 581.66±222.40 | 甘肃农业大学 |
| 水牛 | 161 | 574.51±91.90 | 江苏农业大学 |
| 猪 | 154 | 456.36±72.46 | 江苏农业大学 |

**[临床意义]**　氯化物的主要功能为维持血液与组织间渗透压的平衡，以及维持细胞外液的容量。氯化物进入畜体主要靠饮食摄入，由尿排出。

氯化物增加，见于氯化物排出减少，如急性或慢性肾小球肾炎、尿结石、心力衰竭等；氯化物摄入过多主要见于静脉输入高渗盐水或生理盐水过多而肾排泄功能不良时。

氯化物减少，见于剧烈腹泻，呕吐，多尿症等。

**[注意事项]**

① 本法宜于弱酸性（pH 6 左右）及中性溶液中测定，如溶液偏碱性，则加入指示剂后呈肉红色，可加入 0.05mol/L 硝酸数滴，待肉红色消退后再行滴定。当溶液过酸（pH 低于 4 时），反应终点不明显。

② 由乙醚层观察终点很明显，尤其对黄疸标本的测定结果更为可靠。夏天如室温太高，乙醚挥发太快，可酌情增加乙醚用量。

**【链接】**

氯化物的测定通常利用银或汞与氯离子结合生成不解离的氯化银或氯化汞，然后用不同的方法对标本中的氯化物进行测定。其常用测定方法除硝酸汞滴定法，还有硫氰酸汞比色法：既可手工操作，又可作自动化分析，准确度和精密度良好，是临床使用的常规方法；库仑滴定法：准确度高，被推荐为氯测定的参考方法；离子选择电极法：准确度和精密度良好；同位素稀释质谱法：为氯测定的决定性方法；酶法：准确简便，但国内尚未推广应用。

# 技能五 血清钙的测定

**【技能基础】**
1. 掌握离子选择性电极法测定血清钙离子的原理和方法。
2. 熟悉离子钙分析仪测定钙离子。
3. 了解总钙和离子钙的关系。

## 一、离子选择性电极法

[原理] 离子选择电极是一种化学传感器，它能将溶液中某种特定离子的活度转变成电位信号，然后通过仪器来测量。电极电位随溶液的离子活度变化的关系服从能斯特方程。选择电极的电位与溶液中被测离子活度的对数呈线性关系。

血液抽出后，溶解于其中的 $CO_2$ 气体会释放到空气中，使血液 pH 值变碱性，而血液 pH 则与离子钙浓度之间成负相关的关系，pH 增加 0.1，离子钙浓度约降低 4～5。所以新型的离子钙分析仪都是在测定血清离子钙浓度的同时，测定血清 pH，再计算出 7.4 时的标准化离子钙浓度。离子钙分析仪通常采用比较法测定样品溶液中离子钙浓度和 pH，并可直接在仪器上显示出结果或打印出分析报告。

[材料与设备] 离子钙分析仪所用的钙电极都采用中性载体作电极活性材料制成的聚乙烯（PVC）电极膜，对钙离子具有高度选择性。此敏感膜的一侧与电极电解液接触，另一面与样品溶液接触，膜电位的变化与样品溶液中钙离子活度对数成正比，钙电极与参比电极之间的电位差随样品溶液中钙离子活度的变化而变化。pH 电极由对 $H^+$ 具有选择性响应的特殊玻璃制成，电位的变化与样品液中氢离子活度对数成正比。参比电极采用银/氯化银（Ag/AgCl）制成，参比电极的电位不随样品溶液中的钙离子和氢离子的活度变化而改变，它为电化学电池电位的测量提供一个恒定的参考电位。

各厂家生产的仪器所需试剂都是配套供应的。其配方一般包括高钙定标液、低钙定标液、冲洗液、去蛋白液（可以去除电极管道中吸附的蛋白质）、电极充填液和清洁液等。

[操作过程与方法] 各种型号的离子钙分析仪其装置和原理相似，应严格按仪器操作说明书进行。一般操作步骤如下。
① 接通电源。开启仪器。
② 斜率定标。推出吸样针先后将其浸入盛有低、高两个浓度斜率定标液的小瓶内，仪器自动把斜率定标液吸入电极管道中，吸样结束，喇叭发出"嘟"声，把进样针推回原位，仪器自动进行斜率定标。
③ 定标通过后，仪器自动冲洗，即可进行样品测量。打开进样针，插入样品溶液中，按"测量"键，仪器自动吸入待测样品液，听到仪器喇叭"嘟"声响，移去样品液，推回进样针，约 8s 后，仪器即显示测量数据或打印测量结果。
④ 标本测量结束，仪器自动进行冲洗电极管道，冲洗结束即可进行下一个样品的测量。
⑤ 计算。离子钙分析仪通常采用比较法测定样品溶液中钙离子和 pH 值。即先测量二个已知浓度的标准液中的钙离子和氢离子的电极电位，在仪器程序内建立一条校正曲线，然后再测量

样品溶液中钙离子和氢离子的电极电位，从已建立的校正曲线上求出样品溶液中钙离子浓度和 pH 值，并计算出标准化钙离子浓度。直接在液晶显示器或用内装打印机打印出测量报告。

由于在生理范围内钙离子与 pH 的变化成负相关，pH 每增加 0.1 个单位，钙离子浓度约下降 4%～5%，为了比较钙离子的数值。新型的离子钙分析仪在测定钙离子的同时检测血样的 pH 值，再计算出标准化的钙离子值（即 pH 7.4 时的钙离子值）。

[注意事项]

① 为了保证电极的稳定性，离子钙分析仪需要 24h 开机，处于等待状态。

② 所有的样品应在室温下保存，不要冷冻，盛血样的容器必须干净。

③ 样品采集后尽快地测量，最好不超过 1h，否则样品 pH 值易发生变化。避免与空气接触。

④ 使用肝素作为抗凝剂时浓度不能太高，每毫升血液中肝素浓度应小于 50 单位。不能使用草酸盐、枸橼酸盐、EDTA 等作抗凝剂。

⑤ 在样品测量时注意样品管道内的样品不能有气泡存在，如果有气泡会造成测量结果不稳定或误差，应重复测量一次样品，所有的样品应在室温下保存，不要冷冻。

⑥ 环境温度的变化达到 10℃，需要进行斜率定标。更换定标液时，应同时将废液瓶倒空，并清洗干净。

⑦ 应严格按时进行仪器的日常维护和保养。

## 二、EDTA 滴定法

[原理] 血清中的钙离子在碱性溶液中与钙红指示剂结合成可溶性的络合物，使溶液显红色。乙二胺四乙酸（简称 EDTA）对钙离子的亲和力大，能与该络合物中的钙离子结合，使指示剂重新游离在碱性溶液中显蓝色，故以 EDTA 滴定时，溶液由红色变为蓝色时，即表示终点的到达，以同样滴定已知钙含量的标准液，从而计算出血清标本中钙的含量，其反应式可简写为：

$$EDTA\ 二钠 + Ca^{2+} \longrightarrow EDTA\ 钙 + 2Na^{+}$$

[材料与设备]

① 钙标准液（1ml 含有 0.1mg 钙）。取碳酸钙少量，置蒸发皿中，于 110～120℃干燥 2～4h，移入硫酸干燥器中冷却，精确称取干燥碳酸钙 250.0mg 于烧杯中，加蒸馏水 40ml 及 1mol 盐酸 5ml，溶解，移入 1000ml 容量瓶，以蒸馏水洗涤烧杯数次，洗液一并倾入容量瓶，加蒸馏水稀释至 1000ml。

② EDTA 溶液。乙二胺四乙酸二钠 150.0mg，1mol 氢氧化钠溶液 2.0ml，蒸馏水加至 1000ml。

③ 钙红指示剂。称取钙红 0.1g，溶于甲醇 20.0ml 中。

④ 0.2mol 氢氧化钠溶液。

[操作过程与方法]

① 按照表 12-6 操作。

表 12-6　EDTA 滴定法测定血清钙　　　　　　　　　　　　单位：ml

| 操作步骤 | 空白管 | 标准管 | 测定管 |
| --- | --- | --- | --- |
| 血清 | — | — | 0.2 |
| 钙标准液 | — | 0.2 | — |
| 蒸馏水 | 0.2 | — | — |
| 0.2mol 氢氧化钠液 | 1.0 | 1.0 | 1.0 |
| 分别加钙红指示剂 1 滴,立即用 EDTA 溶液滴定,至溶液呈浅蓝色为止,记录各管消耗的 EDTA 的用量 | | | |

② 计算。

$$钙含量（mg/dl）=\frac{测定管用量-空白管用量}{标准管用量-空白管用量}\times0.02\times\frac{100}{0.2}$$

[注意事项]

① 准确掌握滴定终点是本法的关键，必须反复练习，细心观察，体会终点前（微紫蓝色或灰蓝色）与终点时（浅蓝色）的色调之不同。

② 钙红指示剂在碱性溶液中不稳定，很快褪色，故每一管中加指示剂后应立即滴定。

③ 氢氧化钠溶液应在临用前取 1mol/L 氢氧化钠加蒸馏水稀释成 0.2mol/L 氢氧化钠液，否则空白管消耗 EDTA 量增加。

[判定标准] 健康动物血清钙约为 11～15mg/dl，各地的测定值如表 12-7，可供参考。

表 12-7 各地健康动物血清钙测量结果

| 动物种类 | 测定头数 | 变动范围/（mg/dl） | 测定者 |
| --- | --- | --- | --- |
| 马 | 22 | 14.98±0.68 | 甘肃农业大学 |
| 骡 | 20 | 15.62±0.94 | 甘肃农业大学 |
| 驴 | 32 | 15.10±1.27 | 甘肃农业大学 |
| 黄牛 | 33 | 13.46±1.37 | 甘肃农业大学 |
| 水牛 | 165 | 9.73±1.15 | 江苏农学院 |
| 绵羊 | 14 | 14.1±0.85 | 内蒙古农牧学院 |

另据中国人民解放军昆明部队对 20 匹马测定结果是：平均值为 10.20%，变动范围为 6.8～13.6mg/dl。

[临床意义] ① 血清钙含量增加，见于副甲状腺功能亢进，给予大量维生素 D 和钙剂以及紫外线照射之后；② 血清钙含量减少，见于仔猪抽搐，犊牛抽搐，产后瘫痪，佝偻病，软骨症，血斑病，渗出性胸膜炎，维生素 D 缺乏，妊娠及副甲状腺机能减退等。

【链接】

血浆的钙，以三种形式存在。①非扩散钙：是指与血浆蛋白相结合的钙，占血浆总钙的 45%；②离子钙：是具有生理活性的部分，约占血浆总钙的 50%；③络合钙：主要指与枸橼酸结合的钙，是体内钙的一种运输方式，约占血浆总钙的 5%。钙离子和络合钙都能透过毛细血管壁，故统称为扩散钙。血钙的测定方法很多，一般可分为总钙测定法和离子钙测定法。前者包括同位素稀释质谱法、原子吸收光谱法、分光光度法和络合滴定法等。分光光度法中以甲基百里香酚蓝比色法和偶氮胂Ⅲ比色法最常用。络合滴定法简便易行，但判断终点受主观因素影响，有被淘汰趋势，但不少基层实验室仍沿用。离子选择电极法测定离子钙已在临床广泛应用。分光光度法已被广泛用自动生化分析仪分析。

# 技能六 血清无机磷的测定（磷钼酸法）

【技能基础】

了解磷钼酸比色法测定血清无机磷的原理和方法。

[原理] 以三氯醋酸沉淀血清中的蛋白质，血清中的无机磷则保留在酸性的滤液中，加钼酸试剂于滤液，则与滤液中的磷结合而成磷钼酸，再以氯化亚锡还原成蓝色的化合物钼

蓝，与同样处理之标准液比色，即可求得无机磷的含量。

[材料与设备]

① 10％三氯醋酸溶液。

② 磷酸盐贮存标准液（1ml 含有 0.1mg 磷）。精确称取无水纯磷酸二氢钾 0.4389g，溶于 1000ml 蒸馏水中，加氯仿数滴以防生霉。

③ 磷酸盐应用标准液（1ml 含有 0.01g 磷）。取贮存标准液 10.0ml，加蒸馏水稀释至 100.0ml。

④ 钼硫酸试剂。7.5％钼酸钠溶液 50ml 与 5mol/L 硫酸溶液 50ml 混匀备用。

⑤ 氯化亚锡贮存液。氯化亚锡 10.0g，溶解于浓盐酸 25.0ml 中，贮存棕色瓶中，置冰箱保存。

⑥ 氯化亚锡应用液。取贮存液 1.0ml，加蒸馏水稀释至 200.0ml，宜新鲜配制。

[操作过程与方法]

① 采血后迅速分离血清，取血清 1.0ml，加 10％三氯醋酸 4.0ml，混匀，静置 1～2min 后过滤。每 2ml 滤液中含血清 0.4ml。操作步骤见表 12-8。

表 12-8　血清无机磷的测定

单位：ml

| 操作步骤 | 测定管 | 标准管 | 空白管 |
|---|---|---|---|
| 无蛋白血滤液 | 2.0 | — | — |
| 磷酸盐应用标准液 | — | 0.2 | — |
| 蒸馏水，混匀 | 5.0 | 5.0 | — |
| 钼硫酸试剂 | 2.0 | 2.0 | 7.0 |
| 氯化亚锡应用液 | 1.0 | 1.0 | 2.0 |
|  |  |  | 1.0 |

立即混匀，静置 1min，用 640～700nm 滤光片，以空白管校正光密度至"0"，分别测定各管光密度

② 计算。

$$血清无机磷含量（mg/dl）= \frac{测定管光密度}{标准管光密度} \times 0.02 \times \frac{100}{0.4}$$

[判定标准]　健康动物的血清无机磷在 3～9mg/dl，各地报道的正常值如表 12-9 所示。

表 12-9　健康动物血清无机磷含量

| 动物种类 | 测定头数 | 变动范围/（mg/dl） | 测定者 |
|---|---|---|---|
| 马 | 32 | 4.43±2.44 | 甘肃农业大学 |
| 骡 | 30 | 3.30±2.30 | 甘肃农业大学 |
| 驴 | 32 | 5.55±1.98 | 甘肃农业大学 |
| 黄牛 | 40 | 6.96±3.37 | 甘肃农业大学 |
| 水牛 | 65 | 5.28±1.27 | 江苏农学院 |
| 绵羊 | 40 | 3.78±0.78 | 内蒙古农牧学院 |
| 猪 | 160 | 6.30±1.43 | 江苏农学院 |

[临床意义]　血液中的磷主要以四种形式存在，即无机磷、磷酸酯、磷脂和核酸磷，后三种为有机磷，它们与无机磷同时存在于血浆及细胞内。

① 无机磷增高，见于肾功能不全，急性肝萎缩，急性肠阻塞以及给予大量维生素 D 和紫外线照射等。

② 无机磷减少，见于佝偻病，骨质软化症等，某些肾小管变性疾病及正常怀孕也可使

血清磷轻度减少。

【链接】

动物体的磷目前还不能直接测定，血清无机磷的检测实际上是分析磷酸盐阴离子。国内常用的分析方法有 1-苯氨基萘-8-磺酸（ANS）钼蓝比色法、孔雀绿直接显色法、紫外分光度法等。

# 技能七　血清镁含量测定（钛黄比色法）

【技能基础】

了解钛黄比色法测定血清镁含量的原理和方法。

[原理]　血清中镁在氢氧化钠介质中形成氢氧化钠镁胶体粒子，后者与钛黄结合形成橘红色反应物。在一定范围内，显色强度与镁浓度呈正比。聚乙烯醇有提高灵敏度与显色稳定性的作用。

[材料与设备]

① 0.1mol/L NaOH 溶液。取聚乙烯醇 1g，加无水乙醇 50ml 混匀，加蒸馏水 600ml，搅拌并稍加热助溶，加 10mol/L NaOH 溶液 10ml，再加蒸馏水至 1000ml。

② 2.5g/L 钛黄贮存液。取钛黄 0.25g 溶于蒸馏水并加至 100ml，贮于棕色瓶中，室温下保存 2 个月。

③ 250mg/L 钛黄应用液。取上述贮存液 10ml，加蒸馏水 90ml，贮于棕色瓶中，室温下可保存 1 个月。

④ 50mmol/L 镁标准贮存液。取无水硫酸镁（AR）0.602g，溶于蒸馏水并加至 100ml。

⑤ 1mmol/L 镁标准应用液。取上述贮存液 2ml 加蒸馏水至 100ml。

[操作过程与方法]

① 取试管三支分别标明"测定"、"标准"及"空白"。按表 12-10 的步骤操作。

**表 12-10　钛黄比色法测定血清镁含量**　　　　　　　　　单位：ml

| 操作步骤 | 测定管 | 标准管 | 空白管 |
|---|---|---|---|
| 待测血清 | 0.2 | — | — |
| 镁标准应用液 | — | 0.2 | — |
| 蒸馏水 | — | — | 0.2 |
| 钛黄应用液 | 1.3 | 1.3 | 1.3 |
| 混匀 | | | |
| 0.1mol/L NaOH 溶液 | 3.5 | 3.5 | 3.5 |

混匀，放置 15min，于分光光度计 540nm 波长处进行比色，以空白管调零，读取各管吸光度

② 计算。

血清镁含量（mmol/L）＝测定管光密度/标准管光密度

[临床意义]　正常参考值：犬 0.79～1.06mmol/L；猫 0.62～1.03mmol/L。

血清镁升高见于肾功能衰竭，甲状腺、甲状旁腺机能减退及多发性骨髓瘤。

血清镁降低见于长期禁食，慢性腹泻，吸收不良；镁慢性肾炎多尿期，长期使用利尿剂

治疗时；甲状腺、甲状旁腺机能亢进；糖尿病酸中毒期，醛固醇增多症，长期使用皮质激素治疗时。血清镁减少同时伴有钙减少时，可引起肌肉痉挛现象，幼畜的抽搐症与镁的缺乏有关。

# 技能八　血清碱性磷酸酶测定（磷酸苯二钠法）

碱性磷酸酶（ALP）是一组在碱性环境中水解磷酸酯的酶类，分子量随不同组织来源而不同，广泛分布在动物的骨、肾、肠、血清、胆汁等部位，但以骨骼、牙齿、肾和肝中含量较多。正常动物血清中的 ALP 主要来源于肝，少部分来自骨骼。血清 ALP 测定可用于肝胆系统及骨骼系统疾病的辅助诊断。

**【技能基础】**

了解磷酸苯二钠法测定血清碱性磷酸酶的基本原理和方法。

**［原理］**　碱性磷酸酶分解磷酸苯二钠，生成游离酚和磷酸，酚在碱性溶液中与 4-氨基安替比林作用，经铁氰化钾氧化生成红色醌的衍生物，根据红色深浅测定酶活力的高低。

金氏单位定义：100ml 血清在 37℃ 与基质作用 15min，产生 1mg 酚为 1 个金氏单位。

**［材料与设备］**

① 0.1mol/L 碳酸盐缓冲液（pH 10.0）。溶解无水碳酸钠 6.36g、碳酸氢钠 3.36g、4-氨基安替比林 1.5g 于 800ml 蒸馏水中，将此溶液转入 1000ml 容量瓶中，加蒸馏水至刻度，置棕色瓶中贮存。

② 20mmol/L 磷酸苯二钠溶液。先将 500ml 蒸馏水煮沸，迅速加入磷酸苯二钠 2.18g（磷酸苯二钠如含 2 分子结晶水，则应称取 2.54g）。冷却后加氯仿 2ml 防腐，置冰箱保存。

③ 铁氰化钾溶液。分别称取铁氰化钾 2.5g，硼酸 17g，各溶于 400ml 蒸馏水中，二液混合后，加蒸馏水至 1000ml，置棕色瓶中避光保存。

④ 酚标准贮存液（1ml 含有 1mg 苯酚）。建议购买商品标准液或自行配制，其方法是将重蒸馏苯酚 1.0g 溶解于 0.1mol/L 盐酸中，并稀释至 1000ml。

⑤ 酚标准应用液（1ml 含有 0.05mg 苯酚）。酚标准贮存液 5ml，加蒸馏水至 100ml。只能保存 2～3d。

**［操作过程与方法］**

① 校正曲线的制作。按表 12-11 操作。

表 12-11　校正曲线的制作

| 操作步骤 | 0 | 1 | 2 | 3 | 4 | 5 |
|---|---|---|---|---|---|---|
| 酚标准应用液/ml | 0 | 0.2 | 0.4 | 0.6 | 0.8 | 1.0 |
| 蒸馏水/ml | 1.1 | 0.9 | 0.7 | 0.5 | 0.3 | 0.1 |
| 碳酸盐缓冲液/ml | 1.0 | 1.0 | 1.0 | 1.0 | 1.0 | 1.0 |
| 铁氰化钾溶液/ml | 3.0 | 3.0 | 3.0 | 3.0 | 3.0 | 3.0 |
| 相当于金氏单位 | 0 | 10 | 20 | 30 | 40 | 50 |
| 立即混匀,在波长 510nm,以零号管调零点,读取各管吸光度,并和相应单位绘制校正曲线 | | | | | | |

② 标本的测定。取 16mm×100mm 试管按表 12-12 进行编号与测定。

表 12-12　血清碱性磷酸酶的测定　　　　　　　　　　单位：ml

| 操作步骤 | 测定管 | 对照管 |
|---|---|---|
| 血清 | 0.1 | 0 |
| 碳酸缓冲液 | 1.0 | 1.0 |
| 37℃水浴 5min | | |
| 基质溶液（预温至 37℃） | 1.0 | 1.0 |
| 混匀, 37℃水浴准确保温 15min | | |
| 铁氰化钾溶液 | 3.0 | 3.0 |
| 血清 | 0 | 0.1 |

立即混匀，于 510nm 波长处比色，比色杯光径为 1.0cm，用蒸馏水调零，读取各管吸光度。以测定管与对照管吸光度之差值查校正曲线，得酶活性

[注意事项]

① 铁氰化钾溶液中加入硼酸有稳定显色作用，此液应避光保存，如出现蓝绿色即弃去。

② 基质中不应含游离酚，如空白管显红色说明磷酸苯二钠已开始分解，应弃去不用。

[临床意义]

（1）碱性磷酸酶增加　见于下列情况。

① 骨内磷酸钙沉着增加的疾病，如骨质软化症、骨瘤、骨折愈合期等。

② 肝脏疾病，如阻塞性黄疸、急性或慢性肝炎、肝硬化等。

③ 其他如佝偻病、生产瘫痪等也可增加。

（2）碱性磷酸酶减少　见于贫血、恶病质、重症慢性肾炎等。

【链接】

血清碱性磷酸酶测定是临床常做的酶类检验项目之一。测定 ALP 的方法主要分为两种：一是测定底物解离下的磷酸根来计算酶活力，如 $\beta$-甘油磷酸钠法，但存在血清本身有磷酸根及磷酸化的缺点；二是测定底物解离磷酸根后的羟基化合物。

# 技能九　血浆二氧化碳结合力的测定

【技能基础】

了解血浆二氧化碳结合力测定的原理和方法。

[原理]　血浆中的碳酸氢钠与加入过量的已知量的盐酸反应，释放出二氧化碳。剩余的盐酸用标准的氢氧化钠溶液滴定，根据盐酸的消耗数量即可推算出血浆中二氧化碳的含量。

$$NaHCO_3 + HCl \longrightarrow H_2CO_3 + NaCl$$

$$H_2CO_3 \xrightarrow{振荡} CO_2 + H_2O$$

$$HCl + NaOH \longrightarrow NaCl + H_2O$$

[材料与设备]

① 0.05％酚红氯化钠溶液。称取酚红 500mg 于烧杯中，加 0.1mol/L 氢氧化钠 14.1ml 及蒸馏水约 300ml，加热煮沸溶解。冷后加氯化钠 8.5g，并加蒸馏水至 1000ml，过滤，贮棕色瓶中。本试剂应呈微黄之红色。

② 0.01mol/L 盐酸氯化钠溶液。氯化钠 8.5g，1mol/L 盐酸 10.0ml，蒸馏水加至 1000ml。此液应予以标定。

③ 0.01mol/L 氢氧化钠溶液。氯化钠 8.5g，1mol/L 氢氧化钠 10.0ml，蒸馏水加至 100ml，此液应予以标定。

④ 生理盐水（中性）液。

⑤ 乙醚。

**[操作过程与方法]**

① 于草酸钾抗凝管中加入中性液体石蜡 0.5ml，采取静脉血 2～3ml，注入上述试管中，混匀。

② 离心沉淀，分离血浆。

③ 另取口径、厚度相同的试管 3 支，按表 12-13 操作。

**表 12-13　血清中二氧化碳结合力测定**

单位：ml

| 操作步骤 | 测定管 | 测定管 | 对照管 |
|---|---|---|---|
| 0.05％酚红 | 0.1 | 0.1 | 0.1 |
| 三支试管所显颜色应一致,其红色既不加深又不变黄,否则表示试管不洁,应换试管 | | | |
| 血浆 | 0.1 | 0.1 | 0.1 |
| 0.01mol/L 盐酸 | 0.5 | 0.5 | — |
| 剧烈震荡 1min | 要 | 要 | 不要 |
| 0.9％氯化钠 | 2.0 | 2.0 | 2.5 |
| 乙醚 | 1滴 | 1滴 | 1滴 |
| 用 0.01mol/L 氢氧化钠溶液滴定两支测定管至色泽与对照管一致,分别记录两测定管消耗的氢氧化钠的体积(ml),求平均值后计算 | | | |

④ 计算。

$$（0.5-氢氧化钠消耗量×校正系数）×\frac{100}{0.1}×0.224$$

$$=每 100ml 血浆中二氧化碳的含量（ml）$$

0.01mol/L 氢氧化钠应予以校正，求得校正系数。其方法是：取 0.01mol/L 盐酸 1.0ml 于清洁试管中，加入酚红指示剂 0.1ml，中性生理盐水 2.0ml，以 0.01mol/L 氢氧化钠滴定至微红色，保持 15s 不褪色为止，盐酸已用量被用去氢氧化钠的量除，即为校正系数。例如：

用去氢氧化钠 0.9ml，则校正系数 $=\dfrac{1}{0.9}=1.11$

用去氢氧化钠 1.1ml，则校正系数 $=\dfrac{1}{1.1}=0.91$

**[临床意义]**

（1）二氧化碳结合力增强

① 代谢性碱中毒。由于碳酸氢钠过多所致，如胃酸分泌过多，小肠阻塞，呕吐，摄入碱过多等。

② 呼吸性酸中毒。由于二氧化碳过多所致。当呼吸发生障碍时，二氧化碳不能自由呼出，血液中碳酸浓度增加，见于肺气肿、肺炎、心力衰竭等。

（2）二氧化碳结合力降低

① 代谢性酸中毒。由于碳酸氢钠不足所致，见于长期饥饿、肾炎后期、严重腹泻、服用氯化铵过多等。

② 呼吸性碱中毒。由于二氧化碳不足所致，如换气过度呼出二氧化碳过多，见于发热性疾病、脑炎等。

# 技能十　血液非蛋白氮测定

血液中的非蛋白氮是指除蛋白质以外存在于血液中的其他所有含氮物质，包括尿素、尿酸、肌酸、肌酐、氨、氨基酸、谷胱甘肽及其他未知的含氮物质，其中，以尿素的含量最多，约占总非蛋白氮的45%。

**【技能基础】**

了解血液非蛋白氮测定的原理和方法。

**[原理]**　无蛋白血滤液内的含氮化合物被强酸消化后转变为硫酸铵，与氢氧化钠反应而生成氢氧化铵，再与纳氏试剂作用而显棕黄色，其含量与同样加纳氏试剂的标准铵盐溶液比色测定之。其反应式如下：

$$含氮化合物 + H_2SO_4 \longrightarrow (NH_4)_2SO_4$$

$$(NH_4)_2SO_4 + 2NaOH \longrightarrow 2NH_4OH + Na_2SO_4$$

氢氧化铵与纳氏试剂中的碘化钾汞复盐（$HgI_2 \cdot 2KI$）作用，形成棕黄色的碘化双汞铵（$NH_2 \cdot Hg_2I_3$）。

$$2NH_4OH \longrightarrow 2NH_3 + 2H_2O$$

$$2(HgI_2 \cdot 2KI) + 2NH_3 \longrightarrow 2(NH_3 \cdot HgI_2) + 4KI$$

$$2(NH_3 \cdot HgI_2) \longrightarrow NH_2 \cdot Hg_2I_3 + NH_4I$$

**[材料与设备]**

① 5%三氯醋酸溶液。

② 浓硫酸。

③ 纳氏试剂。将碘化钾75.0g、碘55.0g、蒸馏水50.0ml及汞75.0g置于500ml锥形瓶内，用力摇荡约10min。至碘色将消失时，溶液即发生高热，将瓶浸在冷水中急剧震荡，一直到呈绿色液体为止。将上层清液倒入1000ml量筒内，并用蒸馏水洗涤残渣，将洗液也倒入量筒内，然后加蒸馏水稀释至1000ml，此为母液。用时取母液150ml，加10%氢氧化钠液700ml及蒸馏水150ml混合即成。

④ 硫酸铵标准液。将纯硫酸铵置于110℃烘箱内半小时，使其干燥，继置于干燥器内使其冷却。精确称取此干燥的硫酸铵4.716g置于1000ml容量瓶内，加蒸馏水使其溶解，再加浓盐酸1.0ml，最后以蒸馏水稀释至刻度。此液为贮存液，每毫升含有1mg氮。

临用前，取此贮存液12.5ml置500ml容量瓶中，加蒸馏水至刻度处。此液每毫升含有0.025mg氮。

⑤ 3%过氧化氢溶液。

**[操作过程与方法]**

① 取一离心管，准确加入5%三氯醋酸液4.8ml及血液0.2ml，充分混匀后，离心。

② 准确吸取离心管上清液2.0ml于另一中号硬质试管中，加浓硫酸5滴和洁净玻珠一粒。

③ 用试管夹夹住试管，小心置于小火焰上加热，使其沸腾，但勿使溶液喷出（如溶液能保持均匀的沸腾，则不会喷出；若溶液停止沸腾，则必须摇动试管，否则溶液会因加热而喷出）。待溶液的水分几乎蒸发完毕并开始冒出白烟时，熄火。稍待冷却，加3%双氧水1滴。

④ 继续以小火加热，直至溶液经黑色变为透明无色为止，熄火使其冷却，准确加入蒸馏水6.0ml，混匀。

⑤ 另取一试管，准确加入硫酸铵标准液1.0ml、浓硫酸5滴、3%过氧化氢液1滴、蒸馏水5.0ml，混匀。

⑥ 在两管内各准确加入纳氏试剂 3.0ml，混匀后比色。

⑦ 计算。

$$血液非蛋白氮含量（mg/dl）= \frac{标准管光密度}{测定管光密度} \times 0.025 \times \frac{100}{0.08}$$

[注意事项]

① 由于纳氏试剂酸碱度不准，消化时间不到，或加入纳氏试剂后放置的时间过长，均易发生混浊，应重新测定。

② 如因非蛋白氮含量过高，亦可发生混浊，此时可将滤液稀释后，重新测定。

③ 血液样品不可用草酸铵作为抗凝剂。

[判定标准]　健康动物血中的非蛋白氮一般在 20～60mg/dl。根据中国农业大学生理生化教研组的测定，猪为 17～32mg/dl。据甘肃农业大学报道，健康母驴为（44.47±31.39）mg/dl。据甘肃省兽医研究所测定，健康马为（42.87±5.04）mg/dl。另据报道，奶牛为 30～65mg/dl；绵羊为 25～45mg/dl；产卵鸡为 20～35mg/dl；犬 20～40mg/dl；兔 31～47mg/dl。

[临床意义]　①非蛋白氮增高。非蛋白的含氮物质主要是蛋白质分解代谢过程中的废物，大部分从肾脏排出，故凡是集体蛋白质分解代谢增加时，例如高热性疾病、急性传染病、严重灼伤等，血中的非蛋白氮增加；此外，肾脏排泄机能障碍，如亚急性及慢性肾炎及尿闭时，均可使血中的非蛋白氮浓度升高。

② 非蛋白氮减少。在肝脏受害时，如急性黄色肝萎缩或中毒性肝炎时，血中非蛋白氮可显著减少。

## 【项目小结】

　　血液生化检验项目很多，本项目介绍了血清葡萄糖、钠、钾、钙、镁、氯化物、无机磷及碱性磷酸酶、二氧化碳结合力和非蛋白氮的测定原理、操作方法和判定标准。各项生化指标的检验均有多种方法，本书仅介绍了其中较为常用且设备条件好满足、费用不高的检验方法；在重点掌握所列方法的同时，在【链接】中还介绍了其他方法，引导兽医工作者不断接受新的方法、掌握新的技术。

## 【目标检测题】

### 一、选择题

1. 检查动物血糖时若血糖水平显著降低，则可见于（　　　）。

A. 食入过多碳水化合物的饲料　　B. 剧烈运动　　　　　　C. 酮血症

D. 应激　　　　　　　　　　　　E. 糖尿病

2. 一只 2 岁的哈士奇犬发病来动物医院就诊，临床可见流鼻液，咳嗽，精神沉郁，食欲减少，体温 39.8℃，呼吸困难，结膜暗红，病灶部肺泡音减弱，血液白细胞总数增多。为确诊该病，还需进行的检查是（　　　）。

A. B 超检查　　　　　　　　　　B. 血液生化检验

C. 血液二氧化碳结合力测定　　　D. 胸肺部 X 线检查

E. 胸肺部叩诊检查

3~5 题共用题干

犬，7 月龄。吃不饱食，异嗜，生长缓慢，消瘦，喜卧，不愿站立，运动时两后肢出现跛行，站立时前肢腕关节向前方外侧屈曲，呈内弧形。

3. 该病例血液生化指标最常见的变化是（　　）。

A. 血清碱性磷酸酶活性升高　　　　B. 血钙显著降低

C. 血清无机磷水平显著降低　　　　D. 血清甲状腺素水平显著升高

E. 血清甲状旁腺激素水平显著升高

4. 对该病进行确诊的最佳方法是（　　）。

A. 血清钙水平测定　　　　　　　　B. 血清磷测定

C. 骨性碱性磷酸酶同工酶的测定　　D. X 线摄影检查

E. 血清羟脯氨酸测定

5. 该病的初步诊断为（　　）。

A. 骨软病　　　　　　　B. 纤维性骨营养不良　　　　　C. 异食癖

D. 佝偻病　　　　　　　E. 蛔虫感染

二、简答题

1. 如何测定血清中葡萄糖含量？有哪些临床意义？

2. 如何测定血清钾含量？在测定中应注意哪些事项？临床意义有哪些？

3. 简述乙酸铀镁试剂快速比色法测定血清钠原理、操作方法、注意事项及临床意义。

4. 简述硝酸汞法测定血清氯化物的原理、步骤及临床意义。

5. 应用 EDTA 滴定法如何测定血清钙的含量？有哪些临床意义？

6. 简述血清无机磷的测定方法及临床意义。

7. 简述钛黄比色法测定血清镁含量的原理、步骤及临床意义。

8. 简述血清碱性磷酸酶（ALP）测定原理、步骤。其注意事项及临床意义有哪些？

9. 简述血浆二氧化碳结合力的测定原理、步骤及临床意义。

10. 简述血液非蛋白氮测定原理、步骤及临床意义。

# 项目十三 动物寄生虫病实验室诊断技术

## 【学习目标】

通过本项目的学习，了解沉淀法和漂浮法的操作原理；观察和识别各种寄生于动物体内外的蠕虫、原虫和螨等寄生虫的形态结构，为动物寄生虫病的临床诊断提供依据；掌握蠕虫病、螨病、原虫病的实验室诊断方法、注意事项及临床诊断意义。

## 【技能目标】

通过掌握动物蠕虫病、螨病、原虫病实验室诊断的方法和操作步骤，能对动物寄生虫病做出诊断。

# 技能一 蠕虫病的实验室诊断技术

### 【技能基础】

1. 了解沉淀法和漂浮法的操作原理。

2. 熟练识别各种寄生于动物体内外的蠕虫的形态结构。

3. 掌握蠕虫病的实验室诊断方法、判断标准及临床诊断意义。

[**蠕虫病的实验室诊断原理**]　由于蠕虫病的症状缺少特异性，仅仅依靠临床症状很难对家畜蠕虫病做出肯定的诊断，所以在很大程度上依赖于实验室检查。实验室检查方法是指在被检家畜的粪、尿、血液中，对虫卵、幼虫、虫体或虫体碎片以及虫体刺激动物机体所产生的抗体等进行鉴定，以做出正确诊断。

[**材料与设备**]　盆（或桶），铁针（或毛笔），牙签，放大镜，大玻璃皿，三角烧瓶，烧杯，试管架，试管，载玻片，盖玻片，40～60目铜筛，260目绵纶筛兜，生物显微镜，体视显微镜。

甘油，甲醇，卢戈氏碘液，明矾苏木素染液，1%伊红染液，瑞氏染液，饱和盐水，饱和糖水，饱和硫酸镁，蒸馏水。

[**操作过程与方法**]

## 一、粪便检查

寄生蠕虫大部分寄生于家畜的消化道，它们的卵、幼虫和某些虫体或虫体断片通常和粪便一同排出。此外，与消化道相连的器官（如肝、胰）中的寄生虫的虫卵、呼吸道的寄生虫的虫卵或幼虫、在禽类泌尿生殖器官内的寄生虫的虫卵等同样出现在粪便中。因此，粪便检查法是诊断这类蠕虫病的主要方法。

检查时所采用的粪便材料，一般尽可能取新排出的，这样可以使虫卵保存固有的状态。有时可直接由动物直肠采粪，减少其他虫卵的污染，检查效果更好。

**1. 蠕虫虫体检查法**

在消化道内寄生的绦虫常以含卵节片（孕卵节片）整节排出体外，有时一些蠕虫的完整虫体也可因寿命或受驱虫药的影响等而排出体外。

（1）操作方法 粪便中较大型的孕卵节片和虫体很容易发现，对于较小的，应先将粪便收集放于盆（或桶）内，加入 5～10 倍的清水，搅拌均匀，静置自然沉淀。15～20min 后将上层液体倾去，重新加入清水，搅拌沉淀，反复操作，直到上层液体清澈为止。最后将上层液倾去，取沉渣置大玻璃皿中，先后在白色背景和黑色背景上以肉眼或借助于放大镜寻找虫体，发现虫体时用铁针或毛笔将虫体挑出供检查。

（2）临床意义 粪便检查时发现虫体和孕卵节片，即可推断出该动物已经感染了此种寄生虫，可为临床诊断提供可靠依据。

**2. 虫卵检查法**

又可分为涂片检查法、集卵法和虫卵计数法。

（1）直接涂片检查法 是最简便和常用的方法，但检查时因被检查的粪便数量少，检出率也较低。当粪便中虫卵少时，不易查出虫卵。

检查时，先在载玻片上滴适量甘油与水的等量混合液，再用牙签挑取少量粪便加入其中，混合，夹去较大的或过多的粪渣，最后使玻片上留有一层均匀的粪液（其浓度的要求是将此玻片放于报纸上，能通过粪便液模糊地辨认其下方的文字），在粪膜上覆以盖玻片，置显微镜下检查。检查时应顺序地查遍盖玻片下的所有部分。

（2）集卵法 本法总的原则是利用各种方法，将分散在粪便中的虫卵浓缩到一起，再行检查，以提高检出率。

① 沉淀法。取粪便 5g，加清水 100ml 以上，搅匀成粪液，通过 40～60 目铜筛过滤，滤液收集于三角烧瓶或烧杯中，静置沉淀 20～40min（使用离心机可加快沉降速度，提高样品检查效率），倾去上层液，保留沉渣，再加水混匀，再沉淀，如此反复操作直到上层液体透明后，吸取沉渣检查。此法特别适用于检查吸虫卵。

② 漂浮法。取粪便 10g，加饱和食盐水 100ml，混合，通过 60 目铜筛，滤入烧杯中，静置 30min，则虫卵上浮，用一直径 5～10mm 的铁丝圈，与液面平行接触以蘸取表面液膜，拌落于载玻片上检查。此法适用于线虫卵、绦虫卵和原虫的检查。

也可以取粪便 1g，加饱和食盐水 10ml，混匀，两层纱布过滤，滤液注入一试管中，补加饱和盐水溶液使试管充满，使试管液面凸起，上覆以盖玻片，并使液体与盖玻片接触，期间不留气泡，直立 20～30min 后，取下盖玻片，覆于载玻片上检查。

在检查比重较大的后圆线虫卵时，则可先将猪粪按沉淀法操作，取得沉渣后，在沉渣中加入饱和硫酸镁溶液，用漂浮法收集虫卵。

③ 绵纶筛兜集卵法。取粪便 5～10g，加水搅匀，先通过 40～60 目铜筛过滤；滤液再通过 260 目绵纶筛兜过滤，并在绵纶筛兜中继续加水冲洗，直到滤液清澈透明为止；而后挑取兜内粪渣抹片检查。此法适用于直径大于 60μm 虫卵的检查。

（3）虫卵计数法 虫卵计数法是测定每克家畜粪便中的虫卵数，以此推断家畜体内某种寄生虫的寄生数量。也可计数此驱虫药应用前后的虫卵数量，以检查驱虫效果。虫卵计数的结果常以每克粪便虫卵个数（eggs per gram，EPG）表示。常用的测定方法有三种。

① 斯陶尔氏法（Stoll's method）。在一玻璃容器上（如小三角烧瓶或大试管）容量为 56ml 和 60ml 处各做一个标记，先取 0.4% NaOH 溶液注入容器内到 56ml 处，再加入被检

粪便使液体升到 60ml 处，而后加入一些玻璃珠，振荡使粪便完全破碎，混匀；再在混匀的情况下以 1ml 的吸管取粪液 0.15ml，滴于 2～3 张载玻片上，覆以盖玻片，在显微镜下循序检查，统计其中虫卵总数（注意不可遗漏和重复）。计数出的虫卵总数乘 100 即为每克粪便中的虫卵数。此法适用于大部分蠕虫卵的计数。

② 麦克马斯特氏法（McMaster's method）。本法是将虫卵浮集于一个计数室中。计数室是由二片载玻片制成，制作时为了使用方便，常将其一片切去一条，使之较另一片窄一些。在较窄的玻片上刻以 1cm 见方的划度二个，而后选取厚度 1.5mm 的玻片切成小条垫于二玻片间，以环氧树脂黏合。

取粪便 2g，放于乳钵中，先加水 10ml，搅匀后再加饱和盐水 50ml，混匀后，吸取粪液，注入计数室，致显微镜台上静置 1～2min。而后在镜下计数 1cm² 范围中的虫卵总数，求两个刻度室中虫卵数的平均数，乘以 200 即为 1g 粪便中的虫卵数，本法只适用于可被饱和盐水浮起的各种虫卵。

③ 片形吸虫卵的计数法。片形吸虫卵在粪便中量少，比重大，因此要求采用特殊的方法，而在牛、羊也有所不同。

羊：称取羊粪 10g，置于 300ml 容量的瓶中，加入少量 1.6％NaOH 静置过夜。次日，将粪块搅碎，再加入 1.6％NaOH 至 300ml 刻度处，摇匀，立即吸取此粪液 7.5ml 注入离心管内，在离心机内以 1000r/min 速度离心 2min，倾去上层液体，换加饱和盐水，再次离心后，再倾去上层液体，再换加饱和盐水，如此反复操作，直到上层液体完全清澈为止。倾去上层液体，将沉渣全部分滴于数张载玻片，检查全部所制的载玻片，统计其虫卵总数。以总数乘以 4，即为每克粪便中的片形吸虫虫卵数。

牛：在进行牛粪中片形吸虫卵计数时，操作步骤基本同上，但用粪量改为 30g。加入离心管中的粪液量为 5ml，因此最后计得虫卵总数乘以 2，即为每克粪便中虫卵总数。

（4）判断标准

① 虫卵和虫体的形态鉴定。对各种家畜作粪便检查时，其常见虫卵和虫体的形态可参考图 13-1～图 13-3。

② 虫卵计数的结果可作为诊断寄生虫病的参考。当马每克粪便中的线虫卵数量达到含卵 500 枚时，为轻感染；800～1000 枚时为中感染；1500～2000 枚时为重感染。在羔羊还应考虑感染线虫的种类，一般每克粪便中含 2000～6000 枚虫卵时重感染，在每克粪便中含虫卵 1000 枚以上，即认为应给以驱虫；在牛每克粪便中含虫卵 300～600 枚时，即应给以驱虫。

在肝片吸虫，牛每克粪便中个的虫卵数达到 100～200 枚，羊达到 300～600 枚时即应考虑其致病性。

（5）临床意义　粪便检查时发现虫卵，即可推断出该动物已经感染了此种寄生虫，可为临床诊断提供可靠依据。进行虫卵计数可用于推断动物体内某种寄生虫的寄生数量，也可计数应用此驱虫药前后的虫卵数量，以检查驱虫效果。但虫卵计数所得数字，受很多因素的影响，因此只能对寄生虫的寄生量做一个大致的判断。虫卵计数经常被用作某种寄生虫感染强度的指标。

**3. 幼虫检查法**

有些寄生虫（如网尾科线虫）其虫卵在新排出的粪便中已变为幼虫。类圆属线虫的卵随粪便排出后，在外界温度较高时，经 5～12h 后，即孵出幼虫，对粪便中幼虫的检查虽可用直接抹片或其他虫卵检查法，但如采用以下的方法，则检出率高得多。

（1）检查方法

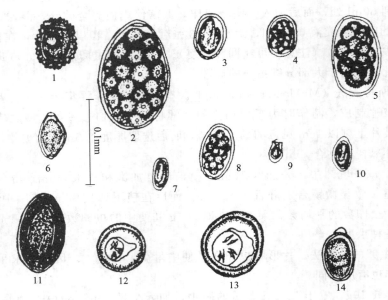

0.1mm

图 13-1 猪的常见蠕虫卵

1—猪蛔虫；2—布氏姜片吸虫；3—类圆线虫；4—长刺后圆线虫；5—有齿冠尾线虫；
6—猪毛首线虫；7—六翼泡首线虫；8—有齿食道口线虫；9—中华后睾吸虫；10—圆形蛔状线虫；
11—蛭状巨吻棘头虫；12—盛氏许壳绦虫；13—陕西许壳绦虫；14—刚刺颚口线虫

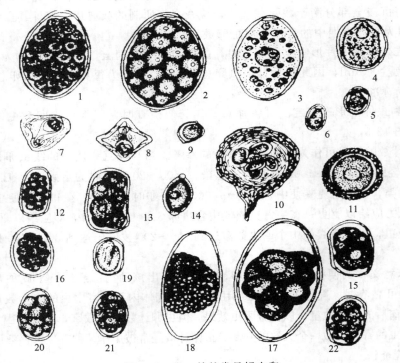

图 13-2 牛、羊的常见蠕虫卵

1—肝片形吸虫；2—大片形吸虫；3—同盘吸虫；4—日本分体吸虫；5—胰阔盘吸虫；
6—双腔吸虫；7—扩展莫尼茨绦虫；8—贝莫尼茨绦虫；9—无卵黄腺绦虫；10—曲子宫绦虫；
11—牛新蛔虫；12—古柏线虫；13—牛仰口线虫；14—毛首线虫；15—羊仰口线虫；
16—辐射食道口线虫；17—细颈线虫；18—马歇尔线虫；19—乳突类圆线虫；20—毛圆线虫；
21—捻转血矛线虫；22—哥伦比亚食道口线虫

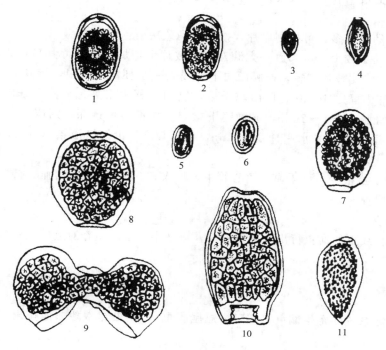

图 13-3　鸡常见蠕虫卵

1—鸡蛔虫；2—鸡异刺线虫；3—前殖吸虫；4—毛细线虫；

5—旋咽饰带线虫；6—长鼻咽饰带线虫；7—有轮赖利绦虫；

8，9—赚盘赖利绦虫；10—四角赖利绦虫；11—戴文绦虫

　　① 漏斗幼虫分离法。亦称贝尔曼法（Baermann's technique）。取粪便 15～20g，放在漏斗内的金属筛上（可将金属筛布剪成圆片，放于漏斗中），漏斗下接一短橡皮管，管下再接一小试管。装置如图 13-4 所示。

　　将粪便放在漏斗内铜筛上，不必捣碎，加入 40℃ 温水到淹没粪球为止，静置 1～3h。此时大部分幼虫游走于水中，并沉于试管底部。拔取底部小试管，取其沉渣，在显微镜下检查。

　　② 平皿法。特别适用于球状的粪便，取粪球 3～10 个，放于培养器或表面皿上，加少量 40℃ 温水。10～15min 后取出粪球，将留下的液体在低倍镜下检查。

　　用以上两种方法检查时，可见到运动活泼的幼虫；如欲致其死亡，做较详细的观察，可在有幼虫的载玻片上，滴加卢戈氏碘液，则幼虫很快死去，并染成棕黄色。

　　（2）临床意义　粪便检查时发现幼虫，即可推断出该动物已经感染了此种寄生虫，可为临床诊断提供可靠依据。

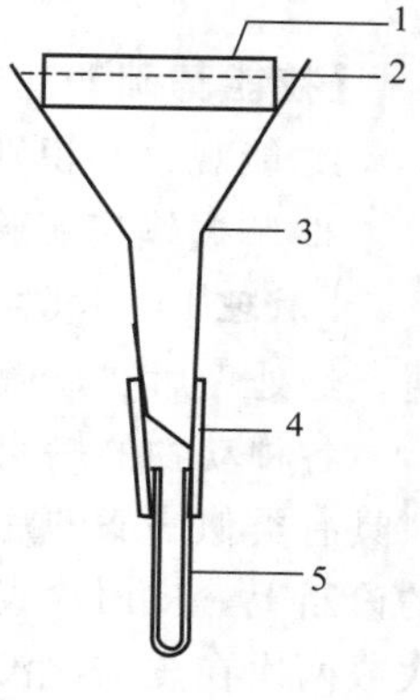

## 二、血液内蠕虫幼虫的检查

### 1. 检查方法

　　检查血液中的幼虫的方法有以下几种。

图 13-4　贝尔曼幼虫

分离装置示意图

1—铜丝网筛；2—水平面；

3—玻璃漏斗；4—乳胶管；

5—小试管

① 取新鲜血液一滴滴于载玻片上，覆以盖玻片，在低倍显微镜下检查，可见微丝蚴在其中活动。

② 如血中幼虫量多，可推制血片，按血片染色法染色后检查。

③ 如血中幼虫较少，可采血一大滴，在载玻片上稍加涂抹，待其自然干燥，使结成一层厚血膜；而后将此玻片翻转，血膜面向下斜浸入一小杯蒸馏水中，待其完全溶血，取出、晾干再浸入甲醇中固定 10min，取出晾干后，以明矾苏木素染色，待血细胞的核染成深紫色，取出以蒸馏水冲洗 1～2min，显微镜下检查。如见染色过深，则应以 0.42％HCl 褪色 30s，如染色已适度则自来水中冲洗 10min，而后以 1％伊红染液染 0.5～1min，水洗 2～5min 检查。

④ 如血中幼虫很少，可采血于离心管中，加入 5％醋酸溶液以溶血。待溶血完成后，离心并吸取沉渣检查。

**2. 临床意义**

有些丝虫目线虫的幼虫可出现在血液中，血液中幼虫的检查对这些病的临床诊断具有重要意义。

### 三、尿液检查

寄生在泌尿系统的寄生蠕虫（如有齿冠尾线虫），其虫卵常随尿液排出，可收集尿液进行虫卵检查。

**1. 检查方法**

采用清晨排出的尿液，收集于烧杯中，沉淀 30min 后，倾去上层尿液，在杯底衬以黑色背景，肉眼检查即可见杯底粘有白色虫卵颗粒。虫卵黏性大，如欲将其吸出检查比较困难，须用力冲洗，方能冲下。

**2. 临床意义**

尿中蠕虫卵的检查对泌尿系统的寄生蠕虫病的临床诊断具有重要意义。

# 技能二　螨病的实验室诊断技术

**【技能基础】**

1. 能观察和识别寄生于动物体表的螨类的形态结构。

2. 掌握螨病实验室诊断的操作方法、判断标准和临床诊断意义。

[原理]　螨类主要寄生于动物的体表或皮内，因此在诊断螨病时，必须刮取患部的皮屑，经处理后在显微镜下检查有无虫体和虫卵，做出确切的诊断。

各种动物的螨病是以临床症状和镜检患部皮屑中发现螨、虫体或虫卵作为诊断的根据。只具有类似螨病的症状，但在皮屑内没有检查到螨类或虫卵时，则不能确定为螨病。在螨病的诊断上，皮屑检查的结果是否正确，很大程度上决定于皮屑采取的部位和方法，因而在一次或两次在皮屑内没有找到虫体，亦不能轻易做出否定的结论。

[材料与设备]　外科刀，培养皿，放大镜，吸管，试管架，带塞试管，酒精灯，载玻片，盖玻片，生物显微镜（带油镜），体视显微镜，恒温箱，离心机。

50％甘油，石蜡油，碘酒，煤油，10％NaOH，10％KOH，酒精。

[操作过程与方法]　常用于螨病的诊断方法有螨的加热检查法、温水检查法、煤油检

查法、皮屑溶解法和漂浮法等。如用动物体表采取的新鲜病料检查时，用哪种方法进行检查均可；如用保存的含螨病料，只能进行皮屑溶解法和漂浮法的操作。

**1. 病料的采取**

在螨的检查中，病料采集的正确与否是影响螨病检查准确性的关键。应在患病皮肤与健康皮肤的交界处进行刮取，虫体在此处分布最多。采集时剪去该部的被毛，用经过火焰消毒的外科刀，在刀刃上蘸些50％甘油水，用手握刀，使刀刃和皮肤垂直，用力刮取病料，一直刮到微微出血为止，这点对检查寄生于皮内的疥螨尤为重要。刮取的病料置于消毒的小瓶或带塞的试管中供镜检。刮取病料处的皮肤用碘酒消毒。

采取蠕形螨病料时，要用力挤压病变部，挤出病变内的脓液，然后将脓液摊于载玻片上供检查。

**2. 螨的检查方法**

为了确诊螨病而检查患部的皮屑刮取物，一般有两种检查法，即死虫检查法和活虫检查法。

（1）皮屑内死虫检查法

① 煤油浸泡法。将病料置于载玻片上，滴数滴煤油后，加盖另一块载玻片，用手搓动两块载玻片，使皮屑粉碎，然后在生物显微镜或体视显微镜下检查。由于煤油的作用，皮屑透明，螨体特别明显。

② 皮屑溶解法。将病料浸入盛有10％ NaOH（或10％ KOH）的试管中，经1～2h痂皮软化溶解，弃去上层液体后，用吸管吸取沉淀物，滴于载玻片上加盖玻片检查。为加速皮屑溶解，可将病料浸入10％ NaOH（或10％ KOH）溶液的试管中，在酒精灯上加热煮沸数分钟，痂皮全部溶解后将其倒入离心管中，用离心机离心1～2min后倾去上层液体，吸取沉淀物制片镜检。

（2）皮屑内活虫检查法

① 直接检查法。在刮取皮屑时，刀刃蘸上50％甘油水溶液或石蜡油或清水，用力刮取，将粘在刀刃上的带有血液的皮屑物，直接涂擦在载片上，置显微镜下检查。

② 加热检查法。将病料置于培养皿中，在酒精灯上加热至37～40℃后，将培养皿放于黑色背景（黑纸、黑布、黑漆桌面等）上，用扩大镜检查，也可用体视显微镜检查。

③ 温水检查法。将病料浸入盛有45～60℃温水的玻璃皿中，或将病料浸入温水后放在37～40℃恒温箱内15～20min，然后置于生物显微镜或体视显微镜下检查。

④ 油镜检查法。本法主要用于螨病治疗后的效果检查，察看用药后虫体是否被杀死。主要是借助油镜检查螨体内淋巴液有无流动。检查时，将少许新鲜刮取的皮屑，置于载片中央，滴加1～2滴10％NaOH（或10％KOH）溶液，不加热直接加上盖片并轻轻按压，使病料在盖片下均匀地扩散成薄层。用低倍镜检查发现虫体后，更换油镜检查。

**［判断标准］**

**1. 皮屑内死虫检查法的判断标准**

用煤油浸泡法和皮屑溶解法进行检查时，发现有死亡的螨类虫体，即可作出初步诊断。最好进一步采用皮屑内活虫检查法检查以便确诊。

**2. 皮屑内活虫检查法的判断标准**

（1）直接检查法的判断标准　看到有活的螨类虫体在活动，即可确诊为螨病。

（2）加热检查法的判断标准　发现移动的虫体可确诊。

（3）温水检查法的判断标准　若见虫体从痂皮中爬出，浮于水面或沉于皿底可确诊。

（4）油镜检查法的判断标准　活的虫体的肢末端部位，沿着虫体的边缘可明显地看出淋巴液在相互沟通的腔内迅速移动。如果是死的虫体，淋巴液则完全不动。

［临床意义］　进行患部皮屑刮取物的检查可为螨病确诊提供依据。死虫检查法只能找到死的螨类，这在初步确立诊断时有一定的意义。活虫检查法可以发现有生活能力的螨类，可以确定诊断和检查用药后的治疗效果。

# 技能三　原虫病的实验室诊断技术

【技能基础】

1. 能观察和识别各种原虫的形态结构。
2. 掌握动物原虫病的实验室诊断方法、操作步骤、判断标准及临床诊断意义。

［原理］　原虫的种类繁多，寄生于动物的病原性原虫，主要有血液原虫、生殖道原虫、消化道原虫和组织内原虫等。将采集的含原虫的血液，制作血涂片标本，经染色、镜检易发现血浆或细胞内的虫体。有时为了观察活虫亦可用压滴标本检查法。对球虫卵囊和结肠小袋虫可采集动物粪便，用粪便直接涂片法和漂浮法进行检查。生殖道原虫主要寄生于母牛的阴道与子宫的分泌物中、流产胎儿的羊水和羊膜中，也能存在于公牛的包皮鞘内。临床上在上述部位采集病料易检查出虫体。经实验室检查，只要能发现病原体就具有确诊意义。

［材料与设备］　毛剪，镊子，药棉，培养皿，烧杯，吸管，试管架，试管，酒精灯，载玻片，盖玻片，生物显微镜（带油镜），恒温箱，离心机。

酒精，甲醇，50%甘油，石蜡油，碘酒，苏木素染色液，瑞氏染色液，姬姆萨染色液，2%柠檬酸钠，2.5%重铬酸钾，生理盐水。

［操作过程与方法］　寄生于动物的病原性原虫种类繁多，其检查方法因种类不同而有所区别。本项目中主要介绍原虫病的病原检查法。

## 一、血液内原虫的检查

**1. 血液内的寄生性原虫的种类**

血液内的寄生性原虫主要有伊氏锥虫、梨形虫（焦虫）和住白细胞虫等。

**2. 血液内的寄生性原虫样品的采集**

检查血液内的寄生性原虫多在耳静脉或颈静脉采取血液。采样时在耳尖剪毛后用酒精消毒，再用干棉花擦干，然后扎刺耳尖皮肤，待血液慢慢流出后立即采集。

**3. 血液内的寄生性原虫的检查方法**

将采集的含原虫的血液制作血涂片标本，经染色、镜检来发现血浆或细胞内的虫体。有时为了观察活虫亦可用压滴标本检查法。

（1）涂片染色标本检查法　是临床上最常用的血液原虫的病原检查方法，可适用于各种血液原虫的检查。多在耳尖采血（也可在颈静脉采血）。采新鲜血滴少许滴于载玻片一端，以常规方法推成血膜，干燥后，滴甲醇2~3滴于血膜上进行固定，然后用姬姆萨染色液或瑞氏染色液染色，干燥后在油镜下检查。

（2）鲜血压滴标本检查法　主要用于伊氏锥虫活虫的检查，在压滴的标本内，可以很容易观察到虫体的活泼运动。检查时，将血液滴在洁净的载玻片上少许，加上等量的生理盐水，混合后加上盖玻片，置于显微镜下先用低倍镜进行检查，发现有活动的虫体时，再换高倍镜检查。检查时，最好在温度适宜且光线较弱的环境下观察虫体。

（3）集虫检查法 当动物血液内虫体较少时，用上述方法检查病原就比较困难，甚至有时常能得出阴性结果，出现误诊。为此，临床上常用集虫法，将虫体浓集后再作相应的检查，以提高诊断准确性。常用于对伊氏锥虫和梨形虫病的检查。检查时，在离心管内先加3～4ml 2%柠檬酸钠生理盐水，再加被检血液 6～7ml，充分混合后，500r/min 离心 5min，由于锥虫及感染有虫体的红细胞比正常红细胞的密度小，此时正常红细胞下降，而锥虫或感染有虫体的红细胞尚悬浮在血浆中；将红细胞上面的液体用吸管吸至另一离心管内，并在其中补加一些生理盐水，再 2500r/min 离心 10min，即可得到沉淀物。用此沉淀物作涂片、染色、镜检，可以容易地找到虫体。

马、牛的梨形虫及牛泰勒梨形虫和马锥虫形态见图 13-5 和图 13-6。

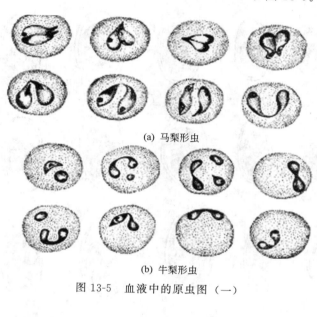

(a) 马梨形虫

(b) 牛梨形虫

图 13-5　血液中的原虫图（一）

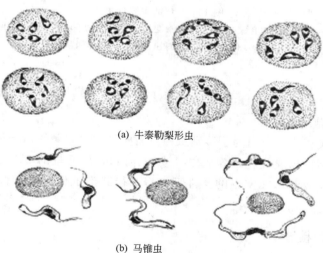

(a) 牛泰勒梨形虫

(b) 马锥虫

图 13-6　血液中的原虫图（二）

## 二、粪便内原虫的检查

动物粪便内原虫的病原学检查主要是针对球虫卵囊和结肠小袋虫的检查，对动物生前诊断出原虫病具有重要意义。临床常用的方法有粪便直接涂片法和漂浮法。

### 1. 球虫卵囊的涂片法

与蠕虫学粪便检查的直接涂片检查法基本相同。即在载玻片上滴加 1 滴 50％甘油水溶液（或生理盐水、普通水），取少量粪便与甘油水溶液混合，然后除去粪便中的粗渣，加上盖玻片。先在低倍镜下检查，发现卵囊后，转换至高倍镜下详细检查。鸡、兔的球虫形态见图 13-7 和图 13-8。

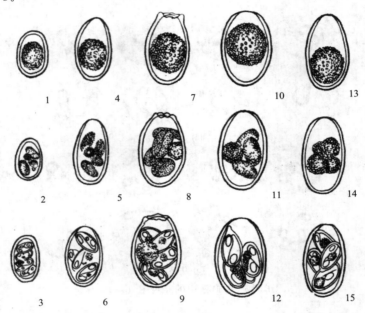

图 13-7 鸡的主要球虫

1～4—柔嫩艾美耳球虫；5～7—和缓艾美耳球虫；8,9—堆型艾美耳球虫；
10～13—巨型艾美耳球虫；14,15—毒害艾美耳球虫

### 2. 漂浮法

同本项目技能一。

### 3. 球虫卵囊的孢子化培养

动物的球虫种类繁多，有时为了鉴别虫种，需要经过对卵囊的孢子化培养。即把含有球虫的粪便或是浓集后的卵囊放在培养皿内（或烧杯内），加适量的 2.5％重铬酸钾溶液，在25℃的温箱内培育，夏季可在室温的条件下培育，待其孢子化后再用直接涂片法或漂浮法检查。

## 三、生殖道原虫的检查

以牛胎儿毛滴虫检查法为例，介绍生殖道原虫的检查方法。

### 1. 病料的采取

病料主要由母牛的阴道和公牛包皮鞘内采取。母牛可直接由阴道采取分泌物，一般先向

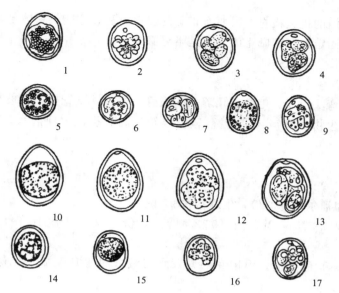

图 13-8　家兔的球虫

1～3—穿孔艾美耳球虫；4～6—中型艾美耳球虫；7～9—大型艾美耳球
虫；10～12—无残艾美耳球虫；13～17—兔艾美耳球虫

阴道内注入 5～10ml 生理盐水，再用长柄镊子夹取棉球小心地洗涤阴道，然后把棉球上的液体物涂在载玻片上检查。公牛可用 50～100ml 35℃左右的生理盐水注入包皮腔内，用一手将包皮口捏紧，用另一手托起、按摩包皮后部，如此反复按洗后，放开手指将洗液收集于广口瓶中待检查。

**2. 原虫的涂片检查**

将收集到的阴道或包皮鞘的洗涤液置于 2000r/min 下离心沉淀 5min，取沉淀物涂片固定，用苏木素染液染色后镜检。

**3. 虫体的活体检查**

即将病料放在载玻片上，不做染色处理在镜下观察，可见到有略大于一般白细胞的虫体活动。

[判断标准]　对血液内原虫、粪便内原虫和生殖道原虫进行实验室检查时，不管用什么方法，只要能在病料中发现虫体、卵囊、孢子化卵囊等，即可做出确诊。

[临床意义]　采集病畜的血液、尿液和生殖道样品，只要发现相应的虫体、卵囊、孢子化卵囊等便可作出确诊，具有重要的诊断意义。

# 技能四　寄生虫标本的保存及送检

**【技能基础】**

掌握寄生虫标本的采集、保存和送检方法。

生产实践中对寄生虫病的诊断，除了依据临床症状和进行流行病学的分析外，主要依靠虫体的病原检查，即是依据发现有虫卵、幼虫及虫体的存在，才能确定有某种寄生虫病。对于采集的虫体（包括蠕虫、原虫和昆虫等）、血片及病变组织，在许多情况下，尚需将虫体及病料组织送到专门的机关检查，需要有正确的保存方法，才能供虫体鉴定，所以临床工作者掌握寄生虫虫体固定保存和邮寄的方法是十分必要的。

[材料与设备]

**1. 仪器和用品**

弯头解剖针，弯头镊子，毛笔，培养皿，吸管，试管，试管架，载玻片，盖玻片，标本瓶，胶布，细针，生物显微镜（带油镜），恒温箱，离心机，生理盐水，薄荷脑酒精溶液，80%酒精。

**2. 固定液**

① 70%酒精。

② 巴氏液。即福尔马林 3 份，生理盐水 97 份。

③ 酒精-福尔马林-醋酸固定液。95%酒精 50 份，福尔马林 10 份，醋酸 2 份，常水 38 份。

④ 劳氏（Looss）固定液。由饱和的升汞水溶液（约含升汞 7%）100ml，加入冰醋酸 2ml，混合即成。

⑤ 绦虫固定液。福尔马林 15 份，冰醋酸 5 份，甘油 10 份，70%酒精 24 份，常水 46 份。

⑥ 甘油酒精固定液。70%酒精 95ml，甘油 5ml。

⑦ 5%～10%福尔马林溶液。

[操作过程与方法]

**1. 蠕虫的固定和保存法**

（1）吸虫

① 采集。在病料中发现吸虫时，对大的虫体应以弯头解剖针或弯头镊子，轻轻地将虫体挑出，放于盛有生理盐水的培养皿内，用毛笔轻轻刷洗掉虫体表面的污物，待虫体自然死亡伸展后，用固定液固定。较小的虫体，要用毛笔或小吸管挑取或吸入到含水的试管内，加塞后，用力摇荡数分钟，倒去生理盐水，待虫体自然死亡后用固定液固定。

② 固定法。虫体在自然死亡或以薄荷脑酒精溶液（薄荷脑 24g，95%酒精 10ml）使虫体松弛后，用载玻片压平后固定，或将洗净后的吸虫放在两片载玻片间用细线紧扎压平后固定。常用的吸虫固定液有 70%酒精、巴氏液和酒精-福尔马林-醋酸固定液等。用 70%酒精固定 0.5～3h，视虫体大小而定，再移至新的 70%酒精中保存。

③ 保存。经固定液固定后的虫体，装在标本瓶内，加入适量的固定液。放入一个用铅笔注明含有动物种类、性别、年龄、编号、寄生部位、动物来源及日期的标签。加盖后并用胶布封固后保存。

（2）绦虫

① 采集。绦虫的头节牢固地固定在畜体的肠壁时，不可强行拉出，采集必须注意尽量保证虫体的完整性，将虫体连同器官一起放入清水中，让虫体自动退出，然后用毛笔清洗去虫体上的污物，待其自然死亡，使虫体伸展后才可固定。

② 固定法。完全死亡伸展开的大型绦虫（如猪带绦虫、牛带绦虫）经清水洗涤数次后，先用大玻璃板压平后放入固定液中固定。大型绦虫死亡伸展开后，可直接投入固定液中固定。绦虫常用的固定液有 70%酒精、劳氏固定液和绦虫固定液等。

③ 保存。同吸虫保存法一样，但对大型绦虫或较多的虫体，为了不使互相扭结在一起，

可选用大口的广口瓶进行保存。

（3）线虫和棘头虫

① 采集。对于收集到的虫体，要先放入生理盐水的容器中，以防止虫体崩裂，同时要用毛笔仔细洗去虫体外部、口囊内和雄虫半交合伞和雌虫生殖孔等处异物和杂质。

② 固定法。在进行虫体固定时，都须使用热固定法，虫体才可即刻伸展开来，便于以后的虫体鉴别。虫体用生理盐水洗净后，用加热至 70～80℃ 的 70% 酒精或巴氏液固定，冷却后移至新的 70% 酒精或巴氏液中保存。小型线虫（如旋毛虫、蛲虫、钩虫等）宜用甘油酒精加热固定，保存于 80% 酒精中。

③ 保存。虫体移入 70% 酒精或巴氏液中，加以详细的标签用胶布封固后保存。

**2. 原虫包囊和虫卵的保存**

汞碘醛液 10ml 与粪便 1g 混匀后密封在瓶内，其中的原虫包囊及虫卵可保存数月。也可在经浓集法处理的粪便沉渣中加等量或 1 倍量的 10% 甲醛液（加热至 70℃），摇匀，用石蜡封固瓶口。

**3. 昆虫标本的保存**

（1）干标本保存　保存有翅昆虫成虫时，可用细针插虫体干制保存。大型昆虫（蝇、虻等）用较大的针从虫体背面、中胸右侧直插。注意保持一侧完整，以便鉴定。小型昆虫（蚊、蛉、蚋、蠓等）可用小号短针从胸部腹面两中足基部之间插入，不可刺透胸背，再用另一长针从软木片另一端插下。最后各插一硬纸片，记录名称、采集地点与时间，并将之插于昆虫盒软木板上或玻璃管的软木塞上。昆虫盒内放入纸包的樟脑粉即可。

（2）湿标本保存　用于保存有翅昆虫的卵和幼虫期及无翅昆虫和蜱螨类的发育各期。活标本先经加温的 70% 酒精（60～70℃）固定，一天后移至甘油酒精中；也可用 5% 或 10% 福尔马林和布氏（Bless）液［福尔马林原液 7ml，70% 酒精 90ml，冰醋酸（临用前加入）3～5ml 混合配成］固定保存。保存的标本须详细记录标本名称、宿主、采集地点、采集日期及采集者姓名。

**4. 寄生虫虫体及组织病料的邮寄**

临床上有时发现某些寄生虫虫体，需要送往外地的检验机关做进一步的鉴定，需要先包装好后送检或邮寄。

（1）蠕虫虫体　将需要送检的蠕虫标本，按正常采集和固定后，装入磨口的广口瓶中，加入适量固定液，注明合格的标签，用胶布牢固封好瓶口，将瓶子装入塑料袋内，外加合适大小的木箱，用棉花或纱布一类物品将标本瓶包裹塞紧，如果有多个瓶子一箱邮寄，需要将每个瓶间很好地分隔开，以免使瓶子碰撞打坏，其他按邮局的具体要求进行邮寄即可。最好是用硬质塑料瓶进行包装，安全效果更好。

（2）肌肉和组织标本　为了送检含有旋毛虫、住肉孢子虫等肌肉时，必须将肌肉组织做两种处理。其一为了能便于检查虫体，需要将肌肉组织用 5%～10% 福尔马林溶液固定处理。然后把处理过的被检组织分别装在硬质塑料瓶（或玻璃广口瓶）中，在瓶内注放标签后，即可按上述虫体送检方法办理。

（3）脾及螨类　螨类的刮取物亦须用多量的开水急性灭活，然后离心或自然沉淀后，弃去上清液，将沉淀物用 70% 的酒精固定装瓶，添加标签后，同样按上述方法邮寄送检。脾在采到以后，首先要用沸水给以急性杀死，以便其肢体伸展，然后用 70% 的酒精装瓶固定。

【链接】

**1. 沉淀法的操作原理**

吸虫卵的直径较大，密度也大，在水中沉降的速度比大部分粪渣的沉降的速度要快得多，沉降 20～40min，粪中的虫卵基本上都沉降到容器的底部，大部分粪渣还漂浮在上、中层液体中。倾去上、中层液体，保留沉渣，再加水混匀，再沉淀，如此反复操作直到上层液体透明后，倾去上清液，即可达到浓缩虫卵的目的。

**2. 漂浮法的操作原理**

线虫卵、绦虫卵和原虫的密度小，在饱和盐水、饱和糖水和饱和硫酸镁等溶液中会迅速上浮，静置 30min，则虫卵上浮至液面，用一直径 5～10mm 的铁丝圈，与液面平行接触以蘸取表面液膜，拌落于载玻片上，即可达到浓缩虫卵的目的。

**3. 绵纶筛兜集卵的原理**

适用于检查直径大于 $60\mu m$ 的虫卵。粪便经绵纶筛兜集卵法处理，粗大粪渣被铜筛扣留，纤细粪渣（直径小于 $40\mu m$）和可溶性色素均被冲洗走而使虫卵集中。

**4. 明矾苏木素染色液**

明矾苏木素由甲乙二液合成：甲液以苏木素 1.0g，无水乙醇 12ml 配成；乙液以明矾 1.0g 溶于 240ml 蒸馏水内。使用前临时以甲液 2～3 滴加入乙液数毫升内即成。

**5. 螨病的类症鉴别**

螨病的诊断必须详细观察病畜的临床症状和参考流行病学综合资料，依据实验室检查结果进行诊断。临床上要与下列疾病相鉴别。

（1）湿疹　某些动物发生湿疹时亦能出现痒觉，有时还有皮脂结痂，但缺螨病的剧痒，特别当动物在暖舍中时痒觉不加剧；病变部形成的痂皮容易随被毛脱落；皮屑内无虫体。

（2）秃毛癣　本病在患部出现圆形、椭圆形界线明显的病变，病变上覆盖有浅灰色疏松的痂皮，易于剥落。患部经常融合形成大的不规则的癣斑，无痒觉。将病料用 10％NaOH 溶液处理检查时，可见有发癣菌的芽孢或菌丝而无虫体。

（3）虱和毛虱病　当动物受大量虱和毛虱侵袭时，能引起发痒、脱毛和皮肤营养障碍，其症状有时和螨病相似。但皮肤发痒和形成痂皮的程度非常轻微；用手触摸仍柔软而有弹性；同时很易发现虱，且在病料中没有虫体。

# 【项目小结】

动物寄生虫病在兽医临床上仅次于动物传染病对养殖业造成极大的威胁，侵蚀动物寄生虫的种类主要有蠕虫、螨、原虫，本项目重点介绍蠕虫病、螨病、原虫病的实验诊断方法、注意事项及临床意义，为动物寄生虫病的临床诊断提供依据。还介绍了寄生虫标本的采集、保存和送检方法。

# 【目标检测题】

1. 简述沉淀法检查粪便中肝片吸虫卵的操作步骤和方法。
2. 简述粪便中的后圆线虫的集卵检查法。
3. 螨病的实验室检查方法有哪些？

# 项目十四 细菌的检验与控制技术

## 【学习目标】

通过本项目的学习，掌握细菌标本片的制备方法，细菌的分离培养法，细菌的生化特性试验方法，为细菌病的实验室诊断提供可靠依据；掌握动物试验与免疫接种技术、消毒与灭菌技术，常用药物的敏感试验技术，为兽医临床细菌的控制提供帮助。

## 【技能目标】

通过掌握细菌标本片制备、细菌分离培养、细菌生化特性试验、动物试验与免疫接种技术、消毒的方法与灭菌技术，能进行常用药敏试验。

# 技能一 细菌标本片的制备与镜检

### 【技能基础】

掌握细菌标本片的制备、染色、镜检技术。

[材料与设备] 接种环、酒精灯、载玻片、无菌生理盐水、细菌培养物、病料、美蓝染色液、革兰氏染色液、瑞氏染色液、染色缸、染色架、洗瓶、显微镜、香柏油、乙醇乙醚、擦镜纸、无菌镊子、剪刀等。

[操作过程与方法]

## 一、细菌标本片的制备

### 1. 抹片

（1）固体培养物 取洁净玻片一张，把接种环在酒精灯火焰上烧灼灭菌后，蘸取 1～2 环无菌生理盐水，置于载玻片的中央，再将接种环灭菌，待冷却后，从固体培养物上挑取菌落或菌苔少许，与生理盐水混匀成适当大小的薄层。

（2）液体培养物 直接用灭菌接种环钓取液体培养物 1～2 环，于玻片的中央均匀地涂成适当大小的薄层。

（3）液体病料（血液、渗出液等） 用灭菌接种环蘸取病料少许，置于一洁净载玻片的一侧（靠近中央），再取另一张玻片，以 45°角均匀地把液体病料推成一薄层的涂面。

（4）组织病料 用无菌剪刀、镊子剪取组织病料（病变组织如肝、脾等）一小块，以其新鲜切面在玻片的中央压成 2～3 个压印或涂抹成适当大小的一薄层。

### 2. 干燥

抹片一般要自然干燥，必要时可于酒精灯火焰上 30～40cm 处适当加热干燥。

### 3. 固定

（1）火焰固定 将干燥好的抹片涂面向上，以其背面在酒精灯火焰上来回通过数次，略作加热，以不烫手背为宜。

（2）化学固定　有的血片、组织触片用姬姆萨染色时，可将干燥好的抹片浸入甲醇中 3～5min 后取出晾干，或在抹片上滴加数滴甲醇使其作用 3～5min 后自然挥发干燥。

## 二、细菌的染色

**1. 美蓝染色法**

在已干燥、固定好的抹片或触片上滴加适量的美蓝染色液，染色 1～3min 后，水洗，晾干，镜检。

**2. 瑞特氏染色法**

在已干燥、固定好的抹片或触片上，滴加瑞氏染色液，1～3min 后，再滴加与染色液等量的中性蒸馏水或磷酸盐缓冲液，轻轻摇晃玻片，使之与染色液混合均匀，3～5min 后，水洗，干燥，镜检。

**3. 姬姆萨染色法**

在已干燥好的抹片或触片上，用甲醇固定 3～5min，干燥后在其上滴加足量的姬姆萨染色液（取 5～10 滴原液于 5ml 新煮过的中性蒸馏水中，混合均匀即可）染色 30～60min，用 pH 7.0～7.2 缓冲液冲洗，吸干或烘干，镜检。

**4. 革兰氏染色法**

在已干燥或固定好的抹片上，滴加草酸铵结晶紫染色液初染 1min，水洗，甩干；加革兰氏碘液于玻片上媒染 1min 后，水洗，甩干；用 95% 酒精或丙酮于玻片上脱色 5～10s，水洗，甩干；加石炭酸复红（或沙黄）染色液复染 1min，水洗，干燥，镜检。

## 三、镜检

在细菌染色标本片的欲检部位滴一滴香柏油后，将标本片安放于载物台，并将待检部位移至聚光器上，先用低倍镜寻找适当的视野，再换用油镜头，调整焦距，直至出现完全清晰的物像。然后观察细菌的染色特性，美蓝染色法，菌体呈蓝色；瑞特氏染色法，菌体呈蓝色，组织细胞浆呈红色，细胞核呈蓝色；姬姆萨染色法，菌体呈蓝青色，组织细胞浆呈红色，细胞核呈蓝色；革兰氏染色法，革兰氏阳性菌呈蓝紫色，革兰阴性菌呈红色。

油镜用毕，上升镜头，在擦镜纸上滴 1～2 滴二甲苯擦去镜头上的香柏油。退出玻片，恢复显微镜原样即可。

[**注意事项**]

① 作细菌抹片时，不宜涂得过厚，以免影响制片效果。

② 固定必须确实，火焰固定时不宜温度过高，以免造成菌体结构破坏。

③ 在染色过程中应保持玻片上有足够的染色液，尤其加热染色的染液，在染色过程中应随时添加，以免蒸发干，影响染色效果。

④ 染色液染色后，应用水将染色液一同冲掉，不可先将染色液倾去后再用水冲洗。

⑤ 在镜检时，要严格按照油镜的使用规则进行。

[**临床意义**]　根据细菌不同染色特性进行显微镜观察，在细菌病的实验诊断中具有重要的意义：一是将病料涂片染色镜检，有助于对细菌的初步认识，也是决定是否进行细菌分离培养的重要依据，有时通过这一环节即可得到确切诊断。如禽霍乱和炭疽的诊断有时可通过病料组织触片、染色、镜检即可确诊；二是在细菌分离培养之后，将细菌培养物涂片染色，观察细菌的形态、排列及染色特性，这是鉴定分离细菌的基本方法之一，也是进一步生化鉴定、血清学鉴定的前提。

# 技能二　细菌的分离培养

## 【技能基础】

1. 掌握细菌的分离培养的操作方法。
2. 熟悉细菌的培养特性。

[理论要点]　分离培养就是把病料中的病原微生物或者目的菌从微生物的混合材料中分离培养出来，并获得分离物的单一生长材料，以进行诊断及有关研究工作。

[材料与设备]　恒温培养箱，接种环或接种针，病料或实验用菌种，各种细菌培养基，酒精灯，灭菌吸管，烙刀，记号笔；焦性没食子酸、连二亚硫酸钠、无水碳酸钠、氢氧化钠、凡士林、生理盐水等。

[操作方法与步骤]

## 一、细菌的分离培养

### 1. 平板划线分离培养法

右手持接种环于酒精灯上烧灼灭菌，待冷却。若为液体病料，可直接用灭菌后的接种环取病料一环；若为固体病料，先将烙刀在酒精灯上灭菌，立即用其将病料表面烧烙灭菌，并在烧烙部位作一切口，然后用灭菌接种环从切口插入组织中缓缓转动接种环，取少量组织或液体。左手持平皿，底朝下盖在上面，以无名指和小指托住底，拇指、食指和中指将皿盖揭开成 20°角，将已取被检材料的接种环伸入平皿，并涂于培养基一侧，然后自涂抹处成 30°～40°角，以腕力在培养基表面进行"Z"字形划线。最后烧灼接种环，将培养皿盖好，用记号笔在培养皿底部注明被检材料及日期，倒置 37℃恒温培养箱中，培养 18～24h 观察结果。

### 2. 斜面划线分离培养法

左手持试管，手掌朝上，食指和拇指夹住试管，右手持接种环。先将试管的棉塞端在酒精灯火焰上方旋转两周，然后用右手小指和手掌边缘夹住棉塞，打开试管，保持试管口在火焰上方进行操作，在斜面上从试管底部向试管口作"Z"字形划线，接种完毕，在酒精灯火焰附近塞上棉塞后，在火焰上方旋转两周。用铁丝篓或试管架直立放置 37℃恒温箱中培养 24h。

### 3. 厌氧培养法

（1）焦性没食子酸法　取大试管或磨口瓶一个，在底部先垫上玻璃珠或铁丝弹簧圈，然后按每升容积加入没食子酸 1g 和 10％氢氧化钠 10ml，再盖上有孔隔板，将已接种病料或菌种的培养基放入其内，用凡士林或石蜡封口，置于恒温箱中培养 2d 后观察结果。

（2）肝片肉汤培养基培养法　在普通肉汤培养基的试管中加入数片煮熟的肝块，然后加入适量的石蜡覆盖液面，高压蒸汽灭菌。使用前将培养基隔水煮沸 5min，随即置于冷水中冷却以排除培养基内的空气，接种前先将液面的石蜡部分管壁在酒精灯火焰上略烤，使之与管壁分离，然后用接种环取病料从石蜡空隙处插入培养液中，接种完后将液面的石蜡烤融，使其平整地覆盖液面，置于试管架上冷却至石蜡凝固后，置恒温箱中培养。

## 二、细菌在培养基上的生长特性观察

### 1. 固体培养基上的生产特性

主要观察细菌在培养基上形成的菌落特征。

（1）大小　以直径（mm）表示，小菌落如针尖大小，大菌落为5～6mm，甚至更大。

（2）形状　有圆形、扁平、露滴状、针尖状、同心圆形、不规则形、云雾形、扣状、放射状和根足形等。

（3）边缘　有整齐、波浪状、锯齿状、卷发状等。

（4）表面形状　有光滑、粗糙、同心圆状、皱褶状、放射状。

（5）湿润度　有湿润和干燥两种。

（6）隆起度　有表面隆起、轻度隆起、中央隆起、云雾状、脐状、扁平状等。

（7）色泽与透明度　色泽有无色、白、乳白、黄、橙、红等；透明度有透明、半透明、不透明等。

（8）质地　有坚硬、柔软和黏稠等。

（9）溶血性　呈很小的半透明绿色的溶血环称 α 型溶血；呈透明的溶血环称 β 型溶血，不溶血的称 γ 型溶血。

**2. 液体培养基上的生长特性**

（1）浑浊度　有高度浑浊、轻度浑浊或仍保持透明者。

（2）沉淀　管底有无沉淀，沉淀物为颗粒状或絮状等。

（3）表面　液面有无菌膜，管壁有无菌环。

（4）气体和气味　有无气泡或有无特殊气味，如鱼腥味、醇香味等。

（5）色泽　液体是否变色，如绿色、红色、黑色等。

**3. 半固体培养基上的生长特性**

具有鞭毛的细菌，沿穿刺线向周围扩散生长；无鞭毛的细菌，沿穿刺线呈线状生长。

[**注意事项**]

① 细菌的分离培养必须严格无菌操作。

② 灭菌接种环或接种针在挑取菌落前，应先在培养基上无菌落处冷却，否则会将所挑的菌落烫死而使培养失败。

③ 划线接种时应先将接种环的环部稍稍弯曲，以便于划线时环与琼脂面平行，这样不易划破琼脂；同时划线时应用力适度，太重易划破琼脂，太轻又可能划不出菌落。分区划线接种时，每区开始的第一条线应通过上一区的划线。

④ 接种时平皿盖打开的角度不易过大，以免空气中的细菌污染培养基，角度过小又不方便划线操作。

[**临床意义**]　细菌病的临床病料或培养物中带有多种细菌混杂，其中有致病菌，也有非致病菌，从采集的病料中分离出目的病原菌是细菌病诊断的重要依据，也是对病原菌进一步鉴定的前提。细菌的生化培养又是进行药敏试验和生化试验的最重要的环节。

# 技能三　细菌的生化特性试验

【**技能基础**】

1. 了解细菌生化试验的原理。

2. 掌握细菌生化试验的操作方法。

[**材料与设备**]　恒温培养箱、糖发酵培养基、葡萄糖蛋白胨培养基、蛋白胨水培养基、有机酸盐培养基、葡萄糖铵培养基、柠檬酸盐琼脂斜面培养基、V-P 试剂、MR 试剂、醋酸

钠培养基、1%盐酸四甲基对苯二胺试剂、靛基质试剂、各种糖发酵管、大肠杆菌、沙门氏菌、产气杆菌的 24h 培养物等。

[理论要点] 细菌都有各自的酶系统，因此都有各自的分解与合成代谢产物，利用生物化学的方法检查这些细菌的代谢产物就是细菌的生化试验，也是鉴别细菌的重要方法。

[方法与步骤]

**1. 糖发酵试验**

（1）原理 细菌分解糖可产生有机酸或二氧化碳和水，产酸可通过指示剂的颜色变化来检查，产气可见试管内的倒立的小发酵管中蓄积气体。

（2）方法 将纯培养菌无菌操作接种于糖发酵培养基中，置 37℃ 恒温箱中培养 24～48h，结果有三种：只产酸（＋），产酸产气（⊕），不发酵（－）。

**2. 甲基红（MR）试验**

（1）原理 大肠杆菌和其他 MR 阳性菌分解葡萄糖产生丙酮酸，进一步分解产生甲酸、乙酸、乳酸和琥珀酸等，使培养基的 pH 降至 4.5 或更低，甲基红试验呈阳性（红色）。MR 阴性菌也产生酸如甲酸、乙酸、乳酸，但产酸量少。终末 pH 在 5.4 以上，甲基红试验阴性（呈橘黄色）。

（2）方法 将纯培养菌无菌操作接种于葡萄糖蛋白胨液中，37℃ 培养 2～7d 后，加甲基红（MR）试剂，变红色者为阳性（＋），不变色者为阴性（－）。

**3. V-P 试验**

（1）原理 在葡萄糖代谢过程中，分解丙酮酸，产生乙酰甲基甲醇，在碱性情况下，遇氧生成二乙酰，再与蛋白胨中精氨酸的胍基结合，生成红色化合物。

（2）方法 将纯培养菌无菌操作接种于 MR/V-P 肉汤培养基中培养 2～7d 后取出，按每毫升培养基加入 V-P 试剂甲（5% α-萘酚无水酒精溶液）0.5ml，再加入 V-P 试剂乙（40%氢氧化钾）0.2ml，振摇混匀，静置观察 2～4h，数分钟内变为红色者为阳性（＋），隔夜仍不变色者为阴性（－）。

**4. 柠檬酸盐利用试验**

（1）原理 当细菌利用铵盐作为唯一氮源，利用柠檬酸盐作为唯一碳源来提供能量时，才能在柠檬酸盐培养基上生长。细菌生长时，分解柠檬酸钠，生成碳酸钠，使培养基变碱。

（2）方法 将细菌做成盐水悬液接种于柠檬酸钠琼脂斜面上，置 37℃ 培养 4d，每天观察，阳性者有菌落生长，培养基从绿色转变为蓝色；阴性者不见有细菌生长，培养基仍为绿色。

**5. 有机酸盐利用试验**

（1）原理 酒石酸受细菌酶的作用，分解为乙酸、草酸等简单有机酸。通过三羧循环，枸橼酸可被分解为多种比较简单的有机酸，如乳酸、乙酸等。这些有机酸可降低 pH 值，使指示剂颜色由蓝变黄，甚至变白。同时未被分解的酒石酸和枸橼酸与铅离子形成铅盐沉淀，若与阴性对照相比可以判定反应的程度。

（2）方法 用接种环由 20h 的肉汤培养物接种到有机酸培养基上，置 37℃ 培养 14d，每天观察记录颜色变化。能分解酒石酸、枸橼酸者指示剂由蓝变黄绿直到白色，阴性者仍为蓝色。

在试验结束时，向酒石酸、枸橼酸盐管内加 0.5ml 醋酸铅饱和水溶液，阳性管只有少量沉淀，阴性管有大量铅盐沉淀，与对照管相同。

**6. 葡萄糖铵利用试验**

（1）原理 当细菌利用铵盐作为唯一氮源，且不需要烟酸等氨基酸时，才可以在葡萄糖铵培养基上生长。细菌生长时，分解葡萄糖，使培养基变酸，呈黄绿色或黄色。

（2）方法 用接种环轻轻触及培养物表面，在1ml盐水内制成稀的悬液，肉眼不见混浊，每接种环内含菌在20～100个为宜。消毒接种环后再挑取悬液接种在葡萄糖铵培养基上，同时以同法接种普通琼脂斜面作对照。37℃培养24h，阳性者有正常大小的菌落生长，阴性者不生长或与对照管比菌落微小，也可视为阴性结果。

**7. 氧化酶试验**

（1）原理 氧化酶又称细胞色素酶，细胞色素氧化酶C或呼吸酶。氧化酶在有分子氧或细胞色素C存在时，可氧化四甲基对苯二胺，出现紫色反应。

（2）方法 取滤纸片浸泡于1％盐酸四甲基对苯二胺溶液中，取出干燥后避光保存，同时将菌落涂于纸片上，或用纸片蘸菌落，若由红变紫者为阳性反应。

**8. 脲酶试验**

（1）原理 脲酶又称尿素酶。细菌如有脲酶，能分解尿素产生氨，使培养基的碱性增加，能使含酚红指示剂的培养基由粉红色转为紫红色。

（2）方法 将细菌接种到含酚红指示剂的培养基上，置37℃培养24h后，取出观察，若培养基由粉红色转为紫红色即为阳性反应。

**9. 吲哚试验**（靛基质试验）

（1）原理 细菌分解蛋白胨中的色氨酸，产生吲哚，与对位二甲基氨基苯甲酸作用后，形成玫瑰吲哚而呈红色。

（2）方法 取菌接种于蛋白胨水培养基中，37℃培养2～3d，于培养基中加入戊二醇或二甲苯2～3ml，摇匀，静置片刻后，沿试管壁加入靛基质试剂2ml，若能形成玫瑰靛基质而呈红色，则为阳性反应，不变色为阴性反应。

**10. 硫化氢试验**

（1）原理 某些细菌能分解培养基中含硫氨基酸如半胱氨酸等产生硫化氢，硫化氢遇醋酸铅或硫酸亚铁则形成黑色的硫化铅或硫化亚铁。

（2）方法 用接种环取菌穿刺于含有醋酸铅或硫酸亚铁的琼脂培养基中，37℃培养4d，凡沿穿刺线或穿刺线周围呈黑色者为阳性，不变色者为阴性。

[临床意义] 细菌生化试验的主要用途是鉴别革兰氏染色反应、菌体形态以及菌落特征相同或相似的细菌。其中吲哚试验、甲基红试验、V-P试验，柠檬酸盐利用试验4种试验常用于鉴定肠道杆菌，合称为IMViC试验。例如大肠杆菌对这4种试验的结果是＋＋－－，而产气杆菌则为－－＋＋。

# 技能四 消毒与灭菌技术

【技能基础】

掌握常用的消毒灭菌方法和原理。

[理论要点] 消毒是指用机械、物理、化学或生物学方法杀灭物体中或外界环境中的病原微生物，使其有害微生物的数量降到最低，达到无害化处理的程度。灭菌是指杀死物体及环境中的一切微生物，使其达到无菌的状态。

[材料与设备]　铁锹、笤帚、车辆、紫外线灯、高压蒸汽灭菌锅、化学消毒剂、高压清洗机、火焰喷射器、消毒锅、喷雾器等。

[操作方法与步骤]

## 一、机械消毒法

### 1. 机械清扫、冲洗

用机械（高压清洗机、铁锹、笤帚等）清扫、铲除、洗刷等办法除去圈舍内用具、地面、墙壁以及动物体表上被污染的粪便、垫草、饲料、槽渣等污物，以达到将大量的病原体清除出来的目的，但不能杀灭病原体。

### 2. 通风换气

用排气扇或打开门窗等方式排出畜舍内的污秽气体和水汽，从而降低动物畜舍内空气中病原体的数量。通风换气一般每次不少于 30min。

## 二、物理消毒法

### 1. 日光（紫外线）照射、干燥

日光的直接照射就可起到杀菌作用。

（1）日光照晒消毒　可利用太阳的直接照晒，数分钟到几小时就可杀死许多微生物，如结核菌、沙门氏菌等病原微生物，反复曝晒还可以使带芽孢的菌体变弱或失活，炭疽杆菌的芽孢在日光照射下 20h 死亡。

（2）紫外线杀菌灯　紫外线杀菌灯的波长一般为 253.7nm。紫外线杀菌灯用于微生物实验室、无菌操作室、手术室、种蛋室、进入畜牧场的消毒室等。

（3）干燥　可抑制微生物的生长繁殖，甚至导致微生物的死亡，用干燥的方法保存草料、谷类、鱼、肉、皮张等。

### 2. 高温灭菌法

（1）原理　主要是由于高温加热时，微生物的蛋白质和核酸结构中的氢键受到破坏，使菌体蛋白质、核酸发生凝固变性，以至菌体死亡。

（2）方法

① 干热灭菌法。包括焚烧、火焰烧灼和热空气灭菌三种。

a. 焚烧。对于患传染病的畜禽尸体，病畜垫草病料以及污染的杂草、地面等的灭菌，可直接点燃或在炉内焚烧。对于全进全出制动物圈舍中的地面、墙壁、金属制品可以用酒精火焰喷灯消毒。

b. 火焰烧灼灭菌法。可以直接以火焰灼烧或酒精灯烧灼，立即杀死全部微生物。适用于接种环、接种针、玻璃棒、试管口、玻片等物品的消毒。外科手术器械在没有其他灭菌办法的情况下，也可以用烧灼灭菌。

c. 热空气灭菌法。又叫烘烤灭菌法。将灭菌的物品如玻璃器皿、烧杯、培养皿、针头、滑石粉、凡士林及液体石蜡等放入特别的电热干烤箱内，使温度逐渐上升到 160℃维持 2h，可以杀死全部细菌及芽孢。

② 湿热灭菌法。包括煮沸灭菌法、高压蒸汽灭菌法、间歇蒸汽灭菌法和巴氏灭菌法。

a. 煮沸灭菌法。将待灭菌的物品如玻璃器皿、针头、金属器械、工作服、帽等分层置于消毒锅内煮沸 1～2h 即可杀灭所有的病原体。一般物品煮沸 30min 即可。

b. 流通蒸汽消毒法。又叫间歇蒸汽灭菌法。常用于耐高热的培养基的灭菌。如鸡蛋培养基、血清培养基、牛乳培养基、糖培养基等。

将培养基放入蒸笼或流通蒸汽灭菌器内进行灭菌，加热 100℃ 维持 30min，每天进行一次，连续 3d。这样可以杀死芽孢或霉菌孢子生成的繁殖体。

c. 高压蒸汽灭菌法。此法同样适用于耐高热的物品的消毒。将耐高热的物品，如玻璃器皿、纱布、金属器械、普通培养基、橡胶制品、生理盐水、缓冲液、针具等置于高压灭菌器内，以 100kPa 的压力，在 121.3℃ 下维持 20~30min，可以杀死全部病毒、细菌及其芽孢。

d. 巴氏灭菌法。主要用于啤酒、葡萄酒、鲜牛奶等食品和血清的消毒，此法可以杀死90％以上的病原菌及其繁殖体，如结核杆菌、沙门氏菌、布氏杆菌等，同时不损失食品的营养物质。如常用牛奶的巴氏消毒法有：在 61~63℃ 加热 30min，或 71~72℃ 加热 15min，然后迅速冷却至 10℃ 左右，就可完成消毒过程；或利用一种热交换的金属板或管道，其内温度控制在 132℃ 以上，鲜牛奶等消毒物品经过此管道，1~2s 走完全程，而后迅速冷却，即可达到消毒的目的。

## 三、化学消毒法

就是利用化学消毒剂在动物体表或体外抑制和杀灭病原微生物的方法。

### 1. 拌和

将粪便、垃圾等与粉剂型消毒药品拌和均匀，堆放一定时间，即可达到消毒的目的。如用漂白粉与粪便以 1：5 拌和均匀，可进行粪便消毒。

### 2. 撒布

将粉剂型消毒药品均匀地撒布在消毒对象表面，如用生石灰加适量水使之松散后，撒布在潮湿地面、粪池周围及污水沟进行消毒。

### 3. 浸泡法

将被消毒物品浸泡于消毒药液中泡洗一定时间后取出，如将金属器械浸泡在 0.5％ 新洁尔灭溶液中消毒。

### 4. 涂擦

用抹布蘸取消毒药液在物体表面擦拭消毒，或用消毒药液浸湿脱脂棉球在动物体表皮肤、黏膜、伤口等处进行涂擦。可用的消毒剂有碘酊、酒精棉球等。

### 5. 冲洗或清洗法

将消毒药液用容器盛装后举高，连接橡胶管，直接插入直肠、瘘管、阴道内，冲入的药液可留置一定时间，也可边冲边放出。也可将消毒药直接清洗圈舍的地面、墙裙等。

### 6. 喷洒法

将药液装入喷壶或用笤帚蘸取后均匀地喷滴在被消毒的物体上，如用 2％ 的氢氧化钠溶液喷洒消毒畜禽圈舍的地面等。

### 7. 喷雾

将配好的消毒药装入喷雾器内，加压后使消毒液呈雾状喷出，均匀地滴落在畜禽圈舍、地面、墙壁、用具、放牧池、车船以及畜禽产品等表面，如用 5％ 来苏儿溶液喷洒消毒畜禽圈舍地面、用具等。

**8. 熏蒸消毒法**

将易挥发的消毒药品加热或将两种化学药品混合（反应即产生气体）后加热，熏蒸消毒环境中的空气及消毒密闭室内的物体。如环氧乙烷气体消毒炭疽芽孢污染的皮毛，甲醛与高锰酸钾混合加热可熏蒸室内空气。

## 四、生物学消毒法

是利用生物氧化和生物热原理进行的消毒方法。

**1. 地面泥封堆肥法**

挖一宽 3m、深 25cm，两侧向中央稍倾斜的浅坑，坑的长度据粪便的多少而定。沿两侧挖一宽、深各 25～30cm 的小沟，用以消灭蝇蛆。沿坑的长轴在中央挖一宽、深各 50cm 的沟，坑底用黏土夯实。用小树枝条或小圆棍横架覆盖于中央沟上，以便空气通入。沟的两端冬天关闭，夏天打开，在坑底铺一层厚 30～40cm 的干草或非传染病的畜禽粪便。然后将要消毒的粪便堆积其上。干粪加水浸湿，冬天加热水，粪堆高 1.2m。粪堆好后，在粪堆的外表面覆盖一层厚 10cm 的杂草，然后再在草外面封盖一层 10cm 厚的泥土，或用塑料布覆盖后培泥土一层。夏天堆放时间 1 个月左右，冬天需 3 个月左右，即可达到消毒的目的。

**2. 坑式堆肥发酵法**

在适当的场所挖粪便堆放坑池若干，坑池的数量和大小视粪便多少而定。坑池的内壁用水泥或坚实的黏土筑成。堆放粪便前，在坑池底垫一层秸秆类物，再堆放粪便，粪便上层再堆一层秸秆杂草类物，堆好后表面加约 10cm 厚的土或草泥一层。堆放 1～3 个月即可达到消毒的目的。

［注意事项］

① 应用紫外线消毒时，有效消毒范围是在光源周围 1.5～2.0m 处，消毒灯管与污染物体表面的距离不宜超过 1m，所需时间为 30min。

② 高温灭菌时应注意细菌的菌龄及发育时的温度，细菌的浓度、介质的特性。

③ 在使用高压灭菌器进行灭菌时，当压力上升到 $0.14～0.21kgf/cm^2$（$1kgf/cm^2 = 98.0665kPa$）时，须缓缓打开气门，排除灭菌器内的冷空气，然后再关上气门。

④ 应用化学药品消毒时，应注意化学消毒剂的性质、消毒剂的浓度、微生物的种类和生活状态及污染程度、作用的温度及时间、环境温度及有机物的存在、消毒液的酸碱度，以及化学消毒剂的配伍禁忌等。

［临床意义］　消毒与灭菌技术是严格执行无菌操作的重要技术，也是保证切断病原微生物传播途径的最重要的手段，对传染病的防治具有重要的实践意义。

# 技能五　药物敏感试验方法

抗生素在畜禽疾病的防治过程中发挥了巨大的作用，但由于抗生素的广泛应用，常导致耐药菌株产生。各种病原菌对不同的抗菌药物的敏感性不同，细菌的药物敏感试验是用于测定细菌对不同抗菌药物的敏感度，或测定某种药物的抑菌（或杀菌）浓度，为临床用药的选择或为新的抗菌药物的研究提供可靠依据。

药敏试验有稀释法（试管稀释法、微量稀释法、平板稀释法等）、扩散法（药敏纸片琼脂扩散法等），本项目介绍常用的两种药敏试验方法即试管稀释法和药敏纸片琼脂扩散法。

**【技能基础】**

掌握试管稀释法和药敏纸片扩散法进行抗菌药物敏感试验的操作、结果判定方法及其意义。

[材料与设备] 恒温箱、酒精灯、试管架、试管、接种环、镊子、记号笔；普通琼脂平板、肉汤培养基、药物纸片、大肠杆菌菌种、枯草杆菌或其培养物、各种抗菌药物等。

[操作过程与方法]

**1. 试管稀释法**

① 取 10 支无菌试管，标号后除第 1 管外，每管加肉汤培养基 1ml。

② 在第 1、第 2 管中各加已稀释的单体抗菌药液（每毫升药液中含药量：抗生素 1280 单位或 μg，磺胺药 25600 单位或 μg，药物稀释液见表 14-1）1ml，混匀。

**表 14-1 各种药物的稀释液**

| 药　　物 | 溶　　剂 |
|---|---|
| 青霉素 G | pH 6.0 磷酸盐缓冲液 |
| 半合成青霉素类 | pH 6.0 磷酸盐缓冲液 |
| 头孢菌素类 | pH 6.0 磷酸盐缓冲液 |
| 氨基糖苷类 | pH 7.8 磷酸盐缓冲液 |
| 四环素类 | 先用少量 0.37% HCl 溶解,再用 pH 4.5 磷酸盐缓冲液稀释 |
| 多黏菌素 B 硫酸盐 | pH 6.0 磷酸盐缓冲液 |
| 林可霉素 | pH 7.8 磷酸盐缓冲液 |
| 红霉素 | 先用少量乙醇溶解,再用 pH 7.8 磷酸盐缓冲液稀释 |
| 氯霉素类 | 先用少量乙醇溶解,再用 pH 6.0 磷酸盐缓冲液稀释 |
| 甲氧苄氨嘧啶 | 先用 0.1mol/L 乳酸溶解,再用蒸馏水稀释 |
| 各种磺胺药 | 无菌蒸馏水 |
| 万古霉素 | 无菌蒸馏水 |
| 两性霉素 B | 无菌蒸馏水 |
| 呋喃妥因 | 丙酮 |
| 痢特灵 | 丙酮 |

③ 从第 2 管吸 1ml 加入第 3 管，混匀。依此法加样稀释至第 9 管。第 9 管抽 1ml 弃去。第 10 管作不加药对照。

④ 于每管中加菌液 0.1ml，混匀。

⑤ 培养 24h，观察。

⑥ 判定。以培养基混浊程度来判定细菌对药物的敏感程度。最高稀释度的抗菌药物仍能抑制细菌生长为最低抑菌浓度。

**2. 药敏纸片琼脂扩散法**（简称纸片法）

① 无菌操作取菌种或细菌培养物，在普通琼脂平板表面密集均匀划线。

② 在平皿底部背面用记号笔标记各种抗菌药物名称如青霉素、庆大霉素、黄连素等。

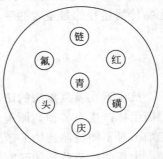

图 14-1 药物试验纸片的贴法

③ 用灭菌镊子夹取上述药物纸片，按标记位置轻轻贴在已接种好细菌的琼脂培养基的表面，一次放好，不能移动，各纸片间的距离应大致相等。如图 14-1。

④ 平皿倒置，于 37℃恒温箱中培养 6h、12h、24h，取出观察并记录，分析结果。根据纸片周围有无抑菌圈及其直径大小按表 14-2 标准确定细菌对抗菌药物的敏感度。

**表 14-2　细菌对不同抗菌药物敏感度标准**

| 药物名称 | 抑菌圈直径/mm | 敏感度 |
|---|---|---|
| 青霉素 | ＜10 | 不敏感 |
| | 11～20 | 中度敏感 |
| | ＞20 | 高度敏感 |
| 链霉素、土霉素、新霉素 四环素、磺胺 | ＜10 | 不敏感 |
| | 11～15 | 中度敏感 |
| | ＞15 | 高度敏感 |
| 庆大霉素、卡那霉素 | ＜12 | 不敏感 |
| | 13～14 | 中度敏感 |
| | ＞14 | 高度敏感 |
| 氯霉素、红霉素 | ＜10 | 不敏感 |
| | 11～17 | 中度敏感 |
| | ＞17 | 高度敏感 |
| 其他 | ＜10 | 不敏感 |
| | 11～15 | 中度敏感 |
| | ＞15 | 高度敏感 |

### 附：药敏纸片的制作

1. 制作备用纸片　取新华 1 号定性滤纸，用打孔机打出直径 6mm 的纸片。

2. 消毒灭菌　取上述小圆纸片装于青霉素小瓶内，每瓶 50 片，瓶口用单层牛皮纸包扎，经高压灭菌（15 磅压力 15～20min）后真空干燥，备用。

3. 药物稀释　选择合格质量要求的单体药物并用分析天平称取一定的量，用一定的溶剂溶解并稀释。各种药物的稀释液见表 14-1。

4. 纸片加药　每个小瓶的纸片（50 片）加已稀释的药水 0.25ml，作好药物名称标记，用牛皮纸封口。

5. 干燥　置真空干燥箱内快速干燥 12～24h，取出重新标记好药名、产地、批号、纸片制作时间等，瓶盖换成防潮的橡皮塞，瓶底加干燥剂，冷藏保存备用。保存期为六个月。

[注意事项]

① 严格执行操作规程，如药物的稀释液选择、药敏纸片的保管和使用方法、培养基制作过程的无菌操作等。

② 磺胺类药物用无胨培养基，因蛋白质会使磺胺失去作用。

[临床意义]　测定细菌对抗菌药物的敏感度，可供临床诊断上正确选用药物。

## 【项目小结】

　　细菌学检查是动物病原学诊断的一种基本方法，也是兽医工作者一项最基本的实验室操作技术。本项目介绍了细菌标本片制备、细菌分离培养、细菌生化特性试验、消毒的方法与灭菌技术等，为了规避养殖过程中滥用药物而给养殖户带来不必要的损失，本项目编写了细菌简易药物敏感试验方法等内容。

## 【目标检测题】

1. 简述革兰氏染色法的基本过程。
2. 按用途可将培养基分为哪几类？
3. 简述油镜的使用方法。
4. 平板划线的方法有哪些？
5. 氧化酶试验的原理是什么？
6. 简述消毒与灭菌的概念与方法。
7. 试述药敏试验的操作过程及结果制定。

# 项目十五　血清学检验

## 【学习目标】

通过本项目的学习，了解凝集试验、沉淀试验、病毒中和试验和酶联免疫吸附试验（ELISA）的概念、类型及基本原理；掌握直接凝集、间接凝集、环状沉淀试验、絮状沉淀试验、单向琼脂扩散、双向琼脂扩散、病毒中和试验、酶联免疫吸附试验（ELISA）的操作技术。

## 【技能目标】

学会试剂的配制方法；无菌操作技术；微量移液器的使用方法；96孔微量板的使用方法。

血清学反应是免疫学实验中最基本的实验，它可以利用已知抗原检测未知的抗体，也可以用已知的抗体诊断未知的抗原，因此在临床免疫学诊断中具有十分重要的地位。目前，血清学试验虽已有很多发展，但仍归属于以下三类，凝集试验、沉淀试验和补体结合试验。

凝集反应有直接凝集试验，间接凝集试验，红细胞凝集抑制试验。又根据不同的载体（红细胞、聚苯乙烯乳胶、活性炭等颗粒）分别称间接血凝、间接乳凝、间接炭凝试验。

沉淀试验可分为液体中的沉淀试验（环状沉淀试验与絮状沉淀试验）和琼脂凝胶中进行的琼脂扩散试验。琼脂扩散试验又可与电泳技术结合，发展为免疫电泳、对流电泳以及火箭电泳等技术并广泛应用于血清学试验中。因此在血清学基础实验中的沉淀试验还是血清学反应的核心内容。

免疫酶技术有免疫酶组化法和免疫酶测定法，免疫酶技术的代表有酶联免疫吸附试验（ELISA）法，用于抗原或抗体的定量测定，其结果判断比较客观，能测定极微量的抗原抗体。本法操作简单方便，是目前用的最广、发展最快的一门新技术。

## 技能一　凝集试验

### 【技能基础】

1. 熟悉平板凝集试验和试管凝集试验的操作技术。
2. 通过对凝集结果的观察和记录，了解凝集的判定和对被检动物试验结果的判定。
3. 了解间接血凝反应试验过程和操作方法。

[材料与设备]　布氏杆菌抗原（牛、羊、猪），待检血清，试管，玻片，牙签，生理盐水，0.5％石炭酸生理盐水，96孔或72孔血清板，移液器，稀释棒，振荡器。

[检查内容与方法]　颗粒性抗原（细菌、红细胞、乳胶等）与相应抗体可发生特异性结合，在一定条件下（电解质、pH、温度、抗原抗体比例适合等）出现肉眼可见的凝集小

块，称为凝集反应。参与反应的抗原称凝集原，抗体称为凝集素。凝集反应的试验有直接凝集试验、间接凝集试验两种。

## 一、直接凝集试验

[原理] 颗粒性抗原与相应的抗体在电解质参与下直接结合凝集，形成肉眼可见的小团块。有玻片法和试管法。

**1. 玻片法**

此法简单迅速，常用于细菌鉴定或畜禽传染病的诊断，如布氏杆菌病、鸡白痢等。

[方法] 将已知抗原血清1～2滴滴于洁净的玻片上，取待检菌液加入其中并用牙签混合均匀，2～10min后观察。

[结果] 出现凝集块为阳性；虽有凝集但不结成块为可疑；不凝集者为阴性。

**2. 试管法**

试管法是一种定性定量的方法，通常用已知抗原检测待检血清中相应抗体的含量。

[方法]

① 取9支小试管排列于试管架上，并依次编号。

② 于第1管中加0.9ml生理盐水，其他各管加0.5ml生理盐水。

③ 吸取0.1ml待检血清于第1管，并吸0.5ml移入第2管混匀，再从第2管中吸0.5ml入第3管混匀；如此连续稀释至第7管，混匀后吸0.5ml弃去。第8管加0.5ml经稀释（1：50）的诊断血清，作为对照。第9管为空白对照。如此待检血清的稀释倍数为1：10，1：20，1：40，1：80，1：160，1：320，1：640。

④ 在每支试管内分别加入0.5ml已知菌液，轻摇试管使其充分混匀。

⑤ 置37℃温箱中4～10h，取出后放室温18～24h，然后观察并记录结果。

[结果]

＋＋＋＋：液体完全透明，菌体完全被凝集呈伞状沉于管底，振荡时，沉淀物呈片状、块状或颗粒状（即100%的菌体被凝集）。

＋＋＋：液体略混浊，菌体大部分被凝集于管底，振荡时呈片状或颗粒状（75%菌体被凝集）。

＋＋：液体不透明，管底有明显凝集片，振荡时有块状或小片絮状物（50%菌体被凝集）。

＋：液体不透明，仅管底有少许凝集，其余无显著的凝集块（25%菌体被凝集）。

－：液体混浊，管底无凝集，菌体不被凝集，但由于菌体自然下沉，在管底中央可见圆点状沉淀，振荡后立即散开呈均匀混浊。

## 二、间接凝集试验

[原理] 是将可溶性抗原或抗体吸附于某种与免疫无关的一定大小的颗粒载体表面，制成致敏载体，再与相应抗体或抗原作用，在电解质存在的适宜条件下，被动地使致敏载体凝集，称为间接（或被动）凝集试验。常用间接凝集试验来测定待检血清中细菌、病毒、螺旋体、寄生虫等抗原及自身抗体。

[载体] 载体可用红细胞、聚苯乙烯乳胶、活性炭等颗粒，分别称间接血凝、间接乳凝、间接炭凝试验。

　　兽医临床用得较多的载体是红细胞，红细胞是大小均一的载体颗粒，最常用的为绵羊、小牛、家兔、鸡的红细胞及 O 型人红细胞。新鲜红细胞能吸附多糖类抗原，但吸附蛋白质抗原或抗体的能力较差。致敏的新鲜红细胞保存时间短，且易变脆、溶血和污染，只能使用 2～3d。为此一般在致敏前先将红细胞醛化，可长期保存而不溶血。常用的醛类有甲醛、戊二醛、丙酮醛等。红细胞经醛化后体积略有增大，两面突起呈圆盘状。

　　醛化红细胞具有较强的吸附蛋白质抗原或抗体的能力，血凝反应的效果基本上与新鲜红细胞相似。如用两种不同醛类处理效果更佳。也可先用戊二醛，再用鞣酸处理。醛化红细胞能耐 60℃加热，并可反复冻融不破碎，在 4℃可保存 3～6 个月，在－20℃可保存一年以上。

　　[醛化红血球的制备]

　　① 采集的动物红细胞用 10～20 倍的 0.15mol/L pH 7.2 的磷酸盐缓冲液离心洗涤 4 次（2000r/min），每次离心后用吸管吸取沉积于离心管红细胞上层的白色物质，以洗去红细胞表面的胶体物质，使之成为红细胞泥。在洗涤的过程中如果出现溶血现象则红细胞不能再用。

　　② 沉积红细胞 1 份加冷的含 3%甲醛的 pH 7.2 的磷酸盐缓冲液 8 份，摇匀，盖上瓶盖，置于 4%～6%冷藏箱内并经常摇动，24h 后取出置于 20～22℃环境中 4h。

　　③ 再按 1 份红细胞泥，2 份冷的 36%～38%的甲醛混匀，置 4～6℃下 24h 并不时摇动，后转入常温 24h。

　　④ 用生理盐水洗 4～5 次，以洗去甲醛；最后配成 10%的红细胞，用 0.01%硫柳汞或叠氮钠防腐，置于冰箱冷藏保存备用，可用半年以上。

　　[操作过程]　现以新城疫为例介绍血凝试验（HA）微量法操作过程，见表 15-1。

　　① 在 96 孔"V"形微量反应板上进行，自左向右各孔加 50μl 生理盐水。

　　② 于左侧第 1 孔加 50μl 病毒原液或收获液，混合均匀后，吸 50μl 至第 2 孔，混合均匀后，吸 50μl 至第 3 孔，依次倍比稀释，至第 11 孔，混匀后弃去 50μl，稀释后病毒稀释度为第 1 孔 1:2，第 2 孔 1:4，第 3 孔 1:8……最后 1 孔为对照。

　　③ 自左向右依次向各孔加 1%鸡红细胞 50μl，置微型混合器上振荡 1min 后固定转圈振荡反应板，使血球与病毒充分混合，在 37℃温箱中作用 15～30min 后，待对照红细胞已沉淀可观察结果。

　　④ 结果判定：以 100%凝集（血球呈颗粒性伞状凝集沉于孔底）的病毒最大稀释孔为该病毒血凝价，即一个血凝单位，不凝集者红细胞沉于孔底呈点状。

表 15-1　血细胞凝集（HA）试验术式

| 孔号 | 1 | 2 | 3 | 4 | 5 | 6 | 7 | 8 | 9 | 10 | 11 | 12 |
|---|---|---|---|---|---|---|---|---|---|---|---|---|
| 病毒稀释度 | 1:2 | 1:4 | 1:8 | 1:16 | 1:32 | 1:64 | 1:128 | 1:256 | 1:512 | 1:1024 | 1:2048 | 血细胞对照 |
| 生理盐水/μl | 50 | 50 | 50 | 50 | 50 | 50 | 50 | 50 | 50 | 50 | 50 | 50 |
| 病毒/μl | 50 | 50 | 50 | 50 | 50 | 50 | 50 | 50 | 50 | 50 | 50 | 弃去 50 |
| 1%鸡红细胞/μl | 50 | 50 | 50 | 50 | 50 | 50 | 50 | 50 | 50 | 50 | 50 | 50 |
| | | | | | 37℃　15～30min | | | | | | | |
| 结果判定 | # | # | # | # | # | # | # | +++ | ++ | + | — | — |

　　从表 15-1 看出，本病毒的血凝价为 1:128，则 1:128 的 0.1ml 中有 1 个凝集单位，1:64、1:32 分别为 2、4 个凝集单位。或将 128/4＝32，即 1:32 为 4 个凝集单位，第 12 孔为血球对照应不凝集。

**附：红细胞凝集抑制试验（HI）见表15-2**

① 根据 HA 试验结果，确定病毒的血凝价，配成 4 个血凝单位病毒溶液。

② 在 96 孔"V"形微量反应板上进行，用固定病毒稀释血清法，自第 1 孔至第 10 孔各加 50μl 生理盐水，11 孔和 12 孔分别为 4 单位病毒液和抗新城疫血清对照。

③ 第 1 孔加新城疫阳性血清 50μl，混合均匀后，吸 50μl 至第 2 孔，依次倍比稀释至第 10 孔，吸弃 50μl，稀释后血清浓度为第 1 孔 1:2，第 2 孔 1:4，第 3 孔 1:8……

④ 自第 1 孔至第 11 孔各孔加 50μl 4 单位病毒液，第 12 孔加 50μl 血清，混合均匀，置 37℃温箱中作用 15～30min。

⑤ 自第 1 孔至第 12 孔各孔加 1% 鸡红细胞 50μl，充分混合后置 37℃温箱中再作用 15～30min，待 4 单位病毒已凝集红细胞可观察结果。

⑥ 结果判定。以 100% 抑制凝集的血清最大稀释度孔为该血清的滴度，即血清效价。凡是已知新城疫阳性血清抑制者，该病毒为新城疫病毒。

**表15-2 红细胞凝集抑制（HI）试验术式表**

| 孔号 | 1 | 2 | 3 | 4 | 5 | 6 | 7 | 8 | 9 | 10 | 11 | 12 |
|---|---|---|---|---|---|---|---|---|---|---|---|---|
| 病毒稀释度 | 1:2 | 1:4 | 1:8 | 1:16 | 1:32 | 1:64 | 1:128 | 1:256 | 1:512 | 1:1024 | 病毒对照 | 血清对照 |
| 生理盐水/μl | 50 | 50 | 50 | 50 | 50 | 50 | 50 | 50 | 50 | 50 | | |
| 新城疫抗体/μl | 50 | 50 | 50 | 50 | 50 | 50 | 50 | 50 | 50 | 50 弃去 | 50 | 50 |
| 4 单位病毒/μl | 50 | 50 | 50 | 50 | 50 | 50 | 50 | 50 | 50 | 50 | 50 | |
| | | | | | 37℃ 15～30min | | | | | | | |
| 1% 鸡红细胞 | 50 | 50 | 50 | 50 | 50 | 50 | 50 | 50 | 50 | 50 | 50 | 50 |
| | | | | | 37℃ 15～30min | | | | | | | |
| 结果判定 | — | — | — | — | + | ++ | # | # | # | # | # | |

从表 15-2 看出，该血清的 HI 效价为 1:128，通常用以 2 为底的负对数（-log2）表示，其 HI 的效价恰与板上出现的 100% 抑制凝集血清最大稀释孔数一致，如第 7 孔完全抑制，则其 HI 效价为 7，即 1:128。

# 技能二 沉 淀 试 验

**【技能基础】**

掌握环状沉淀试验、絮状沉淀试验、单向琼脂扩散、双向琼脂扩散试验的概念、原理和操作过程。

[材料与设备] 载玻片、琼脂板打孔器、微量加样器，湿盒，载玻片，小试管，移液管，玻璃毛细吸管，不锈钢吸管，平皿，优质琼脂粉，pH 7.2 PBS，待检血清（1:20），诊断血清，标准抗原，可溶性抗原（牛血清白蛋白），兔抗牛血清白蛋白抗血清。

[检查内容与方法] 可溶性抗原与相应抗体特异性结合，两者比例适当并有电解质存在及一定的温度条件下，经一定的时间，可形成肉眼可见的沉淀物，称为沉淀反应。参与反应的抗原称沉淀原，如细菌外毒素、菌体裂解体、病毒、异体血清和组织浸出液等。抗原为多糖、蛋白质、类脂等。与相应的抗体相比，抗原分子小（小于 20μm），单位体积中所含抗原量多，具有较大的反应面积。为了使抗原抗体之间比例适合，不使抗原过剩，故一般均应稀释抗原，并以抗原最高稀释度仍能与抗体出现沉淀反应为该抗体的沉淀反应效价（滴度）。

沉淀试验可分为在液体中的沉淀试验（环状沉淀试验与絮状沉淀试验）和在琼脂凝胶中进行的琼脂扩散试验。琼脂扩散试验又可与电泳技术结合，发展为免疫电泳、对流电泳以及火箭电泳等技术并广泛应用于血清学试验中。

## 一、环状沉淀试验

在小试管中加入已知抗血清至管底，然后小心从管壁将稀释的抗原叠加其上，强反应可在 1～2min 内出现白色的环状沉淀；弱反应出现较迟，可在 1h 判定，3～5h 再观察一次后综合评定。

测定抗血清效价时可先将抗原作对倍稀释，用毛细滴管将抗血清加入多个小孔底部，再将不同稀释度的抗原叠加其上，出现沉淀环的抗原最大稀释倍数即为血清的沉淀价。

现以测定兔抗牛血清白蛋白抗血清的效价为例试述其检测方法。

① 用 1∶25 的牛血清白蛋白 1ml，用生理盐水以对倍稀释法稀释成 1∶50，1∶100，1∶200，1∶400，1∶800，1∶1600，1∶3200 的抗原溶液。

② 取 9 支洁净干燥的小试管，每支小试管加入 1∶2 的兔抗牛血清白蛋白抗血清 0.5ml。

③ 用移液管吸取上面已稀释好的牛血清白蛋白（抗原），从最大稀释度开始，沿着管壁徐徐加入各小试管中，使之与下层抗体之间形成交界面，切勿摇动混匀，第 8 管加入生理盐水及第 9 管加入兔抗血清以作对照。

④ 静置 15～30min，观察在两液面交界处有无白色环状沉淀物出现。

⑤ 结果记录。凡有白色环状沉淀物者记"＋"，没有沉淀者记"－"。最大稀释度的抗原与抗体交界面之间还出现白色环状沉淀者，此管的抗原稀释倍数即为抗体（沉淀素）的效价。

## 二、絮状沉淀试验

可溶性抗原与抗体在试管内以适当比例混合后，在电解质存在的条件下，出现絮状的沉淀物。通常在抗原与抗体比例最合适的试管出现沉淀物最快，量最多。相反，抗原或抗体过剩均会抑制沉淀的出现。通常用 5 支试管，先将抗原从 1∶10 开始对倍稀释，每管 0.5ml；抗血清用 1∶（5～40）四个稀释度，每管 0.5ml。振荡混匀放置室温中，在黑暗背景下观察记录最早出现反应的试管，数小时后比较各管混浊度，以反应出现最早且混浊度最大的试管定为该抗原抗体的最适比。

有两种方法：一种是将恒定量的抗体分别与一系列稀释的抗原溶液在试管内混合；另一种是将恒定量的抗原分别与一系列稀释的抗血清在试管内混合，随后观察各管沉淀物出现的时间和量。本试验常用于毒素、类毒素、抗毒素的定量测定，还用于已知抗原测血清中的相应抗体等。

## 三、琼脂扩散试验

### 1. 双向琼脂扩散

[原理] 免疫琼脂双向扩散是将可溶性抗原和抗体分别加到琼脂板上相应的小孔中，两者各自向四周扩散，如抗原与抗体相对应，两者相遇即发生特异性结合，并在比例适合处形成白色沉淀线。

[操作步骤]

（1）制板

① 将 0.8g 琼脂粉溶于 0.85％生理盐水中，趁热倾倒于玻璃平皿上，厚度为 2～3mm。

② 打孔。将制备好的琼脂平板打孔，一般由一个中心孔和 6 个周边孔组成，中心孔径 2～4mm，周围孔与中央孔间距为 4～6mm，打孔后挑出孔内琼脂块。

③ 补底。将打过孔底琼胶平板轻轻在酒精灯火焰上过数次加热后融封孔底。

（2）加样　将琼脂扩散抗原加到中央孔中，周围孔加经热灭活的待检血清，设阴性血清和阳性血清对照。37℃作用 24～48h 后观察结果。

（3）结果判定　在抗原孔与待检血清孔之间出现白色沉淀线，抗体可判为阳性；如待检血清抗体水平较低，可以观察到与待检血清相邻的阳性血清沉淀线末端略向抗原弯曲。阴性血清与抗原孔之间则没有沉淀线。

（4）注意事项

① 加样时不要将琼脂划破，以免影响沉淀线的形成。

② 反应时间要适宜，时间过长，沉淀线可解离而导致假阴性、不出现或不清楚。

③ 加样时不同浓度抗体和抗原不要混淆，以免影响试验结果。

④ 试验前应做预试验，确定抗体的稀释度。

**2. 单向琼脂扩散**

[原理]　单向琼脂扩散反应是指可溶性抗原或抗体分子，其中一种固定在琼脂凝胶中；另一种则自由扩散。一般将一定量的抗体混合于琼脂凝胶内倾注于玻璃板上，待胶凝固后打孔，将标准抗原和未知抗原分别加入孔中，使其在凝胶中向四周扩散。抗原与相应抗体在琼脂胶内结合后形成白色沉淀环，沉淀环直径的大小与抗原的浓度成正比。它是一种定性和半定量的反应。

[操作步骤]

① 琼脂板的制备。将混有诊断血清 1：80 的琼脂浇板，制成厚约 2mm 的琼脂板。待琼脂凝固后，用打孔器打孔，孔径 3mm，孔距 15mm。

② 把标准抗原稀释成 1：10，1：20，1：30，1：40 四个梯度。

③ 用加样器吸取各种稀释度的准备抗原和待检血清按序号加入相应的孔中，每孔 $5\mu l$。

④ 扩散。将琼脂板放入湿盒内置 37℃ 温箱中，24h 后取出观察结果。

⑤ 结果判定。发现沉淀环的大小与抗原的浓度成反比，基本成线性相关。其大小不仅与孔中抗原的浓度相关，而且和琼脂中抗体的浓度有关。

# 技能三　中 和 试 验

【技能基础】

熟悉中和试验的操作技术原理，掌握中和试验的操作过程和临床意义。

[材料与设备]　$CO_2$ 培养箱，倒置显微镜，72 孔或 96 孔血清板，多道可调微量移液器，振荡器，0.25％胰酶、BHK-21 细胞，DMEM 培养基等。

[检查内容与方法]　病毒或毒素与相应的抗体结合，抗体中和了病毒或毒素，使其失去了对易感动物的致病力，这种试验称为中和试验。病毒中和试验主要有以下几种：简单定性中和试验，固定血清稀释病毒法，固定病毒稀释血清法和空斑减少试验。现以伪狂犬病为例，介绍固定病毒稀释血清法的操作过程。

[操作步骤]

（1）0.25％胰酶（Trypsin）的配制　称取 250mg 胰酶加入 100ml Hank/s 液，充分溶解后，过滤除菌，-20℃保存。

（2）病毒半数组织细胞感染量（$TCID_{50}$）的测定

① 病毒培养和收获。将伪狂犬病毒接种于长成单层的 BHK-21 细胞，接种量为液体培养基量的 10％，37℃培养，待出现病变后，冻融，收获病毒。

② 病毒的滴定　用 DMEM 培养基将伪狂犬病病毒作连续 10 倍稀释，每个稀释度取 $100\mu l$ 加入 96 孔细胞培养板中，随后加入经 0.25％胰酶消化的 BHK-21 细胞 $100\mu l$（细胞含量以 105 个/ml 左右为宜），每个稀释度作 8 个重复，并设空白细胞培养对照。置 37℃ 的 5％$CO_2$ 培养箱中。

③ TCID$_{50}$计算　逐日观察细胞病变，并记录细胞病变孔数，直到对照细胞老化脱落为止。按照 Reed-Muench 法（半数细胞中毒浓度 TC$_{50}$）计算病毒的 TCID$_{50}$。

（3）中和试验　将无菌采集的待检猪血清置 56℃水浴灭活 30min。用 DMEM 培养基作倍比稀释，在细胞培养板各孔中加入 50$\mu$l 培养基，随后在第一孔中加入经待检猪血清 50$\mu$l 混合后，用微量移液器取出 50$\mu$l，加到第二孔中，混匀后取出 50$\mu$l 再加入第三孔中，依此类推。血清稀释度即为 1：2，1：4，1：8……每份待检血清稀释度作 2～4 个重复。将 50$\mu$l 含 200 个 TCID$_{50}$的病毒液加入到不同稀释度血清孔中，37℃作用 1h，每孔中再加入 100$\mu$l 经胰酶消化分散的 BHK-21 细胞，同时设病毒对照、阳性血清对照、阴性血清对照、待检血清对照、正常细胞对照。

（4）计算抗体中和效价　逐日观察，直至细胞对照出现老化脱落为止，按 Reed-Muench 两氏法，计算抗体中和效价。如抗体效价为 1：2 及 1：2 以上，则判为伪狂犬病抗体阳性。

# 技能四　酶联免疫吸附试验（ELISA）法

【技能目标】

熟悉酶联免疫吸附试验（ELISA）法的操作技术原理，掌握 ELISA 的操作过程和临床意义。

［材料与设备］　96 孔平底微量反应板、微量移液器、酶标测定仪、恒温箱、保湿盒；诊断用病毒抗原和正常细胞对照抗原、酶标抗体、病毒标准阳性血清和标准阴性血清在使用前按说明书规定用血清稀释液稀释至工作浓度；抗原稀释液、血清稀释液、洗涤液、封闭液、底物溶液、终止液等，均按试剂盒说明书的要求配制；被检样品（如血清）按要求用血清稀释液稀释。

［原理］　酶联免疫吸附实验（ELISA）是目前应用最多的一种免疫酶技术，是将特异性抗体结合到固相载体上形成固相抗体，然后和待检血清中的相应抗原结合形成免疫复合物，洗涤后再加酶标记抗体，与免疫复合物中抗原结合形成酶标抗体-抗原-固相抗体复合物，加底物显色，判断抗原含量。

［检查内容与方法］　实验方法有很多种，现以双抗夹心法为例介绍传染性法氏囊病病毒检测的操作过程。

［操作步骤］

① 病毒特异性抗体（IgG）包被酶标反应板，4℃过夜或 37℃放置 2～4h。

② 洗涤。用 PBST（含 0.05％Tween-20 的 PBS 溶液）洗涤 3 次。

③ 加待检病料（病料处理：传染性法氏囊病鸡法氏囊组织按 1：5 加生理盐水捣碎、离心取上清液）置湿盒中，37℃孵育 1h。

④ 洗涤。同②。

⑤ 加酶标抗传染性法氏囊病毒特异性抗体（IgG），37℃孵育 1h。

⑥ 洗涤。同②。

⑦ 加底物显色，2mol/L H$_2$SO$_4$终止反应。

⑧ 洗涤。同②。

⑨ 加底物溶液 TMB-H$_2$O$_2$，37℃或室温下显色 10～30min。

⑩ 用 2mol/L H$_2$SO$_4$ 终止反应。

⑪ 酶标测定仪上测定吸收值 OD450（用 TMB-H$_2$O$_2$显色）或 OD490（用 OPD-H$_2$O$_2$显色）。

[结果判定] 计算 P/N 比值（P 为阳性对照血清及待检血清的 OD 值。N 为阴性对照血清的 OD 值），若 P/N≥2，则样品判为阳性。

# 【项目小结】

血清学反应是免疫学实验中最基本的实验，在临床免疫学诊断中具有十分重要的地位，是兽医临床工作者一项必须具备的新技术。本项目介绍了免疫学诊断中用得最广的凝集试验、沉淀试验、病毒中和试验以及酶联免疫吸附试验（ELISA），重点介绍其概念、类型及基本原理和操作技术。

# 【目标检测题】

1. 直接凝集反应的原理及其操作方法有哪些？
2. 简述间接凝集反应的原理和操作方法。
3. 简述中和试验的原理、操作过程。
4. 沉淀试验的种类、原理有哪些？简述其操作步骤。
5. 酶联免疫吸附试验（ELISA）法的原理及应用有哪些？

# 模块三

## 兽医常用临床治疗技术

# 项目十六　投　药　法

【学习目标】

　　掌握各种投药的基本方法。

【技能目标】

　　1. 熟练使用常用的投药器具。

　　2. 能进行灌角、灌药瓶、胃管投药。

　　3. 能进行片剂、丸剂、舔剂给药。

## 技能一　水剂灌药法

　　[应用范围]　适用于少量的水剂药物或散剂及研碎的片剂等加适量的水而制成的溶液、混悬液，中药煎剂等。多用于牛、马、犬、猫等动物，其次是猪、羊。

　　[用具准备]　灌角，灌药瓶（长颈的塑料瓶、橡胶瓶），竹筒（斜口），药匙或不接针头的注射器，开口器，盛药盆等。

　　[操作方法]

　　**1. 马属动物的灌药法**

　　① 站立保定，用一条软细绳从柱栏前方的横木穿过，一端制成圆套从笼头鼻梁下面穿出，套在上腭切齿后方，另一端由马主人拉紧将马头吊起，使口角与耳根连线呈水平，并由马主人另手把住笼头。

　　② 术者站在马侧前方，一手持盛药液的灌角（或灌药瓶），自一侧口角通过门、臼齿间的空隙插入口中送向舌根，翻转灌角并提高把柄将药液灌下，而后取出灌角，待其咽后再灌，直至灌完。

　　**2. 牛的灌药法**

　　① 站立保定，助手一手握角根，另一手握鼻中隔，或安装牛鼻钳，使口角与眼角连线呈水平。

　　② 术者站在牛头右侧斜前方，左手从牛的右侧口角处伸入口腔，并压着舌头，右手持盛有药液的灌药瓶，自牛的左侧口角伸入舌背部，抬高瓶底并轻轻振抖，如用橡胶瓶时可压挤瓶体，促进药液流出，待其咽后再灌，直至灌完；但不要连续灌，以免误咽。

　　**3. 羊的灌药法**

　　① 由畜主或助手提住羊角，或一手托住下颌，一手固定头部。

　　② 术者一手从口角处伸入口腔，轻压舌头，另一手持药瓶从另一侧口角伸入口腔，把药灌入。

　　**4. 猪的灌药法**

　　① 哺乳仔猪给药时，助手右手握两后肢，左手从耳后握住头部，使猪呈腹部向前，头

在上的姿势；并用拇、食指压住两边口角，猪口腔自然张开。术者用药匙或注射器（不连接针头）自口角处徐徐灌入药液；投入药后使其闭嘴，可自行咽下。

② 仔猪、育成猪或后备猪灌药时，助手握住两前肢，使腹部向前将猪提起，并将后躯夹于两腿之间，或将猪仰卧在猪槽中。灌药时一手用小木棒（或开口器）将嘴撬开，另手用药匙或小灌角进行灌服。

**5. 禽的灌药法**

一人握住禽的两腿及两翼，灌药者一手拇指和食指将禽嘴打开，另一手持药匙或注射器将药液徐徐滴入口中使其咽下，直至灌完。

**6. 犬、猫的灌药法**

通常将犬、猫站立保定，助手固定头部上、下颌，投药者一手持药瓶或抽满药液的注射器，另一手自一侧打开口角，自口角缓缓灌入或注入药液，让其自咽，咽完再灌。

**［注意事项］**

① 灌药前应将动物保定，操作须谨慎细心，切忌粗暴，防止将药物灌入气管和肺中，防止被动物抓伤、咬伤。

② 每次灌入的药量不宜过多，不宜过急，不能连续灌，以防误咽。

③ 头部吊起或仰起的高度，以口角与眼角连线呈水平为佳，不宜过高。

④ 灌药中，患病动物如发生强烈咳嗽时，应立即停止灌药，并放低动物头部，促使药液咳出，安静后再灌。患肺部疾病特别是异物性肺炎时灌药要十分慎重。

⑤ 动物（猪、羊）在号叫时喉门开张，应暂停灌药，待停叫后再灌。

⑥ 当患病动物咀嚼吞咽时，如有药液流出，应以药盆接取，以免不必要的流失。

# 技能二　胃管投药法

**［应用范围］**　当水剂药量较多，药品带有特殊气味，经口不易灌服时，一般都可用胃管经鼻道或口腔投给，用于人工喂饲流食，中毒或过食后洗胃；也可用于食道探诊（探查其是否畅通）、抽取胃液、排出胃内气体及胃内容物。

**［用具准备］**　胃管、开口器、漏斗、注射器，根据动物种类及大小合理选用。

**［操作方法］**

**1. 马属动物胃管投药法**

① 病马确实保定，畜主站在马头左侧握住笼头，固定马头。

② 术者站于马头稍右前方，用左手无名指与小指伸入左侧上鼻翼的副鼻腔，中指、食指伸入鼻腔，与鼻腔外侧的拇指固定内侧的鼻翼。

③ 右手持胃管将前段通过左手拇指与食指之间沿鼻中隔徐徐插入胃管，并加以固定，防止患病动物骚动时胃管滑出。

④ 当胃管抵达咽部后，随患病动物咽下动作将胃管插入食道。动物拒绝下咽、推送困难时不要强行推送，应稍停或轻轻抽动胃管，诱发吞咽动作，顺势将胃管插入食道。

⑤ 判定胃管正确插入食道后，用一捏扁的洗耳球连接胃管，如果不出现充气现象，即可灌药；也可将胃管推送至颈部下 1/3 处，外连接漏斗，先投少量清水证明无误后，即可投药。

⑥ 投药结束，再投入少量清水，冲净胃管内残留的药液，折叠胃管末端（或堵塞胃管口），然后再慢慢抽出胃管。用完的胃管清洗后放在 2% 煤酚皂溶液中浸泡消毒，清洗后备

用（图16-1）。

图16-1　马胃管投药法

### 2. 牛胃管投药法

牛经鼻胃管投药法（图16-2）与马基本相同。牛经口胃管投药法操作如下。

① 保定栏内站立保定，安装牛鼻钳，或一手握住角根，另一手握鼻中隔，使牛头稍高抬固定，然后装上横木开口器（或特制开口器），并用绳系在两角根后部。

② 术者取胃管，从开口器的中间孔插入，前端抵达咽部时，轻轻来回抽动以刺激吞咽动作，随动物吞咽时将胃管插入食道中，以后的操作与马的相同。

③ 最后取下开口器，解除保定。

图16-2　牛胃管投药法

图16-3　猪胃管投药法

### 3. 猪、羊胃管投药法

助手抓住动物的两耳（或羊角），将前躯夹于两腿之间，如果是大猪可用鼻端固定器固定，并装上横木开口器（或特制开口器）固定于两耳后。术者取胃管，从开口器的中间孔插入食道内，以后的操作要领与牛的经口胃管投药法相同如图16-3所示。

### 4. 犬、猫、兔胃管投药法

保定动物，使其头部前伸。将开口器放入口内，一般情况下动物会自动咬紧开口器，或抓住嘴稍加用力即可固定。将胃管沿开口器小孔插入口中，经口咽部送入食道内，验证无误后，再送入一定深度，然后接上注射器或漏斗，慢慢灌入药液如图16-4、图16-5所示。

[注意事项]

① 胃管投药前应根据动物的种类和大小选择相应的开口器、口径及长度和软硬适宜的橡胶管（胃管）。开口器（尤其横木开口器）应压住动物舌部，以免舌的活动将胃管推出或

咬断。

② 胃管及其他用具使用前应以温水清洗干净，将胃管前端涂以润滑剂，然后盘成数圈（涂油端向前上方，另端向前下方）备用。

③ 患病动物呼吸极度困难或有鼻炎、咽炎、喉炎时，应禁用胃管给药。

④ 当胃管进入咽部或上部食道时，有时会发生呕吐，此时应该放低动物头部，以防呕吐物误入气管中；如果呕吐物很多，则应抽出胃管，待吐完后再投。

⑤ 经鼻插入胃管，有时会引起鼻出血。少量出血时，可将动物头部适当高抬或吊起，冷敷额鼻部，并不断淋浇冷水；出血过多冷敷无效时，可采用1%鞣酸棉球塞于鼻腔中，或皮下注射0.1%盐酸肾上腺素（牛、马5ml，猪、羊1ml），必要时可注射全身止血药。

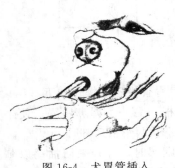

图 16-4　犬胃管插入

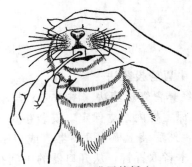

图 16-5　猫胃管插入

⑥ 插入或抽动胃管时要小心、缓慢，不宜粗暴。

⑦ 胃管投药时，必须正确判断是否插入食道，否则，会将药液误灌入气管和肺内，引起误咽性肺炎，甚至造成死亡。判断方法见表16-1。

表 16-1　判断胃管插入食道或气管的鉴别要点

| 鉴别方法 | 插入食道内 | 误入气管内 |
| --- | --- | --- |
| 胃管送入时的感觉 | 插入时稍感前方有阻力 | 无阻力 |
| 观察咽、食道及动物的动作 | 胃管前端通过咽部时可引起吞咽动作或伴有咀嚼，动物安静 | 无吞咽动作，可引起剧烈咳嗽，动物表现骚动不安 |
| 触摸颈沟部 | 可摸到胃管 | 无 |
| 将胃管外端放入水中 | 水内无气泡发生或者出现与呼吸节律无关的气泡 | 随呼吸动作出现规律性气泡 |
| 将胃管外端放到耳边听 | 听到不规则的"咕噜"声或水泡声，无气流冲击耳边 | 随呼吸动作出现有节奏的呼出气流 |
| 用鼻嗅诊胃管外端气味 | 有胃内酸臭味 | 无 |
| 观察排气与呼气动作 | 不一致 | 一致 |
| 捏扁橡皮球后再接于胃管外端 | 不再鼓起 | 鼓起 |
| 向胃管内做充气反应 | 随气流进入，颈沟部可见明显波动 | 不见波动 |

⑧ 药物误投入呼吸道的表现及其抢救措施。药物误投入呼吸道后，动物立即表现不安，频频咳嗽，呼吸急促，鼻翼开张或张口呼吸；然后出现肌肉震颤、出汗，黏膜发绀，心跳加快，心音增强；数小时后体温升高，肺部出现明显广泛范围的啰音，并进一步表现为异物性肺炎的症状。如果投入大量药液时，可造成动物窒息或迅速死亡。

在投药过程中，应密切注意患病动物的表现，一旦发现异常，首先应立即停止投药并使患病动物低头，促进咳嗽，呛出药液。其次可采用强心剂或给予呼吸中枢兴奋剂，同时应大量注射抗生素，直至恢复；严重者按异物性肺炎的疗法进行抢救。

# 技能三 片剂、丸剂、舔剂投药法

[应用范围] 适用于片状、丸状或粉末状的药物以及中药的饮片或粉末，尤其对苦味健胃剂，常用面粉、糠麸等赋形药制成糊剂或舔剂，经口投服以加强健胃的效果。

[用具准备] 舔剂一般可用光滑的木板或竹片，丸剂、片剂可徒手投服，必要时用特制的丸剂投药器。

[操作方法]

① 将动物保定。

② 术者或助手打开或撬开动物口腔，另一手持药片、药丸或用竹片刮取舔剂，或用镊子夹住药片（丸），自另一侧口角送入舌根部投药（反转竹片将药剂抹在舌背面），急速抽出手、竹片或镊子等，使其闭口，并用右手掌托其下颌骨，使头稍高抬，让其自行咽下（或外部刺激咽部，促进快速吞咽）。

③ 如用丸剂投药器，先将药丸装入投药器内，术者持投药器自动物一侧口角伸入并送向舌根部，迅速将药丸打（推）出后，抽出投药器，待其自行咽下。

④ 投药后视其需要可灌少量饮水。

# 技能四 拌料、饮水投药法

[应用范围] 当发病动物尚有食欲、饮欲时，或群体动物发病以及进行药物预防时使用。该方法在猪、禽类中使用最多。

## 一、拌料投药

[操作方法] 首先根据动物的数量、采食量、给药剂量计算出药物和饲料的用量，准确称取后将所用药物先混入少量饲料中，反复拌和，然后再用饲料逐级增量拌和，直至将饲料混完。充分混匀后将混药饲料喂给动物，让其自由采食。对于个体发病动物，也可将个体剂量的片剂、散剂或丸剂药物包入大小适中的面团、馒头、肉块中，让其单个自由吞食。

## 二、饮水投药

根据群体动物饮水总量计算出药物的量，用二步递增稀释法或多步递增稀释法把药物加入水中，搅匀，让其自由饮水。

[注意事项]

① 准确掌握药物拌料、饮水的浓度。按照拌料或饮水给药标准，准确、认真计算所用药物剂量，如按畜禽每千克体重给药，应严格按照个体体重计算出畜禽群体体重，再按要求将药物加入饲料或饮水中内。要特别注意药量过小起不到作用或药量过大引起畜禽中毒的可能。

② 药物与饲料必须混合均匀。特别在大批量饲料拌药时，更需多次逐级增量稀释，以达到充分混匀的目的。切忌将全部药量一次加入到所需饲料中，因为简单混合会造成部分畜禽药物中毒而大部分畜禽吃不到药物，达到不到预防疾病的目的或贻误病情。

③ 密切注意不良反应。有些药物混入饲料后，可与饲料中的某些成分发生拮抗作用。

例如泰妙菌素与饲料中的盐霉素混饲后，就会发生中毒反应；鸡的饲料中长期混合磺胺类药物时，就容易引起维生素 B 或维生素 K 缺乏，此时就应适当补充这些维生素。

④ 饮水给药要特别注意药物是否溶于水，因此要选择水溶性的药物作为饮水给药。饮水给药要做到当天加药当天用完，以免药物失效。

## 【项目小结】

投药法是将水剂、片剂、丸剂、散剂等经口（鼻）投入体内的一种方法，在兽医临床上用得非常广。本项目介绍了常用的水剂灌药法，胃管投药法，片剂、丸剂、舔剂投药法，拌料投药法等。对各种投药法应用范围、操作方法、注意事项进行了详细的介绍，为不同种类、不同治疗目的动物提供了非常实用、可供选择的投药方法。

## 【目标检测题】

1. 动物的给药方法有哪几种？如何正确选择合适的方法？
2. 何谓投药法？常见有哪几种投药法？投药时有哪些注意事项？
3. 投送胃管前应注意哪些问题？操作时如何判断胃管是否进入食道内？

# 项目十七 常用注射方法

【学习目标】
    掌握各种常用注射方法。
【技能目标】
    1. 熟练使用常用注射器。
    2. 能进行肌肉注射、皮下注射、静脉注射。
    3. 能进行一些特殊的注射方法。

## 技能一 肌 肉 注 射

[应用范围]    肌肉注射是兽医临床上较常用的给药方法。由于肌肉内血管丰富，药物注射肌肉后吸收较快，且肌肉内感觉神经较少，注射疼痛轻微，因此一般刺激性较强和较难吸收（如水剂、乳剂、油剂等）的药液及血管内注射有副作用的药液等均可用肌肉注射。许多疫（菌）苗也常用肌肉注射的方法进行接种。

[用具准备]    根据动物种类和注射部位不同，选择大小适当的注射针头，犬、猫一般选用 7 号，猪、羊用 12 号，牛、马用 16 号。

[注射部位]    凡是肌肉丰满的部位均可进行肌肉注射，但应注意避开大血管及神经。大动物及犊、驹、羊等多在肩前颈部及臀部；猪在耳根后、臀部或股内侧（图 17-1）；禽类在胸肌、翼根内侧肌肉或大腿部肌肉；犬、猫、兔等小动物在背最长肌、股内外侧（但后肢肌肉注射，由于疼痛剧烈，可能引起跛行）。

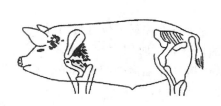 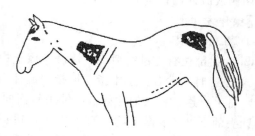

图 17-1    猪、马肌肉注射部位

[操作方法]

① 将动物保定，局部常规消毒处理。

② 左手的拇指与食指轻压注射局部，右手持注射器，使针头与皮肤垂直，迅速刺入肌肉内。一般刺入 2～4cm（小动物酌减），然后用左手拇指与食指握住露出皮外的针头结合部分，以食指指节顶在皮上，再用右手抽动针管活塞，观察无回血后，即可缓慢注入药液。如有回血，可将针头拔出少许再行试抽，见无回血后方可注入药液。注射完毕，用左手持酒精

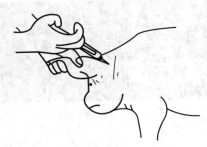

图 17-2 猪的肌肉注射

棉球压迫针孔部、迅速拔出针头。

③ 对于牛、马等大动物，为安全起见，也可以右手持注射针头，迅速用力刺入注射部位，然后以左手扶针头，右手连接注射器，再行注射药液（图 17-2）。

[注意事项]

① 由于肌肉组织致密，肌肉注射时一般不宜注入大量药液。

② 强刺激性药物如水合氯醛、钙制剂、浓盐水等，不能肌肉内注射。

③ 注射针尖如接触神经时，动物骚动不安，应变换方向后再行注射。

④ 针体一般刺入 2/3 深度，不宜全部刺入，以防折断。一旦针头和注射器的结合头折断，应立即拔除；如不能拔出时，将动物保定好，进行局部麻醉后，迅速切开注射部位组织，用小镊子、持针钳或止血钳拔出折断的针体。

⑤ 长期进行肌肉注射的动物，注射部位应交替更换，以减少硬结的发生。

⑥ 两种以上药液同时注射时，要注意药物的配伍禁忌，必要时可在不同部位注射。

# 技能二　皮下注射

[应用范围]　将药液注射于皮下结缔组织内，经毛细血管、淋巴管吸收进入血液循环，发挥药效作用，而达到防治疾病的目的。凡是易溶解、无强刺激性的药品及疫苗、菌苗、血清、抗蠕虫药（如伊维菌素）等，都可进行皮下注射。

[用具准备]　根据注射药量多少，可用 2ml、5ml、10ml、20ml、50ml 的注射器及相应针头。当抽吸药液时，先将安瓿封口端用酒精棉消毒，并随时检查药品名称、效期及质量。

[注射部位]　多选在皮肤较薄、活动性较大，且富有皮下组织的部位。大动物多在颈部两侧；猪在耳根后或股内侧；羊在颈侧、肘后或股内侧；兔在背部皮下；犬、猫在颈侧、背部两侧或股内侧；禽类在翼下。

[操作方法]

① 将动物保定。

② 注射部位首先进行剪毛、清洗、擦干；对术者的手指及注射部位进行消毒。

③ 注射时，术者左手中指和拇指捏起注射部位的皮肤，同时用食指尖下压使其呈皱褶陷窝，右手持连接针头的注射器，针头斜面向上，从皱褶基部陷窝处与皮肤成 30°～40°角，刺入针头的 2/3（根据动物体型的大小，适当调整进针深度），此时如感觉针头无阻抗，且能自由活动针头时，左手把持针头连接部，右手抽吸无回血即可注射药液。如需注射大量药液时，应分点注射。注完药液后，左手持酒精棉球按住刺入点，右手拔出针头。必要时可对局部进行轻轻按摩，促进吸收。当要注射大量药液时，应利用深部皮下组织注射（图 17-3）。

[注意事项]

① 刺激性强的药品不能皮下注射，特别是对局部刺激较强的钙制剂、砷制剂、水合氯醛及高渗溶液等易诱发炎症，甚至

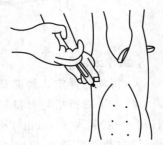

图 17-3 猪的皮下注射

导致组织坏死。

② 每一注射点不宜注入过多的药液，如需大量注射药液时，需将药液加温后分点注射。长期注射者应经常更换注射部位，建立轮流交替注射计划，达到在有限的注射部位吸收最大药量的效果。

# 技能三　静脉注射

[应用范围]　用于大量的输液、输血；以治疗为目的的急需速效的药物（如急救、强心等）；或注射药物有较强的刺激作用，又不能皮下、肌肉注射，只能通过静脉注射才能发挥药效的药物（如氯化钙、高渗盐水等）。

[用具准备]

① 根据注射用量可备 50～100ml 注射器及相应的注射针头或连接乳胶管的针头。大量输液时则应分别使用 250ml、500ml、1000ml 输液瓶，一次性输液器和相应型号的针头。

② 其他用品包括注射盘、注射器及针头、瓶套、开瓶器、止血带、血管钳、胶布、剪毛剪、无菌纱布、药液、输液卡、输液架。

[注射部位]　牛、马、羊、骆驼、鹿等均在颈静脉的上 1/3 与中 1/3 的交界处，猪在耳静脉或前腔静脉；犬、猫在前肢腕关节正前方偏内侧的前臂皮下静脉或后肢跗部背外侧的小隐静脉；禽类在翼下静脉；特殊情况下，牛也可在胸外静脉或乳房静脉。

[操作方法]

**1. 牛的静脉内注射**

牛的颈静脉位于颈静脉沟内。皮肤较厚且敏感，一般应用突然刺针的方法进针。助手将牛的头部安全固定。术者左手中指及无名指压迫颈静脉的下方，或用一根细绳或乳胶管在颈部的中 1/3 下方缠紧，使静脉怒张，右手持针头，对准注射部位并使针头与皮肤垂直，用腕力迅速将其刺入血管，见有血液流出后，将针头再沿血管向前推送，然后连接输液瓶上的输液管，药液即可徐徐注入血管中。

**2. 马的静脉内注射**

① 马的颈静脉比较浅显，位于颈静脉沟内。术者用左手拇指横压注射部位稍下方的颈静脉沟，使脉管充盈怒张。

② 右手持针头，使针尖斜面向上在压迫点前上方约 2cm 处，使针尖与皮肤成 30°～45°角，迅速准确地刺入静脉内，感到空虚并见有回血后，再沿脉管向前进针。松开左手，同时用拇指与食指固定针头的连接部，靠近皮肤，放低右手，此时即可推动针筒活塞，徐徐注入药液。

③ 可按上述原则，采取分解动作的注射方法，即按上述操作要领，先将针头或连接输液管的针头刺入静脉内，见有回血时，再继续向前进针，松开左手，连接注射器或输液瓶的输液管，即可徐徐注入药液。如为输液瓶时，应先放低输液瓶，验证有回血后，再将输液瓶提至与动物头同高，并用夹子将输液管近端固定于颈部皮肤上，使药液徐徐注入静脉内。

④ 注射完毕，左手持酒精棉球压紧针孔，右手迅速拔出针头，然后涂 5％碘酊消毒（图17-4）。

**3. 猪的静脉内注射**

① 耳静脉注射法。将猪站立或侧卧保定，耳静脉局部剪毛、消毒。具体操作如下：一人用手压住猪耳背面耳根部静脉管处，使静脉怒张，或用酒精棉反复涂擦，并用手指头弹叩，以引起血管充盈。术者用左手把持耳尖，并将其托平；右手持连接注射器的针头或头皮针，沿静脉管的径路刺入血管内，轻轻抽动针筒活塞，见有回血后，再沿血管向前进针。松开压迫静脉的手指，术者用左手拇指压住注射针头，连同注射器固定在猪耳上，右手徐徐推进针筒活塞或高举输液瓶即可注入药液。注射完毕，左手拿灭菌棉球紧压针孔处，右手迅速拔针。为了防止血肿或针孔出血，应压迫片刻，最后涂擦碘酊（图 17-5）。

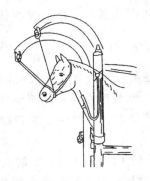

图 17-4　马颈静脉注射

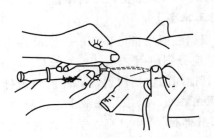

图 17-5　猪的耳静脉注射

② 前腔静脉注射法。用于大量输液或采血。前腔静脉是由左右两侧的颈静脉和腋静脉在第一对肋骨间的胸腔入口处的气管腹侧面汇合而成。注射部位在第一肋骨与胸骨柄结合处的前方。由于左侧靠近膈神经，易损伤，故多于右侧进行注射。选用 7～9 号针头。针头刺入方向，呈近似垂直并稍向中央及胸腔倾斜，刺入深度依猪体大小而定，一般为 2～6cm。

取站立或仰卧保定。站立保定时的注射部位在右侧，于耳根至胸骨柄的连线上，距胸骨端 1～3cm 处。术者拿连接针头的注射器，针头近似垂直并稍斜向胸腔中央方向刺向第一肋间胸腔入口处，边刺入边抽动注射器活塞或内管，见有回血时，标志已刺入前腔静脉内，即可徐徐注入药液。取仰卧保定时，胸骨柄可向前突出，并于两侧第一肋骨与胸骨结合处的直前侧方呈两个明显的凹陷窝，用手指沿胸骨柄两侧触诊时感觉更明显，多在右侧凹陷窝处进行注射。先固定好猪两前肢及头部，消毒后，术者持连接针头的注射器，由右侧沿第一肋骨与胸骨结合部前方的凹陷窝处刺入，并稍斜刺向胸腔中央方向，边刺边回抽，见回血后，即可注入药液，注完后左手持酒精棉球紧压针孔，右手拔出针头，涂抹碘酊消毒（图 17-6、图 17-7）。

**4. 犬的静脉内注射**

① 前臂皮下静脉（也称头静脉）注射法（图 17-8）。此静脉位于前肢腕关节正前方稍偏内侧。犬可侧卧、伏卧或站立保定，助手或犬主人从犬的后侧握住犬的肘部，使皮肤向上牵拉和静脉怒张，也可用止血带或乳胶管结扎，使静脉怒张。操作者位于犬的前面，注射针由近腕关节 1/3 处刺入静脉，当确定针头在血管内后，针头连接管处见到回血，再顺静脉管进针少许，以防犬骚动时针头滑出血管；松开止血带或乳胶管，即可注入药液，并调整输液速度。静脉输液时，可用胶布缠绕固定针头。注射完毕，以干棉签或棉球按压穿刺点，迅速拔出针头，局部按压或嘱畜主按压片刻，防止针孔出血。

图 17-6　猪的前腔静脉注射

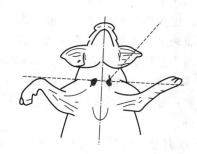

图 17-7　猪仰卧保定时的前腔静脉注射法

② 后肢外侧小隐静脉注射法（图 17-9）。此静脉位于后肢胫部下 1/3 的外侧浅表皮下，由前斜向后上方，易于滑动。注射时，使犬侧卧保定，局部剪毛消毒。用乳胶带绑在犬股部，或由助手用手紧握股部，使静脉怒张。操作者位于犬的腹侧，左手从内侧握住下肢以固定静脉，右手持注射针由左手指端处刺入静脉。

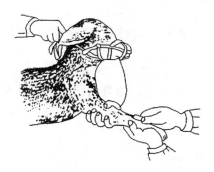

图 17-8　犬前肢内侧皮下静脉注射

图 17-9　犬后肢外侧小隐静脉注射

③ 后肢内侧面大隐静脉注射法。此静脉在后肢膝部内侧浅表的皮下。助手将犬背卧后固定，伸展后肢向外拉直，暴露腹股沟；在腹股沟三角区附近，先用左手中指、食指探摸股动脉跳动部位，在其下方剪毛消毒；然后右手持针头，由跳动的股动脉下方直接刺入大隐静脉管内。注射方法同前述的后肢小隐静脉注射法。

**5. 禽的静脉内注射**

鸡、鸭、鹅等禽类一般在翼下静脉的基部进行静脉注射。将其仰卧固定，拉开一翅，内侧面向上，在翅中部羽毛较少的凹隐处（腋窝）可见一条较粗的翼根静脉，其延伸段较细称为翼下静脉，鸭的称为腋静脉。注射时先将腋窝消毒，用左手压住静脉向心端，使血管扩张充盈，然后将连接注射器的针头刺入，见有回血，放开左手，用拇指固定针头，右手将药液慢慢注入，注毕对局部进行消毒处理。

**[注意事项]**

① 严格遵守无菌操作规程，对所有注射用具及注射部位均应严密消毒。

② 根据动物种类、注射药液的多少等，选用恰当的注射器及相应的注射针头，并检查针头是否畅通。

③ 动物必须保定确实，进针和注射过程中均应防止动物骚动，以免针尖划破血管使药

液漏入皮下。

④ 注射时要明确注射部位，进针前应使静脉充分怒张，进针要准，做到一针见血，防止乱刺，以免引起局部血肿或静脉炎。当刺入后不见回血时，应耐心判断，找出原因。如刺入皮下而未进入血管时，不要急于拔出针头，可适当调整角度和深度，再行刺入；当反复刺入血管而不见回血时，可能是针头被血凝块堵塞，应更换针头。

⑤ 针头刺入脉管后，需再顺静脉插1~3cm，并要将针头固定。中、小动物可用手固定注射针头；输液量大，时间长者，宜用胶布缠绕粘固或用夹子固定，防止动物骚动使针头脱出血管外。

⑥ 注射时要排尽注射器或输液管中的气泡。

⑦ 混合注射多种药液时应注意配伍禁忌，油类制剂不能作静脉注射。

⑧ 大量输液时，药液要加热至动物体温程度，且注射速度不宜过快，大动物以40ml/min，中小动物5~10ml/min为宜。

⑨ 输注过程中要经常注意动物的表现，如有骚动、出汗、气喘、肌肉震颤等征象时，应立即停止注射；当发现药液输入突然过慢或停止以及注射局部明显肿胀时，应检查回血情况。可放低输液瓶，或一手捏紧输液管上部，使药液停止下流，再用另一只手在输液管下部突然加压或拉长，并随即放开，利用产生的一时性负压，看其是否回血。

⑩ 静脉注射药液的温度要接近于动物的体温，冬天进行静脉注射时需先将药液进行温热后再使用。

⑪ 犬和猪静脉注射时，宜从末端血管开始，以防再次注射时发生困难。

⑫ 对极其衰弱或心功能障碍的患畜静脉注射时，尤其应注意输液反应，对心肺功能不全者，要控制注射速度和输入量，防止发生肺水肿。

# 技能四　腹腔注射

[应用范围]　当静脉管不宜输液时可用本法。腹腔内注射在大动物较少应用，而在小动物的治疗上则经常采用。在犬、猫也可注入麻醉剂。本法还可用于腹水的治疗，利用穿刺排出腹腔内的积液，借以冲洗、治疗腹膜炎。

[用具准备]　根据动物的大小或治疗目的来选用器材。大动物用20号长针头，小动物用6~8号针头，并分别连接于相应的针管上。为排除腹腔内的积液或洗涤腹腔，通常要使用套管针。

[注射部位]　牛羊在右侧䏤窝部；马在左侧䏤窝部；犬、猫、兔、小猪在耻骨前缘3~5cm，腹正中线旁1~3cm（膝皱褶前到脐部），大猪可在两侧后腹部注射。

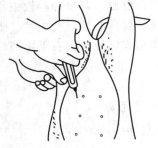

图17-10　猪的腹腔注射

[操作方法]　大动物站立保定，中、小动物倒提后肢保定（腹部面向术者）或仰卧并稍抬高后躯保定。局部剪毛、消毒。左手把握动物的腹侧壁，右手持连接针头的注射器或连接输液管的针头于注射部位垂直刺入2~3cm，针头进入腹腔后抵抗力突然减弱，回抽无血及粪便残渣，缓慢注入药液或进行输液，注射药物时阻力较小。注毕拔出针头，局部消毒。图17-10为猪的腹腔注射。

[注意事项]　腹腔注射宜用无刺激性的药液；如进行腹腔大量补液，则宜用等渗溶液，并最好将药液加温至接近体温的程度；腹腔内有各种内脏器官，在注射或穿刺时，容易受损伤，因此要特别注意；小动物腹腔内注射宜在空腹时进行，防止腹压过大而误伤其他脏器。

# 技能五　气管注射

[应用范围]　应用于气管及肺部疾病的治疗。临床上常将抗生素注入气管内治疗支气管炎和肺炎，也可用于肺脏的驱虫；注入麻醉剂以治疗剧烈的咳嗽。

[用具准备]　根据动物种类和注射药液的不同，选择大小适当的注射器及相应针头。

[注射部位]　一般在颈部气管的上 1/3 处或颈部中央处，腹侧面正中，两个气管软骨环之间进行注射。

[操作方法]　动物仰卧、侧卧或站立保定，使前躯稍高于后躯，局部剪毛消毒。术者一手持连接针头的注射器，另一手握住气管，于两个气管软骨环之间，垂直刺入气管内（牛可采用先进针再连接注射器的方法），如有突然落空感，或摆动针头感觉前端空虚，回抽有大量气体进入注射器，即可缓缓滴入药液。注完后拔出针头，涂擦碘酊消毒。图 17-11 为猪的气管注射。

[注意事项]

① 注射前宜将药液加温至与畜体同温，以减轻刺激。

② 注射过程如遇动物咳嗽时，则应暂停注射，待安静后再行注入。

③ 注射速度不宜过快，最好一滴一滴地注入，以免刺激气管黏膜，咳出药液。

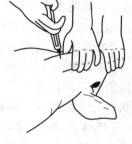

图 17-11　猪的气管注射

④ 如果病畜咳嗽剧烈，或为了防止注射诱发咳嗽，可先在颈下皮下注射 2%盐酸普鲁卡因溶液 2～5ml（大动物），降低气管黏膜的敏感性，然后再注入药液。

⑤ 油剂、糖剂、红霉素等不能作气管注射。

⑥ 注射药液量不宜过多，药物剂量以肌肉注射量的 1/4～1/3 为宜，药液总量大动物控制在 20ml 以内，中等动物控制在 5ml，小动物为 1～2ml。量过大时，易由于发生气管阻塞而引起呼吸困难。

# 技能六　瓣胃注入

[应用范围]　将药液直接注入于瓣胃中，主要用于治疗瓣胃阻塞和某些特殊药品给药（如治疗血吸虫的吡喹酮等）。

[用具准备]　15cm（16～18 号）长的针头，注射器，注射用药品（如液状石蜡、25%硫酸镁、生理盐水、植物油或其他药品等）。

[注射部位]　瓣胃位于右侧第 7～10 肋间，其注射部位在右侧第 9 肋间与肩关节水平线相交点的下方 2cm 处。

[操作方法]　术者左手稍移动皮肤，右手持针头垂直刺入皮肤后，使针头朝向左侧肘

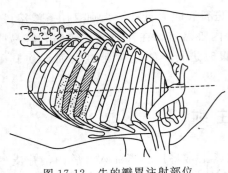

图 17-12 牛的瓣胃注射部位

头左前下方，刺入深度为 8～10cm（羊稍浅），先有阻力感，当刺入瓣胃内则阻力减小，并有沙沙感。此时注入 20～50ml 生理盐水，再回抽如混有食糜或胃内容物时，即为正确，可开始注入所需药物。注射完毕后迅速拔出针头，术部擦涂碘酊，也可用碘仿火棉胶封闭针孔（图 17-12）。

[注意事项]

① 操作过程中宜将病畜保定，注意安全，以防意外。

② 注射中病畜骚动时，要确实判定针头是否在瓣胃内，而后再行注入药物。

③ 在针头刺入瓣胃后，回抽注射器，如有血液或胆汁，表明是误刺入肝脏或胆囊。

④ 瓣胃内注射，可每日注射 1 次，最多连注 2～3 次。

# 技能七 皱胃注入

[应用范围] 用于牛的皱胃阻塞或皱胃变位的诊断；或通过针头向皱胃内注入所需药液，用于治疗某些皱胃疾病。

[用具准备] 15cm（16～18 号）长的针头，注射器，注射用药品。

[注射部位] 牛的皱胃位于右腹部第 9～13 肋间的肋骨弓区，当发生皱胃阻塞时，此区域出现局限性膨大，可作为刺入部位（右侧第 11～13 肋骨下缘）；当发生皱胃变位时，左侧肋弓处突起明显，叩诊时发出高亢的叩击钢管音，可选择此处进行穿刺。

[操作方法] 将动物站立保定，注射局部剪毛、消毒。术者持 16～18 号针头，先刺穿皮肤，调整针头使其朝向对侧肘突方向刺入 5～8cm 时，手感刺入坚实物，此时可以连接注射器，向内注入少量（50～100ml）生理盐水，并立即回抽之，如见回抽液中混有胃内容物，pH 值为 1～4，表明针头已准确刺入皱胃内，根据需要可以抽取皱胃内容物进行实验室检验，也可以注入所需药物。之后，立即拔出针头，局部做消毒处理。

[注意事项] 保定要确实，注药前或骚动后一定要鉴定针头确实在皱胃内，方可再注入药物。

# 技能八 乳房注入

[应用范围] 用于治疗奶牛、奶山羊的乳房炎，或通过导乳管送入空气，治疗奶牛生产瘫痪。

[用具准备] 导乳管（或尖端磨得光滑钝圆的针头），50～100ml 注射器或输液瓶，乳房送风器及药品。

[操作方法]

① 将动物站立保定。挤净乳汁，清洗乳房并拭干，用 70%酒精消毒乳头。

② 用左手将乳头握于掌内，轻轻向下拉，右手持消毒的导乳管，自乳头口徐徐插入。

③ 再以左手把握乳头及导乳管，右手持注射器与导乳管连接（或将输液瓶的乳胶导管与导乳管连接），然后徐徐注入药液。

④ 注射完毕，拔出导乳管，以左手拇指与食指捏闭乳头开口，防止药液外流。右手按摩乳房，促进药液充分扩散。

⑤ 如治疗产后瘫痪需要送风时，可使用乳房送风器（或 100ml 注射器或消毒后手用打气筒）。送风之前，在金属滤过筒内，放置灭菌纱布，滤过空气，防止感染。先将乳房送风器与导乳管连接（或 100ml 注射器接合端垫 2 层灭菌纱布与导乳管连接）。4 个乳头分别充满空气，充气量以乳房的皮肤紧张、乳腺基部的边缘清楚变厚、轻敲乳房发出鼓音为标准。充气后，可用手指轻轻捻转乳头肌，并结系一条纱布，防止空气溢出，经 1h 后解除。

⑥ 如为了洗涤乳房注入药液时，将洗涤药剂注入后，随后即可挤出，反复数次，直至挤出液体透明为止，最后注入抗生素溶液（图 17-13）。

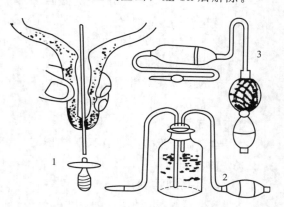

图 17-13　乳房注入法
1—插入乳导管；2—注药瓶；3—乳房送风器
（引自：沈永恕. 兽医临床诊疗技术，2006）

[注意事项]

① 导乳管前端在使用前必须涂布经过消毒的润滑油。若使用针头，尖端一定要磨光滑，防止损伤乳头管黏膜。

② 送风时要遵守无菌操作规程，以防感染，特别使用注射器送风时更应注意。

③ 注射前挤净乳汁，注射后要充分按摩，注药期间不要挤乳。

④ 注入药液一般以抗生素溶液为主，洗涤药液多用 0.1％雷佛奴尔溶液、生理盐水及低浓度青霉素溶液。

## 【项目小结】

　　注射法是防治畜禽疾病时常用的给药方法。与其他给药方法相比，具有操作简便、用药准确、疗效迅速、节省药物等特点，在兽医临床上得到广泛的应用。本项目介绍临床上较常用的注射方法如皮下注射、肌肉注射、静脉注射，以及特殊的注射方法如皮内、胸腔、腹腔、气管、瓣胃、皱胃、乳房内注射等。

## 【目标检测题】

### 一、选择题

1. 不得用于皮下注射的药物是（　　）。

A. 疫苗　　　　　　　B. 血清　　　　　　C. 伊维菌素　　　　　D. 0.9％氯化钠
E. 10％氯化钙

2. 在处方中经常使用 im、iv、ih 其分别表示（　　）。

A. 肌肉注射、静脉注射、腹腔注射　　B. 肌肉注射、静脉注射、皮下注射
C. 静脉注射、肌肉注射、腹腔注射　　D. 皮下注射、静脉注射、肌肉注射
E. 皮下注射、静脉注射、腹腔注射

3. 犬常用的静脉注射部位是（　　）。

A. 颈静脉　　　　　B. 耳静脉　　　　　C. 前腔静脉　　　　　D. 股内侧静脉

E. 桡静脉

4. 关于动物肌肉注射给药，叙述错误的是（　　）。

A. 用于注射刺激性较强或难以吸收的药物

B. 用于不宜或不能作静脉注射，要求比皮下注射更迅速发生疗效者

C. 注射药物种类较多，不能全部进行静脉注射者

D. 其中以颈部和臀部肌肉为最常用

E. 氯化钙由于刺激性强，不易静脉注射，可进行肌肉内注射

5. 皮下注射时药物吸收（　　）。

A. 较快　　　　　B. 较慢　　　　　C. 较完全　　　　　D. 较好

6. 猪的静脉注射常用（　　）。

A. 耳静脉　　　　　B. 颈静脉　　　　　C. 后腔静脉　　　　　D. 前腔静脉

E. 尾部静脉

7. 需要长期反复多次作静脉注射时，选择注射部位应（　　）。

A. 由前到后　　　　　B. 由上到下　　　　　C. 由小到大　　　　　D. 由远端到近端

E. 由近端到远端

8. 给小猪腹腔注射时，宜采用（　　）。

A. 侧卧保定　　　　　B. 仰卧保定　　　　　C. 站立保定　　　　　D. 后肢倒提保定

E. 绳套保定

**二、简答题**

1. 怎样确定猪、牛、马的肌肉注射部位？操作时应注意哪些事项？

2. 静脉注射的适用范围有哪些？操作时应注意哪些事项？

3. 简述腹腔注射、气管注射、瓣胃注射、乳房注射的操作方法及注意事项。

# 项目十八 常用穿刺技术

## 技能一　瘤 胃 穿 刺

［应用范围］
① 牛、羊瘤胃急性臌气时的急救排气。
② 向瘤胃内注入药液进行治疗。
③ 采取瘤胃内容物。

［用具准备］　大套管针或注射针头，羊可用较长的肌肉注射用针头；外科刀与缝合器材等。

［穿刺部位］　左侧肷窝部，由髋结节向最后肋骨所引水平线的中点，牛距腰椎横突下方 10～12cm，羊距腰椎横突下方 3～5cm 处，也可选在瘤胃隆起最高点穿刺。若采集瘤胃液，穿刺位置可稍靠下。

［操作方法］　牛、羊站立保定，术部剪毛、消毒。在术部切一小口（羊一般不切口），左手将局部皮肤向上提起，右手持套管针向对侧肘头方向刺入 10～14cm 深，然后固定套管，拔出针芯，缓慢排出气体。如放气过程中，套管堵塞，可插入内针疏通。气体排除后，为防止复发，可经套管向瘤胃内注入防腐制酵药。操作完毕后，插入针芯，同时压住针孔皮肤，再拔出套管针，局部涂以碘酊处理。如图 18-1 所示。

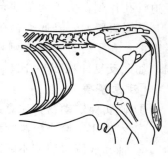

图 18-1　牛瘤胃穿刺部位和套管针

　　在紧急情况下，无套管针或注射针头时，可就地取材，如取竹管、鹅翎或静脉注射针头等进行穿刺，以挽救病畜生命，然后再采取抗感染措施。

［注意事项］
① 放气速度不宜过快，应间歇性放气，以防止发生急性脑缺血性休克，同时注意观察病畜的表现。
② 根据病情，为了防止臌气继续发展，避免重复穿刺，可将套管针固定，留置一定时间后再拔出。

③ 穿刺和放气时，应注意防止针孔局部感染。因为放气后期往往伴有泡沫样内容物流出，污染套管针口周围并易流进腹腔，从而继发腹膜炎。

④ 经套管针注入药液时，注药前一定要确切判定套管针仍在瘤胃内后，才可实施药液注入。

⑤ 需要拔出套管时，应先插回针芯或用手指压住针孔，并向下压迫套管周围的皮肤，再拔出套管针或注射针。

# 技能二　腹膜腔穿刺

[应用范围]

① 用于原因不明的腹水，穿刺抽液检查积液的性质以协助明确病因。

② 采集腹腔积液，以帮助对胃肠破裂、膀胱破裂、肠变位、内脏出血、腹膜炎等疾病进行鉴别诊断。

③ 排出腹腔的积液进行治疗。

④ 腹腔内给药或洗涤腹腔。

[用具准备]　腹腔穿刺套管针或 16 号静脉注射针头。

[穿刺部位]　牛、羊在脐与膝关节连线的中点；马在剑状软骨突起后 10～15cm，白线两侧 2～3cm 处；犬在脐至耻骨前缘的连线中央，白线两侧。

[操作方法]　大动物采取站立保定，小动物采取平卧位或侧卧位保定，术部剪毛消毒。术者左手固定穿刺部位的皮肤并稍向一侧移动，右手控制套管针或针头的深度，垂直刺入腹壁 3～4cm，待抵抗感消失时，表示已穿过腹壁层，即可回抽注射器，抽出腹水放入备好的试管中送检。如需要大量放液，可接一橡皮管，将腹水引入容器，以备定量和检查。橡皮管可夹一输液夹以调整放液速度。小动物可采用注射器抽出。放液后拔出穿刺针，用无菌棉球压迫针孔片刻，覆盖无菌纱布，用胶布固定。

洗涤腹腔时，马属动物在左侧肷窝中央；牛、鹿在右侧肷窝中央；小动物在肷窝或两侧后腹部。右手持针头垂直刺入腹腔，连接输液瓶胶管或注射器；注入药液，再由穿刺部排出，如此反复冲洗 2～3 次。

[注意事项]

① 确实保定动物，注意人、畜安全。

② 术者用手恰当控制穿刺针刺入深度，不宜过深，以免刺伤肠管。

③ 抽、放腹水引流不畅时，可将穿刺针稍做移动或稍变动体位，抽、放液体速度不可过快。

④ 用于腹腔冲洗或向腹腔内注入的药液应加温至接近动物体温。

⑤ 穿刺过程中应注意动物的反应，观察呼吸、脉搏和黏膜颜色的变化，发现有特殊变化时应停止操作，并进行适当处理。

# 技能三　关节穿刺

[应用范围]　用于诊断和治疗关节疾病。如采取关节液检验，排除积液，注入药液或冲洗关节腔等。

[用具准备]　5～10ml 注射器、针头、3%～5%碘酊、75%酒精、毛剪等。

[穿刺部位]　临床穿刺的关节主要有系关节（球关节）、跗关节、腕关节等。

[操作方法]　站立或横卧保定，术部剪毛消毒。

系关节（球关节）穿刺：在掌（跖）骨、系韧带和近籽骨上缘所形成的凹陷内，针头与掌骨侧面成 45°角由上向下刺入 3～4cm，完毕即拔出针头，局部用碘酊消毒。

腕关节（腕桡关节）穿刺：在关节外侧的前界为桡骨，后界为腕外屈肌腱，下界为副腕骨上缘的三角形凹陷中，针头向副腕骨上方，由前内方向桡骨刺入 2.5～3cm。亦可在屈曲腕关节情况下，由前方刺入腕桡关节和腕间关节。

跗关节（胫距关节）穿刺：在骨膜盲囊以前内方或后内方施行，前内方在关节的屈面、胫骨内髁的前下方凹陷内，针头水平刺入 1.5～3cm，穿刺完后术部碘酊消毒。

[注意事项]

① 穿刺器械及手术操作均需严格消毒，以防关节腔继发感染。

② 穿刺前，必须了解所要穿刺关节的形态、构造，以免损伤其他组织（血管、神经或韧带）。

③ 当针头正确刺入关节腔时，可见有液体流出，如无液体流出可压迫关节囊或用注射器抽吸，但不可过深地刺入关节腔内，以防损伤关节软骨。

# 技能四　胸腔穿刺

[应用范围]　用于排出胸腔的积液、血液，或注入药液及冲洗治疗；也可用于检查胸腔有无积液，或采集胸腔积液，以鉴别其性质，帮助诊断。

[用具准备]　套管针或 16～18 号长针头；胸腔洗涤剂，如 0.1%雷佛奴尔溶液、0.1%高锰酸钾溶液、生理盐水（加热至与体温等温）等。

[穿刺部位]　牛、羊、马在右侧第 6 肋间或左侧第 7 肋间，猪、犬在右侧第 7 肋间，与肩关节水平线交点下方 2～3cm 处，胸外静脉上方约 2cm 处。

[操作方法]　大动物站立保定，犬、猫侧卧保定或取犬坐姿势，术部按常规剪毛、消毒，犬、猫先用盐酸普鲁卡因局部浸润麻醉。术者一手将术部皮肤稍向前移动，一手持适当大小的灭菌套管针（如无套管针，可用 12～14 号注射针头代替，针柄连接一小段胶管，接上注射器，防止空气进入胸腔），沿肋骨前缘垂直刺入。刺入深度，大动物 2～4cm，小动物 1～2cm，当感觉阻力突然消失时，即表示刺入胸腔。拔出套管针针芯，或用与胶管连接的注射器抽取胸腔积液。穿刺采样或排液（气）完毕后应立即插回套管针针芯，然后一手紧压术部皮肤，一手拔出穿刺针，术部消毒。

[注意事项]

① 穿刺或排液过程中，应注意无菌操作，并防止空气进入胸腔。

② 排出积液和注入洗涤剂时应缓慢进行，同时注意观察病畜有无异常表现。

③ 穿刺时必须注意并防止损伤肋间血管与神经。

④ 套管针刺入时，应以手指控制套管针的刺入深度，以防刺入过深损伤心、肺。

⑤ 穿刺过程中遇有出血时，应充分止血，改变位置再行穿刺。

⑥ 需进行药物治疗时，可在抽液完毕后，将药物经穿刺针注入。

## 技能五 脓肿穿刺

[应用范围] 主要用于脓肿的诊断和脓汁的清除。

[用具准备] 75%酒精，3%~5%碘酊，注射器及相应针头，消毒药棉等。

[穿刺部位] 一般在肿胀部位下方或触诊松软部。

[操作方法] 常规消毒术部。左手固定患处，右手持注射器使针头直接穿入患处，然后抽动注射器内芯，将病理产物吸入注射器内。也可由一助手固定患部，术者将针头穿刺到患处后，左手将注射器固定，右手抽动注射器内芯。

[注意事项]

① 穿刺部位必须固定确实，以免术中骚动或伤及其他组织。

② 在穿刺前需制定穿刺后的治疗处理方案，如脓肿的清创。

③ 要注意脓肿与血肿、淋巴外渗穿刺液的鉴别诊断：脓肿穿刺液为脓汁；血肿穿刺液为稀薄的血液；淋巴外渗液为透明的橙红色液体。必须在确定穿刺液的性质后，再采取相应措施（如手术切开等），避免因诊断不明而采取不当措施。

## 技能六 颈椎及腰椎穿刺

[应用范围]

① 采取脑脊髓液做理化检验和病理检查。

② 测定颅内压或排除脑脊髓腔内积液来降低颅内压。

③ 向脊髓腔内注入药液，进行特殊的治疗。

[用具准备] 脑脊髓穿刺针（配以针芯的长的封闭针头）、灭菌试管等。

[穿刺部位] 颈椎穿刺在后头骨与第1颈椎或第1、第2颈椎之间的脊上孔。腰椎穿刺在腰荐十字部，最后腰椎棘突与第1荐椎棘突之间的凹陷处。各种动物的穿刺部位基本相同。如图18-2、图18-3所示。

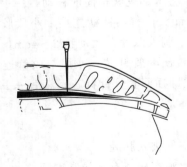

图18-2 腰椎穿刺位置示意图

图18-3 颈椎穿刺位置示意图

[操作方法] 大动物站立保定，确实保定后躯，防止跳动；小动物横卧保定，并使其腰部稍向腹侧弯曲。颈椎穿刺时，应尽量使其头部向前下方屈曲，以充分暴露术部。

术部剪毛、消毒后，用拇指和中指握定针头，食指压定在针尾上，对准术部，按垂直方向缓缓刺入，待针穿通棘间韧带及硬膜进入脊髓腔时，手感阻力突然消失（如同穿透牛皮纸样的感觉），拔出针芯，脑脊液流出。穿刺完毕，插入针芯并用酒精棉压住穿刺孔周围的皮肤，然后拔出穿刺针，术部涂以碘酊。

[**注意事项**]

① 确实保定动物。穿刺过程中，如遇动物骚动不安时，应暂缓进针。

② 操作中所用器械均要经过严格消毒，以免感染。

③ 穿刺不宜过深并切忌捻转穿刺针，以免损伤脊髓组织。

④ 对颅内压增高的病畜，排液速度不宜过快，排液量不宜过多，以免因椎管内压力骤减而发生脑疝。

# 技能七　喉囊穿刺

[**应用范围**]

① 采取喉囊内积液供作进一步检验。

② 排除喉囊内蓄脓并进行冲洗治疗。

[**用具准备**]　穿刺针或长的针头。

[**穿刺部位**]　喉囊穿刺点在第 1 颈椎横突中央向前移一指处，触诊该部有波动感。

[**操作方法**]　马、骡站立保定，使其头部向前下方伸展。术部剪毛、消毒后，术者持针头先垂直刺穿术部皮肤，再转向对侧眼角的方向，缓缓刺入到喉囊内，然后固定好针头，连接注射器，吸出其内液体。如果喉囊蓄脓，在排出脓汁后，进行冲洗，再注入所需药液。术后涂以碘酊消毒。

[**注意事项**]

① 将动物确实保定，防止其骚动。

② 穿刺过程中，如穿刺针孔被堵塞，应先疏通针孔，再抽液。

# 技能八　马、骡盲肠穿刺

[**应用范围**]　马骡急性盲肠臌气时急救放气和向肠腔内注入防腐制酵药液，用于治疗马骡肠臌胀。

[**用具准备**]　肠管穿刺套管针或16～18号静脉注射针头、长的封闭针头。

[**穿刺部位**]　盲肠穿刺点在右肷窝的中心处，即距腰椎横突 7～9cm 处，或选在右肷窝最明显的臌胀处。若在右侧大结肠臌气，结肠穿刺点在左侧腹壁臌胀最明显处。马盲肠穿刺部位如图 18-4 所示。

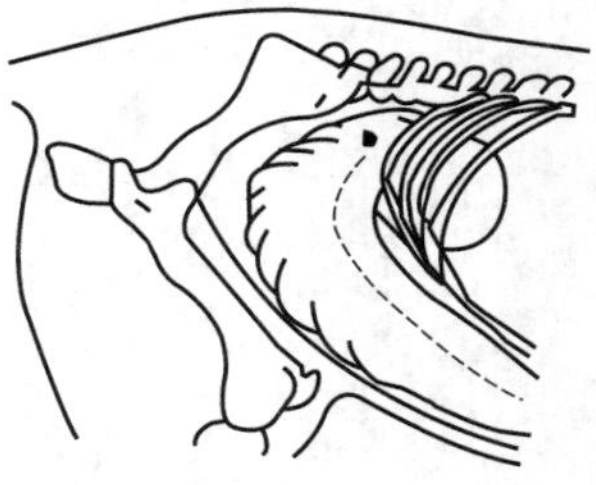

[**操作方法**]　马骡站立保定，穿刺部位剪毛消毒。盲肠穿刺时，可将皮肤纵向切开 0.5～1.0cm 的小口，若用封闭针头时，则不用切口；右手持肠管穿刺套管针（或封闭针头），由后上方向前下方，对准对侧肘头迅速穿透腹壁刺入盲肠内，深6～10cm。然后左手固定套管，拔出针芯，气体即可自行排出。在排气之后，为了制止肠内继续发酵产气可经套管向肠腔内注入防腐制酵剂。拔出套管前，应将针芯插入套管内，同时用左手

图 18-4　马盲肠穿刺部位

紧压术部皮肤，使腹膜紧贴肠壁，然后将套管针拔出。术部涂以碘酊，并用火棉胶绷带覆盖（术部切口时）。

有些时候，当马骡左侧大结肠臌气极其明显时，也可进行结肠穿刺排气。结肠穿刺时，可用封闭针头或16号长针头，垂直于腹部臌气最明显处刺入，深达3～5cm即可。

[**注意事项**]　同瘤胃穿刺术。

# 【项目小结】

穿刺技术是兽医临床上比较常用的一种诊疗技术，对辅助诊断或局部治疗具有重要意义，是临床兽医应该熟练掌握的一项基本技术。通过穿刺不仅可以获取病畜体内特定的病理材料，以供实验室检查，为疾病的确诊提供有力证据；而且也可以对某些因急性肠、胃臌气而致的危急病例，通过穿刺放气，迅速缓解症状，为进一步诊断及治疗提供条件。本项目介绍了瘤胃、腹膜腔、胸腔、关节、颈椎及腰椎、喉囊、马和骡盲肠、脓肿等穿刺技术，从应用范围、穿刺部位、操作方法、注意事项等方面进行了详细的介绍。

# 【目标检测题】

1. 怎样确定瘤胃穿刺的部位？穿刺有何临床意义？穿刺时应注意哪些事项？
2. 如何确定腹腔穿刺的部位？穿刺有何临床意义？穿刺时应注意什么？
3. 简述胸腔穿刺、关节穿刺、脓肿穿刺等的操作方法及注意事项。

# 项目十九 输液疗法

## 技能一 水盐代谢紊乱及处理

　　脱水及电解质代谢紊乱是临床上常见的病理状态，许多疾病伴有脱水及电解质代谢紊乱；及时、恰当的液体疗法是救治危症病畜有效的治疗手段。认识和诊断脱水的目的，在于补充已丢失的水分和电解质，调整血液电解质和渗透压，以恢复脱水动物的水、盐代谢功能。

### 一、水和钠代谢紊乱

　　脱水是临床上最常见的水代谢紊乱，常与缺钠同时存在。由于缺水与缺钠可能有所偏重，故脱水可分为以下三种。

　　**1. 等渗性脱水**（急性缺水或混合性缺水）

　　特点是丢失的水和钠比例相当，细胞外液渗透压保持正常。

　　[原因]　在腹泻、呕吐、肠变位、急性肠梗阻、弥漫性腹膜炎以及大出汗后饮水不足等情况下，大量消化液急性丧失，使病畜体液在短期内大量丢失。其特点是缺水和缺纳接近体液中水与钠的正常比例。

　　[诊断要点]　临床表现尿少、乏力、眼球下陷和皮肤干燥，但无口渴。较重的病畜表现脉搏加速，血压下降，并常伴有代谢性酸中毒。

　　[处理方法]　此类脱水补液以补充复方氯化钠液或5％葡萄糖生理盐水为宜，也可将生理盐水与5％葡萄糖按1∶1比例输入。

　　**2. 低渗性脱水**

　　特点是缺钠大于缺水。按缺钠程度可分为轻度、中度和重度三种情况。

　　[原因]　大量失血、出汗、呕吐和腹泻引起体液丢失以及长期使用利尿剂，抑制肾小管对钠的重吸收，导致大量钠自尿中丢失。

　　[诊断要点]　①轻度缺钠，其临床表现为精神沉郁，食欲减少，四肢无力。病畜每千克体重缺钠为0.25～0.5g。②中度缺钠，临床表现血压下降，全身症状明显，症状除上述表现外尚有恶心、呕吐、脉搏加速、尿少。病畜每千克体重缺钠为0.6～0.75g。③重度缺钠，常有昏睡或处于昏迷状态，并可有休克。病畜每千克体重缺钠量为0.75～1.25g。根据病史，结合临床症状和实验室检查可以诊断，初期测定血清钠接近正常，后期测定血清钠可

见下降。

**[处理方法]** 对低渗性脱水，应以补充盐类为主，盐和水的比例为 2∶1（即 2 份生理盐水，1 份 5％葡萄糖液）。

**3. 高渗性脱水**

其特点是缺水大于缺钠。

**[原因]** 水摄入不足，可见于给水不足、饮食欲减少或废绝、昏迷、口腔或咽喉炎症、食管炎症、肿瘤或阻塞等病症。排尿量过多，可见于中暑、各种原因引起的皮肤大量流汗、高温或大剂量使用利尿剂等。

**[诊断要点]** ①轻度脱水，缺水量为体重的 2％～4％，其主要症状为口渴，精神沉郁，尿量减少，血色稍暗。②中度脱水，缺水量为体重的 4％～6％，其主要症状除口渴、舌干、乏力外，尿量减少极为明显，血液黏稠、色暗，脉搏增速。③重度脱水，缺水量大于体重的 6％，病畜除有上述症状外，大多有血压下降和神志障碍，可视黏膜发绀，高度口渴，眼球凹陷，耳、鼻端发凉。心音及脉搏均减弱，脉搏不易用手感知，有时出现神经症状。

**[处理方法]** 高渗性脱水应以补水为主，盐和水的比例为 1∶2（即 1 份生理盐水，2 份 5％葡萄糖液）。

## 二、钾代谢紊乱

钾能维持细胞新陈代谢，调节体液的渗透压和酸碱平衡，并保持细胞的应激功能。机体每天钾的摄入均从饮食中获得，由小肠吸收。钾的排出主要由肾调节，尿中每天排钾约为摄入量的 90％，其余 10％在粪便中排出。

**1. 低钾血症**

**[原因]** ①长期钾摄入不足，常见于术后长期禁食或食欲不振的病畜或长期饲喂含钾少的饲料。②钾的排出增加，常见于严重腹泻、呕吐，长期应用肾上腺皮质激素、创伤和大面积烧伤等以及病畜应用利尿药物。

**[诊断要点]** ①病畜有上述可能引起缺钾的原因。②病畜有厌食、恶心、呕吐和腹胀（肠蠕动明显减弱）、肌肉无力、腱反射减退、血压降低、嗜睡等症状。③血清钾测得值明显降低。④心电图有典型的低钾血症表现，T 波降低、双相甚或倒置，ST 段压低或 U 波出现。

**[处理方法]** 迅速查出缺钾原因，进行病因治疗，同时迅速补充氯化钾。

**[注意事项]** ①补氯化钾时，如病畜能口服则不予静脉输液，需静脉输液的，应以 10％氯化钾溶液稀释后经静脉缓慢滴入，其浓度不应大于 0.3g/100ml，严格控制滴速，绝对禁止以氯化钾在静脉内直接推注，以免血钾突然增高导致严重心律不齐和停搏。②补钾时须注意尿量的变化，尿少时补钾将使钾积滞体内，引起高钾血症。③应同时纠正可能存在的酸中毒。

**2. 高钾血症**

**[原因]** 口服或静脉输入氯化钾过多，酸中毒以及大面积软组织挤压伤、重度烧伤或其他有严重组织破坏致使大量细胞内钾能短期内移至细胞外液的创伤，或急性或慢性肾功能衰竭而使肾脏排钾减少。

**[诊断要点]** ①病畜有上述可能引起血钾过高的原因。②病畜有软弱无力、虚弱和血

压降低等症状，严重者出现呼吸困难，心搏动骤停，以至突然死亡。③血清钾测得值明显升高。④心电图有典型的高钾血症表现，T波高而尖，QT时间延长，以后QRS时间也延长。

[处理方法] 迅速查出原因，进行对因治疗。具体措施如下。①应停给一切含钾的溶液或药物；静脉输入5％碳酸氢钠溶液以降低血钾并同时纠正可能存在的酸中毒。②给予高渗葡萄糖和胰岛素，使血钾浓度暂时降低。一般用25％的葡萄糖液200ml，以（3～4）（g）：1（单位）的比例加入胰岛素，静脉滴入，可每3～4h重复1次。③给10％葡萄糖酸钙溶液以对抗高钾血症引起的心律失常，需要时可重复使用。

# 技能二　酸碱平衡紊乱及纠正

各种疾病可以引起代谢性酸、碱中毒和呼吸性酸、碱中毒4种原发性的酸碱平衡失调；在复杂的疾病情况下，还可引起两种或两种以上原发性酸碱失衡同时存在的混合性酸碱平衡失调。

**1. 代谢性酸中毒**

[原因]

① 病畜长期禁食、脂肪分解过多，并有酮体积聚，均可消耗 $HCO_3^-$；急性肾功能减退，$H^+$ 排出有障碍，机体内 $H^+$ 增加。

② 严重腹泻病畜，患吞咽障碍的病畜，由于大量消化液丧失，带走大量 $HCO_3^-$，病畜脱水后可引起酸性产物积聚。

③ 严重感染、大面积创伤或烧伤、大手术、休克、机械性肠阻塞等，由于组织缺血缺氧，糖代谢不全，产生丙酮酸、乳酸等中间产物，导致酸中毒。

④ 酮病、骨软症、佝偻病等，当营养中的磷过多时，血液中的 $H_2PO_4^-$ 含量增多，$HCO_3^-$ 含量减少，而导致血液酸中毒。

[诊断要点] 临床有上述可以引起酸中毒的原因存在，症状表现为病畜呼吸深而快，黏膜发绀，体温升高，出现不同程度的脱水现象，血液浓稠。实验室检查红细胞压积增高，血气分析pH值和 $HCO_3^-$ 明显下降，二氧化碳结合力（$CO_2CP$）降低。

[纠正方法] 在针对病因治疗并处理水、电解质失衡的同时，应用碱剂（最常用的是碳酸氢钠）治疗。具体用法，可以 $HCO_3^-$ 测得值计算碳酸氢钠用量。

$HCO_3^-$ 需要量(mmol)＝($HCO_3^-$ 正常值－$HCO_3^-$ 测得值)(mmol/L)×体重(kg)×0.4

或以 $CO_2CP$ 测得值计算碳酸氢钠用量。

5％碳酸氢钠需要量(ml)＝($CO_2CP$ 正常值－$CO_2CP$ 测得值)×0.449×体重(kg)×0.6

**2. 代谢性碱中毒**

[原因]

① 治疗中长期投给过量的碱性药物，使血液内的 $HCO_3^-$ 浓度升高。

② 牛的许多胃肠疾病如肠套叠、皱胃扭转或变位、皱胃阻塞等以及马的继发性胃扩张。

③ 缺钾可导致代谢性碱中毒。

[诊断要点] 首先是根据有引起酸碱失衡情况的原因存在；临床表现则为呼吸浅而慢，并可有嗜睡甚至昏迷等神志障碍；实验室检查，血pH值、$HCO_3^-$ 和 $CO_2CP$ 均升高。

[纠正方法] 应在对因治疗的同时，治疗血氯过低并予以补钾，因这类病畜多半同时

有低氯低钾情况，而补钾有助于碱中毒的纠正。一般轻度代谢性碱中毒呕吐不剧烈的，只需静脉滴注等渗盐水即可；重度代谢性碱中毒，可用2%氯化铵溶液加入5%葡萄糖等渗盐水中，由静脉内缓慢滴注。

### 3. 呼吸性酸中毒

[原因] 当病畜通气功能减弱，体内生成的$CO_2$不能充分排出时，则二氧化碳分压增高，引起呼吸性酸中毒。

[诊断要点] 病畜有上述各种原因引起的通气减弱情况存在；临床上有呼吸困难和气促、紫绀等症状，甚至有昏迷等神志障碍；血气分析显示血pH值明显下降，二氧化碳分压增高，而$HCO_3^-$正常或增加，$CO_2CP$增高。

[纠正方法] 首先应致力于改善病畜的通气功能，可考虑气管切开、气管内插管；同时要控制肺部感染，扩张小支气管，促进痰液排出。

### 4. 呼吸性碱中毒

[原因] 当病畜肺泡通气过度，体内生成的$CO_2$排出过量，则二氧化碳分压降低，引起呼吸性碱中毒。

[诊断要点] 有上述各种原因引起的通气过度情况存在；症状为四肢麻木，肌肉震颤，四肢抽搐，心率过快；血气分析显示血pH值增高，二氧化碳分压和$CO_2CP$降低。

[纠正方法] 积极处理原发病，减少$CO_2$的呼出，吸入含5%$CO_2$的氧，补给钙剂。

## 【项目小结】

水、电解质和酸碱平衡是机体维持内环境稳定所必须具备的条件。机体患有各种急、慢性疾病或经受损伤、手术时，常有水、电解质或酸碱代谢紊乱。输液疗法具有调节体内水和电解质平衡，补充循环血量，维持血压，中和毒素，补充营养物质等作用，对机体疾病的恢复起重要作用。本项目介绍了等渗性脱水、高渗性脱水、低渗性脱水、钾代谢紊乱、代谢（呼吸）性酸（碱）中毒的原因、诊断要点、处理和纠正方法。

## 【目标检测题】

1. 输液疗法的临床应用有哪些？临床上如何正确选择各种常用输液用的药品？
2. 临床上酸碱平衡紊乱常见类型及其病因有哪些？

# 项目二十　封闭疗法

【学习目标】

【学习目标】

掌握常用封闭疗法。

【技能目标】

能通过封闭疗法治疗相关疾病。

## 技能一　病灶周围封闭

[应用范围]　用于治疗创伤、溃疡、局部炎症等。

[操作方法]　将 0.25%～0.5%盐酸普鲁卡因溶液分几点注射于病灶周围约 2cm 处的皮下与肌肉深部，用药量以能达到浸润麻醉的程度即可，每天或隔天 1 次，马、牛一般用 10～50ml；为提高疗效，药液内可加入 50 万～100 万单位青霉素。

[注意事项]　对于化脓创，注射点应在距病灶一定距离的健康组织上，防止注射引起病灶扩展。

## 技能二　盆神经封闭

[应用范围]　将普鲁卡因溶液直接注入于骨盆部的结缔组织间隙内，对盆腔器官的急、慢性炎症有较好的治疗作用。尤其用于治疗急性期阴道脱、子宫脱和直肠脱效果较好。

[操作方法]　病畜取站立保定。在第三荐椎棘突（荐椎最高点）顶点，两侧旁 5～8cm 处（大动物），剪毛、消毒后，用长 12cm 的封闭针垂直刺入皮肤后，以 55°角由外上方向内下方进针，当针尖达荐椎横突边缘后，将针头角度稍加大，针尖向外移，沿荐椎横突侧面穿过荐坐韧带（常有类似刺破硬纸感觉）1～2cm，即达骨盆神经丛附近，0.25%～0.5%盐酸普鲁卡因溶液，按每千克体重 1ml 计算用量，将总量分左、右两侧注射，每隔 2～3 天 1 次。为了预防感染，可在普鲁卡因溶液中加入青霉素 40 万～80 万单位。

[注意事项]　注射部位和浓度必须准确，针刺部位过浅未穿透荐坐韧带时，药液必然下沉而波及坐骨大神经，易引起两后肢麻痹；针刺入过深时，可穿透腹膜而进入腹腔，达不到预期治疗效果。

## 技能三　尾荐封闭

[应用范围]　尾荐封闭是将盐酸普鲁卡因溶液直接注入直肠与荐椎之间的尾荐处，通过药物作用于该部位的腰荐神经丛、阴部神经和直肠后神经来治疗盆腔器官的急、慢性炎症，临床上用于子宫脱、阴道脱、直肠脱或上述各器官的急、慢性炎症的治疗及其脱垂时的

整复手术。

[操作方法]　病畜站立保定，将尾部提起。刺入部位在尾根与肛门之间形成的三角区中央（中兽医中的后海穴）。局部消毒后，用长 15～20cm 的针垂直刺入皮下，将针头稍向上翘并与荐椎呈平行方向刺入，先沿正中方向边注边拔针，然后再分别向左右方向各注入一次，使药液成扇形分布。所用药液的量，大动物一般为 0.25% 普鲁卡因液 150～200ml，猪、羊为 50～100ml。

## 技能四　静脉封闭

[应用范围]　将普鲁卡因溶液注入静脉内，使药物作用于血管内壁感受器以达到封闭目的。适用于治疗马急性胃扩张、蹄叶炎、风湿病、牛乳房炎、创伤、烧伤、化脓性炎症和过敏性疾病等。

[操作方法]　与一般静脉注射法相同，但注射过程必须缓慢。有些动物于注射后，出现暂时性脉搏加速，呈现兴奋状态，如耳作倾听状、刨地、不安或惊恐等，但经过一段时间后即可消失。多数动物在静脉注射后，表现沉郁，常站立不动，垂头，眼半闭，不久亦即恢复。一般用 0.1% 普鲁卡因生理盐水，中等体型的牛、马每次用量为 100～200ml。

[注意事项]　静脉注射要缓慢，每分钟 50～60 滴为宜；个别动物可出现呼吸抑制、呕吐、出汗、发绀、瞳孔散大或惊厥等过敏反应。为防止发生反应，可于每 100ml 的 0.1% 普鲁卡因溶液中加入 0.1g 维生素 C，如发生反应，可立即皮下注射盐酸麻黄素或静脉注射硫喷妥钠溶液进行救治。

## 【项目小结】

封闭疗法是指应用不同浓度和剂量的普鲁卡因溶液，注射于畜体的一定部位的组织或血管内，可调节神经的兴奋和抑制，减少或消灭致病因子的作用；改变疾病过程中神经的反射兴奋状态，使已经受到刺激的神经恢复其机能，发挥对器官和组织的正常调节作用。本项目介绍了病灶周围、盆神经、尾荐、静脉封闭法的范围、穿刺部位、操作方法、注意事项等。

## 【目标检测题】

简述常见普鲁卡因封闭疗法的原理及临床应用。

# 模块四
## 兽医临床常见症状的诊断与处理

**【学习目标】**

了解发热、腹泻、便秘、便血、腹痛、尿闭、贫血、呼吸障碍、繁殖障碍、中毒十大症状的诊断思路、临床表现，掌握其临床意义和治疗要点。

# 技能一　发热的诊断与处理

发热是指动物机体在致热原作用下或体温中枢的功能障碍时，使产热过程增加，而散热不能相应增加或散热减少，体温升高超过正常范围并且有热候的病理状态的总称。发热时常伴有寒战，多汗，皮温不均，心率、呼吸加快及各组织器官机能和物质代谢异常等症状，称之为热候。

**[病因诊断]**　根据其致热原的性质和来源不同，常将其分为感染性发热和非感染性发热两大类。

（1）感染性发热　各种病原体如细菌、病毒、立克次氏体、霉形体、真菌、螺旋体及寄生虫等侵入动物机体后，均可引起相应的疾病，不论急性还是慢性、局限性还是全身性均可引起发热，通常称为感染性发热。

（2）非感染性发热　病原体以外的各种物质引起的发热属非感染性发热。其病因包括以下几点。

① 无菌性坏死组织的吸收。如大面积烧伤、内出血、创伤或手术后组织损伤；恶性肿瘤、白血病、急性溶血反应；血管栓塞或血栓形成等引起的组织坏死。

② 变态反应时形成的抗原抗体复合物，激活了致热原细胞，使其产生并释放内源性致热原。如风湿热、血清病、药物热、某些恶性肿瘤等。

③ 内分泌和代谢性疾病。当神经内分泌系统功能紊乱而导致物质分解代谢增强、产热增多时，出现发热。如甲状腺功能亢进时产热增多。

④ 体温中枢功能失常。如中暑，脑震荡，颅骨骨折，脑出血及颅内压升高等。

**[症状诊断]**

（1）发热的一般症状　发热不是一种独立的疾病，而是许多疾病尤其是炎性疾病时最常见的症状，表现为食欲不振或厌食，消化不良，精神沉郁，群体动物怕冷扎堆，不愿活动，机体消瘦和抵抗力下降。尤其是当引起心肌变性而出现心功能不全时，病情常迅速恶化。动物发热时往往还伴随全身发红，结膜充血，皮疹以及肝脾、淋巴结肿大，关节肿痛等症状。

（2）常见发热性疾病的诊断思路

① 患病动物发热时主要表现消化道症状，出现腹泻、腹痛、粪中混有黏液或血液，可能是大肠杆菌病、沙门氏菌病、巴氏杆菌病、空肠弯杆菌病、炭疽病、胃肠炎等。此外还要特别注意牛瘟、成年奶牛肠毒血症、奶牛冬季痢疾；猪瘟、坏死性肠炎、仔猪红痢；犬瘟热、犬细小病毒病；猫泛白细胞减少症；鸡新城疫、鸡传染性法氏囊病等。

② 患病动物发热时主要表现呼吸道症状，出现流鼻液，打喷嚏，咳嗽，喘气，呼吸困难；猪还出现全身发红、耳朵发紫，母猪返情、流产、产木乃伊等；肺脏听诊有啰音，胸膜摩擦音的，则可能是流感、急性鼻卡他、急性喉卡他、急性支气管炎、支气管肺炎、肺坏疽、肺脓肿、肺充血与肺水肿、胸膜炎、霉形体肺炎、霉菌性肺炎等。此外，还应注意马传染性胸膜肺炎、传染鼻气管炎；牛羊传染性胸膜肺炎；猪肺疫、呼吸与繁殖障碍综合征、副嗜血杆菌病、放线杆菌病；犬瘟热；鸡传染性鼻炎、传染性喉气管炎、传染性支气管炎、慢

性呼吸道病等。

③ 患病动物发热时主要表现为神经症状时，应注意狂犬病、伪狂犬病、李氏杆菌病、日射病、热射病等。此外，还应注意马（美洲马）传染性脑脊髓炎；猪乙型脑炎、传染性脑脊髓炎、血细胞凝集性脑脊髓炎；牛恶性卡他热、牛衣原体病；鸡传染性脑脊髓炎病等。

④ 患病动物发热伴有明显皮肤病变时，应注意恶性水肿、坏死杆菌病、金黄色葡萄球菌病、巴氏杆菌病、口蹄疫、水疱性口炎等。此外，还应注意猪圆环病毒病、水疱病、猪水疱疹；羊传染性脓疱、羊溃疡性皮炎；马鼻疽、马腺疫；牛流行性淋巴管炎、牛淋巴结核等。

⑤ 患病动物发热时伴有红尿时，应注意钩端螺旋体病、肾棒状杆菌病、泌尿道的出血性炎症等，此外还应注意羊、猪链球菌病。

另外，当动物出现发热性疾病，还应考虑动物的寄生虫（如弓形虫、附红细胞体、血吸虫、锥虫、梨形虫）的感染。

**［防治］**

(1) 除去病因和诱因　患病动物呈群发性发热性疾病时，应按照《动物防疫法》的要求，进行隔离，并对被污染的环境进行彻底消毒。对源于输液的应更换液体。

(2) 退热　针对病因选用解热药退热（但在没有弄清病因前，且不是高热时，一般不要随意使用退热药，最好根据药敏试验的结果选用抗菌消炎药退热）。在退热期，为防止虚脱，要注意保护心脏、肝脏的功能。

(3) 辅助治疗　注意补充营养物质，调节患病动物的水、盐、电解质及酸碱平衡。对患病动物出现的伴随症状应进行对症处理，如动物兴奋不安时，应选用镇静剂。

(4) 加强护理　避免各种应激，特别要注意环境温度、湿度和通风三要素。喂以易消化吸收和可口的青绿饲料或糖类丰富的饲料。

# 技能二　腹泻的诊断与处理

腹泻是指排便次数增加，粪便稀薄并带有黏液、脓血或未消化的食物。腹泻按其病程可分为急性与慢性腹泻两种。

**［病因诊断］**

(1) 管理因素　养殖环境温度过低，潮湿受寒；应激（心理应激、营养应激、环境应激）；仔畜没有早期补饲、断奶后突然过食；饲喂不定时定量；喂食习惯的改变，饲料突然变更；久渴失饮或饮水不洁，饲料饮水过冷过热；长途运输等。

(2) 饲料因素　饲料品质不良（霉变、原料质量差）；植物蛋白过高；饲料加工调制不当，如生喂豆类；长期添加抗生素使肠胃菌群结构和机能发生紊乱；饲料颗粒过粗或过细，混杂大量泥沙等。

(3) 机体因素　初生动物消化器官发育不全（如胃底腺）、缺乏游离盐酸；消化酶不足等。

(4) 病原因素

① 细菌感染。大肠杆菌病，沙门氏菌病，B 型或 C 型魏氏梭菌病，多杀性巴氏杆菌病，链球菌病，耶尔森菌病，空肠弯曲杆菌病，白色念珠球菌病，原壁菌病等。

② 病毒感染。牛瘟，牛恶性卡他热，轮状病毒病，冠状病毒病，腺病毒病，牛病毒性

腹泻，传染性胃肠炎，流行性腹泻，伪狂犬病，慢性猪瘟，新城疫，传染性法氏囊病，犬瘟热，犬细小病毒病，猫泛白细胞减少症，猫免疫缺陷病毒病等。

③ 寄生虫感染。线虫病，孢子虫病，小袋纤毛虫病，球虫病，结节虫病，附红细胞体病，住白细胞原虫病，棘口吸虫病，肉孢子虫病等。

④ 中毒病。有机磷、有机氟、砷、铜、氯化钠、汞、钼、氟、硝酸盐、有毒植物、真菌毒素中毒等。

（5）其他　无乳症，铁缺乏，犬猫的食物过敏、急性胰腺炎、肾上腺机能低下、甲状腺功能亢进、肠道肿瘤，充血性心力衰竭，肉芽肿性肠炎等。

[症状诊断]

（1）分析其流行特点　暴发性发生，迅速传播的腹泻一般与病毒性因素有关；隐性发生，缓慢传播，随时间逐渐加重的病例往往与细菌病或寄生虫病有关。

（2）观察粪便的性状、颜色　黄色粪便见于仔猪腹泻；灰白色粪便，含有凝乳团，多为仔猪白痢；腹泻似水，色泽不一，或黄绿色，常见于传染性胃肠炎；新鲜粪便（通过挤压腹腔获得）pH 值呈酸性，多为传染性胃肠炎和轮状病毒性肠炎，其他肠病引起的腹泻粪便多呈碱性；粪便中混有血液或呈黑色，则为出血性炎症，如猪的血痢或魏氏梭菌性肠炎、鸡球虫病、犬的细小病毒病；如血液只附于粪球外部表面，并呈鲜红色时，是后部肠管出血的特征，而均匀混于粪便中并呈黑色时，说明出血部位在胃及前段肠道。粪便中混有脓液是化脓性炎症的标志；如粪便中混有脱落的肠黏膜，则为伪膜性与坏死性炎症的特征等。

（3）了解患病动物的主要伴随症状　伴发热者可见于猪瘟、附红细胞体病、急性细菌性痢疾、肠结核、败血症等；伴里急后重者见于急性痢疾、直肠炎和其他顽固性腹泻性疾病等；伴明显消瘦者可见于胃肠道恶性肿瘤及吸收不良综合征；伴皮疹或皮下出血者见于猪瘟、伤寒或副伤寒、过敏性紫癜等；伴重度失水者常见于分泌性腹泻，如霍乱及细菌性食物中毒等。

[防治]

（1）去除病因，改善饲养管理　首先应查明和去除病因，针对病因实施治疗，对继发性胃肠疾病，重点治疗原发病，辅以对症处理。提供良好的饲养管理外界条件，如优质饲料、充足饮水、清新空气、适当运动等对于促进胃肠功能的恢复有重要意义。对有一定消化功能的病例宜给予适量易消化、柔软、含一定量蛋白质和碳水化合物的饲料，如青饲料、淀粉浆、麦麸粥、米汤等，但量不可太多，次数也不宜过于频繁。对消化机能高度障碍的病例，不宜急于考虑给胃肠补给营养，否则会增加胃肠负担，加重病情。

（2）抗菌消炎或预防炎症　对胃肠疾病，尤其是胃肠炎症，应及时选用抗菌消炎药，常用药物包括呋喃类，如痢特灵，磺胺类，如磺胺脒、磺胺嘧啶、磺胺增效剂，喹诺酮类，如沙拉沙星、环丙沙星、恩诺沙星；土霉素、多西环素、阿莫西林、泰妙菌素、氟苯尼考等；抗菌中草药，如黄连素、白头翁、大蒜等。

（3）清理胃肠，适时止泻　为减少胃肠内容物分解产物对胃肠道黏膜的刺激。对细菌性、病毒性、中毒性胃肠炎的早期病例，粪便恶臭或腥臭时，可以考虑适当使用泻剂。常用泻剂有硫酸钠、硫酸镁、菜子油、液体石蜡，但是中毒病例时，勿用油类泻剂。此外，当胃内容物过度充满或中毒的初期，可使用催吐剂。常用的措施是皮下注射阿扑吗啡。当胃肠道已基本排空，粪便不再恶臭，或机体严重脱水时，宜收敛止泻，常用药物有鞣酸蛋白、次硝酸铋、活性炭。重点要把握好缓泻与止泻的用药时机。

（4）避免内毒素中毒与脱水 胃肠炎的经过中，在机体脱水的同时，炎性产物、腐败产物及细菌毒性产物，尤其是内毒素被大量吸收而发生中毒。因此在使用抗生素时应配合使用糖皮质激素。常用的糖皮质激素包括地塞米松、氢化可的松、醋酸可的松等。同时要补充有效血液循环量，解除微循环障碍，可选用5％～10％葡萄糖注射液、5％葡萄糖盐水、低分子右旋糖酐和5％碳酸氢钠注射液等，当静脉注射困难时，可改为腹腔注射。对心动减弱、静脉淤血、脉弱不感手的病例，在补液时常用安钠咖或樟脑以增强心肌收缩力。

（5）镇痛止血 有严重腹痛和出血时，可用水合氯醛或颠茄酊口服或灌肠，同时给予仙鹤草、止血敏、安络血、云南白药、维生素 $K_3$ 等。

（6）调整胃肠 对口腔润湿、舌体绵软、肠音高朗、粪便稀薄色淡的病例，可选用 B 族维生素、健胃散等，同时喂食一定量蛋白质的饲料。对口腔干燥、舌体短肿、肠音减弱、排粪迟滞、粪色深黑的病例，可使用10％稀盐酸或食醋、1％～3％乳酸等。可同时使用苦味健胃药。对腹围膨大的病例，宜选用芳香味或辛辣健胃剂，如陈皮酊、小茴香酊等。

# 技能三 便秘的诊断与处理

便秘是指由于肠内容物停滞、变干、变硬而使某段或某几段肠管发生完全或不完全阻塞的一组腹痛病。按积粪部位可分为小肠便秘和大肠便秘。

[病因诊断]

（1）引起功能性便秘的原因

① 采食量少或日粮中缺乏纤维素，对肠运动的刺激减少。

② 由各种原因（如时间、地点、应激因素等）造成排粪受干扰或抑制。

③ 滥用泻药造成对泻药的依赖，不用泻药则不易排便。

④ 全身性疾病造成消化机能紊乱、肠运动机能障碍，如猪的蓝耳病、应激综合征。

⑤ 肠道肌肉、腹肌及盆肌张力不足和胃肠蠕动减弱，排便推动力不足，难于把粪便排出体外。

⑥ 饮水不足或发热性疾病时水分吸收过多。

⑦ 应用吗啡类药、抗胆碱药、神经阻滞药等使肠肌松弛引起便秘。

⑧ 脊髓损伤、脑炎等使肠排便过程的神经及肌肉活动障碍，如排便反射减弱或消失、肛门括约肌痉挛、腹肌收缩力减弱等。

（2）引起器质性便秘的原因

① 直肠与肛门病变引起肛门括约肌痉挛，排便带痛造成惧怕排便，如肛裂、肛周脓肿和溃疡、直肠炎。

② 腹腔、盆腔和结肠良性或恶性肿瘤压迫。

③ 各种原因的前段消化道炎症、肠梗阻、肠粘连、先天性巨结肠症等。

④ 全身性疾病使肠肌松弛，如尿毒症、黏液性水肿，此外血卟啉病及铅中毒引起肠肌痉挛亦可导致便秘。

[症状诊断] 肠便秘的临床症状因秘结的程度和部位不同而异。但一般症状是患病动物排粪时用力努责，肛门突出，严重时可造成直肠脱，胃肠蠕动音减弱或消失。动物便秘时常反射性地引起厌食，完全阻塞时食欲很快废绝；由于积食、积气使肠管扩张，并受到结粪持久的刺激而出现肠管阵发性痉挛，导致腹胀与腹痛；当十二指肠便秘时，可引起呕吐和碱

中毒；便秘可通过胃肠反射引起继发性胃扩张，严重时，由于粪便对肠壁神经和血管的机械性压迫，导致肠管麻痹、缺血、炎症和坏死；便秘时，粪便发酵和腐败分解产物大量被吸收，引起中毒，加之炎症感染，严重时导致休克；如果便秘肠管压迫膀胱颈，可引起膀胱麻痹和尿闭。

[**防治**] 治疗时应视病情运用以疏通为主，兼顾镇痛、减压、补液、强心的综合性治疗原则。

（1）镇痛 常用安乃近、氯丙嗪溶液肌肉注射，或用水合氯醛酒精（5%）、硫酸镁（20%）溶液静脉注射。

（2）减压 通过导胃排液和穿肠放气，减低胃肠内压。

（3）疏通 软化积粪，疏通肠道。用硫酸钠或硫酸镁加水适量，口服。也可用温盐水、肥皂水、温水或2%小苏打水进行深部反复灌肠（妊娠动物禁用）。也可用直肠按压法、剖腹按压法等消除结粪。对马属动物不完全阻塞性大肠便秘和草食动物胃肠弛缓形成阻塞的疏通，可内服碳酸盐缓冲合剂（碳酸钠50g，碳酸氢钠420g，氯化钠100g，氯化钾20g），加温水10L；醋酸盐缓冲合剂（醋酸钠130g，冰醋酸25g，氯化钠100g，氯化钾20g），加水10L，1次/d。可有效地降低肠内过高的酸度和碱度，恢复肠肌自主运动性，解除肠弛缓，促进结粪的迅速排除。

（4）促进胃肠蠕动 在投服泻药后数小时，肠音尚存在的情况下可皮下注射新斯的明或2%毛果芸香碱或口服大黄末，但妊娠畜禁用；注射B族维生素。

（5）排除积粪 腹部按摩或手指涂油后掏出直肠积粪。

（6）补液强心 目的在纠正脱水失盐，调整酸碱平衡，维护心肾功能。

（7）改善饲养管理 加强护理，即使病畜食欲尚好，也应少喂或暂时停喂饲料，给予大量温水，或代之以营养液灌肠或输液。

# 技能四 便血的诊断与处理

消化道出血并由肛门排出称为便血。便血颜色可呈鲜红、暗红或黑色（柏油便），少量出血不造成粪便颜色改变，须经潜血试验才能确定的，称为潜血便。

[**病因诊断**] 引起消化道出血的原因甚多，较常见的有以下几种。

① 感染性因素。如梭菌性肠炎、球虫病、钩端螺旋体病。

② 全身性疾病。如血小板减少性紫癜。

③ 消化系统疾病。如胃及十二指肠溃疡、直肠损伤、肛裂等。

[**症状诊断**]

（1）便血的一般症状 主要是粪便带血，若出血量不多则全身症状不显著，如短期内出血量多，则可出现贫血及外周循环衰竭症状。

便血颜色可因出血部位不同，出血量的多少，以及血液在肠腔内停留时间的长短而异。

① 上消化道或小肠出血，血液在肠内停留时间较长，则因红细胞破坏后，血红蛋白在肠道内与硫化物结合形成硫化亚铁，故粪便呈黑色，由于附有黏液而发亮，类似柏油，故又称柏油便。

② 下段消化道出血，如出血量多则呈鲜红，若停留时间较长，则可为暗红色，粪便可全为血液或与粪便混合。

③ 血色鲜红不与粪便混合，仅黏附于粪便表面或于排便前后有鲜血滴出或喷射出者，提示为肛门或肛管疾病出血。

（2）便血的诊断思路

① 便血伴有腹痛。动物腹痛或黄疸伴有便血时，应考虑肝、胆道出血；还见于急性出血性坏死性肠炎、肠套叠、肠系膜血栓形成或栓塞。腹痛时排血便或脓血便，便后腹痛减轻者，见于细菌性痢疾，也见于溃疡性结肠炎。排血便后腹痛不减轻者，常为小肠疾病。

② 便血伴有里急后重。排便频繁，但每次排血便量甚少，提示肛门、直肠疾病，见于痢疾、直肠炎及直肠癌。

③ 便血伴有发热。便血伴发热常见于传染性疾病，如败血症、流行性出血热、钩端螺旋体病等。

④ 便血伴有全身出血倾向。便血伴皮肤黏膜出血者，可见于急性传染性疾病及血液疾病，如白血病等。

⑤ 观察血性粪便的颜色、性状及气味。阿米巴性痢疾的粪便多为暗红色果酱样的脓血便；急性细菌性痢疾为黏液脓性鲜血便；急性出血性坏死性肠炎可排出血性水样粪便，并有特殊的臭味。

⑥ 食用动物血、肝脏等可使粪便呈黑色，服用铁剂及中药等药物也可使粪便变黑，用潜血试验可以鉴别。

（3）常见便血性疾病的诊断思路

① 感染性出血性疾病有：沙门氏菌性肠炎、肠炭疽、肠结核病、急性细菌性痢疾、钩端螺旋体病、流行性出血热、血吸虫病、钩虫病、鞭虫病、败血症，此外还应注意猪痢疾、非洲猪瘟、C 型产气荚膜梭菌病；猫泛白细胞减少症；禽球虫病、禽坏死性肠炎、禽溃疡性肠炎等。

② 全身性疾病。白血病、血小板减少性紫癜、过敏性紫癜、血友病、遗传性毛细血管扩张症、维生素 C 及维生素 K 缺乏症、肝脏疾病等。

③ 消化系统疾病。胃溃疡、十二指肠溃疡、慢性胃炎、急性出血性坏死性肠炎、肠套叠等。

④ 中毒性疾病。有机磷、有机氯、磷化锌、灭鼠灵、马杜霉素；蓖麻及蓖麻饼、菜籽饼、毒芹、马铃薯苗、斑蝥等都可引起便血。

**[防治]**

（1）去除病因　首先查明原因，针对病因实施防治。

（2）止血镇痛　可选用止血敏、安络血、云南白药、维生素 $K_3$、仙鹤草等止血药进行止血。伴有严重腹痛时，可用水合氯醛或颠茄片口服。

（3）抗菌消炎和对症治疗　请参见"技能二腹泻的诊断与处理"。

# 技能五　腹痛的诊断与处理

腹痛是兽医临床常见的一种症状，是由于腹部脏器功能障碍而表现出腹痛症状的一类疾病的总称，又称为疝痛，中兽医称之为"起卧症"，多发生于马类动物，其他动物较少发生。因此本症状的描述以马为主。

由胃肠疾病所引起的腹痛为真性腹痛；除胃肠疾病以外的某些脏器如泌尿生殖器官、

肝、胆、脾、腹膜引起的腹痛为假性腹痛；真性和假性腹痛以外的而由传染病、寄生虫、中毒病、疝引起的腹痛统称为症候性腹痛。

**[临床诊断要点]**

**1. 病史调查**

（1）发病时间与病的经过　在采食后 1~4h 发生腹痛者，多为急性胃扩张、肠臌胀。发病缓慢、时间在数天甚至更长者，多为肠阻塞。发病急剧并在 1~2d 内死亡的应怀疑为胃肠破裂等。

（2）腹痛表现　问明腹痛的表现，如仅表现轻度不安、前肢刨地等症状还是严重不安、起卧打滚。借此可判定是轻度、中度还是重度腹痛。病马的异常姿势如犬坐势则为胃扩张的特有症状。

（3）排粪情况　排粪干、量少多为大肠阻塞。肠痉挛时常排稀粪，粪中无恶臭和异物。急性肠胃炎时排出恶臭带有脓血和其他异物的稀粪。

**2. 临床特征**

（1）体温、呼吸、脉搏测定　体温升高可提示由炎性疾病如腹膜炎、胃肠炎等，便秘疝、肠痉挛、肠臌气、胃扩张等体温基本在正常范围之内；脉搏、呼吸数与体温变化基本一致，脉搏数的增加对脱水程度的判断有一定的参考价值，马发生疝痛且脉搏超过 150 次/min 者，为预后不良之症。

（2）腹痛的观察　在临床上按腹痛的轻重分为三种。

① 轻度腹痛。病马轻度不安，前肢刨地，后肢踢腹，伸展背腰，有时卧地但不打滚，腹痛间隙时间长，一般在 30min 以上，多为大肠的不全阻塞。

② 中度腹痛。除刨地、踢腹，伸腰，卧地等表现外，病马步态紧张、有时打滚，疼痛间隙时间较短，一般多在 10min 左右，见于胃扩张、骨盆曲阻塞、胃状膨大部阻塞，肠臌胀和肠痉挛。

③ 重度腹痛。腹痛剧烈，频频起卧或急起急卧，或猛然摔倒，左右滚转或倒地急呈卧姿，腹痛间隙极短，一般为几分钟甚至无间隙。见于小肠阻塞、严重的胃扩张、肠臌胀、肠扭转、肠套叠等。

④ 血液学变化。血沉缓慢，红细胞压积明显升高，白细胞分类计数嗜中性白细胞明显增高，多数病例血糖明显升高，如果血糖在 11.10mmol/L 以上，是重剧性腹痛症的指征。

（3）呕吐　出现呕吐的病马，常是胃破裂的先兆，预后多不良。

（4）镇痛效应　应用镇痛药疼痛不减轻的，提示肠管受到严重损害，是预后不良的表征。

（5）腹腔穿刺结果　腹腔液含食糜颗粒或粪渣，表明为胃或肠破裂。腹腔液为血样液体，则可能为肠变位或肠坏死。腹腔液为炎性渗出液，细菌总数超标，且中性白细胞增多的，可疑为腹膜炎。腹腔液的这些变化，常提示预后不良。

（6）休克危象　腹痛动物结膜暗红乃至发绀，或黏膜苍白，毛细血管再充盈时间延长，体表冷黏而湿润，体温低下，心率超过百次，全身肌肉震颤，步样蹒跚，是休克危象，常提示预后不良。

（7）胃破裂危象　在剧烈滚转或突然摔倒后腹痛症状减轻或消失，而全身症状迅速加重，动物表现为目光呆滞，全身大汗淋漓，汗冷、黏腻，口唇松弛下垂，四肢集于腹下，呆立不动，或四肢叉开站立，不愿走动，若强使行走，则体躯摇晃，运步不稳，有的卧地不起。体温低下，心动疾速，脉搏细弱。腹腔穿刺液呈酸性或中性反应，内混饲料碎片和淀粉颗粒。但应当注意，若胃破裂而大网膜未破裂，食糜颗粒往往堆积在大网膜中，而腹腔液中却无食糜颗粒。

（8）肠破裂危象　基本上与胃破裂相同，所不同的是腹腔穿刺腹腔液混有粪渣，呈弱酸性或弱碱性反应。

**[防治]**　腹痛的基本治疗原则是：镇静解痉、减压消胀、导滞通便、补液强心、精心护理。

（1）镇静解痉　镇静解痉是治疗腹痛动物的一种对因疗法，可减轻疼痛对大脑皮层的刺激，调整神经系统功能，适用于各种腹痛病，特别是痉挛性腹痛病；也可防止因剧烈滚转所致的并发症。临床常用针灸分水、姜牙、三江、耳尖等穴位来缓解肠痉挛引起的腹痛。同时视病情可酌选安乃近、水合氯醛、水合氯醛酒精液等镇静剂。

（2）减压消胀　旨在排除胃肠内积气、积液，缓解对膈、心脏和腹腔血管的压迫，改善氧和血液的供应。常用的措施有导胃、盲肠穿刺和瘤胃穿刺。

① 导胃。旨在排除胃内积食、积气、积液，降低胃内压力，促进胃排空机能恢复，适用于急性胃扩张，瘤胃积食，瘤胃过食谷物中毒。为增强排除胃内容物效果，多采用洗胃法，灌入一定量的水或碳酸氢钠液（瘤胃过食谷物中毒用2％石灰水，不用碳酸氢钠液），把胃内积食洗出来。

② 盲肠穿刺。旨在排除盲肠内积气，在马急性肠臌胀，腹围高度膨大，有窒息危象时应用。实施盲肠穿刺，必须注意两点：一是排气不要过猛，应间歇性排气；二是排气完毕，最好经穿刺针灌入一定量的制酵剂。轻度肠积气时在马还可针刺后海、大肠俞等穴。

③ 瘤胃穿刺。旨在排除瘤胃内积气，瘤胃臌气时使用。注意事项同盲肠穿刺，为制止瘤胃内继续产气，尤其是泡沫性瘤胃膨气，最好经穿刺针灌入消沫药，如2％二甲基硅油或植物油等。

（3）导滞通便　疏通瘤胃和肠管是治疗瘤胃积食和便秘性腹痛病的根本措施，可酌情选用新针疗法、直肠按压和缓泻等治疗方法。

① 直肠按压。按压法、捶结法适用于小结肠和骨盆曲的便秘；握压法适用于十二指肠和回肠的便秘；切压法适用于盲肠及胃状膨大部的便秘；直取法只用于直肠便秘。

② 缓泻。常用硫酸钠（牛用硫酸镁较好），食盐，液状石蜡，碳酸钠或碳酸盐缓冲合剂。犬、猫还常用灌服香油或蜂蜜缓泻。

（4）补液强心　腹痛动物脱水均比较严重，脱水严重者，其脱水量可达体重的16％。适时补足体液，选用适当的强心剂，对维护和改善动物全身状态，具有十分重要的意义。

（5）精心护理　对腹痛动物的护理，最重要的是专人护理，防止动物滚转，引致肠变位、胃或肠破裂等继发症；腹痛动物治愈后应适当绝食，以防疾病复发；严密监护腹痛危象的发生，并及时采取急救措施。

# 技能六　呼吸障碍的诊断与处理

呼吸障碍亦即呼吸运动、呼吸类型、呼吸频率改变和呼吸节律发生改变，呈现一种复杂的病理性呼吸障碍，临床上以呼吸困难、气喘、咳嗽、流涕为主症，伴随循环、消化等系统的功能紊乱的一种综合征。近几年来，猪的呼吸障碍综合征发病率和死亡率尤显突出。因此本技能以猪为例叙述呼吸障碍的诊断和处理。

**[病因诊断]**

① 传染病因素。并发感染 2～4 种甚至更多种疾病病原，最重要最常见的疾病有蓝耳病、猪流感、伪狂犬病、猪瘟、链球菌病、猪副嗜血杆菌病、放线杆菌病、巴氏杆菌病、沙门氏菌病、萎缩性鼻炎、支原体、霉菌性肺炎等。疾病感染开始于保育期或哺乳期，甚至年轻母猪携带病原而在猪场传播。

② 猪养殖场管理及硬件。猪群拥挤、环境条件不良、空气流动及空气质量不佳、猪群来源不同、用药计划及免疫计划没有克服存在的问题；摄入了污染了霉菌毒素的饲料，致使猪群健康状况及抵抗力下降。

③ 心血管系统疾病、血原性疾病、中毒性疾病、免疫抑制性疾病、应激等都是猪的呼吸障碍综合征的重要病因。

**[症状诊断]** 病猪精神沉郁，摄食量减少，咳嗽，呼吸困难，急性期体温升高，可发生急性死亡。某些病例由急性变为慢性或从一猪舍变为地方性流行，各阶段畜群生长不均匀，个体大小参差不齐，表现消瘦毛长，皮肤苍白，拱背收腹，腹式呼吸，咳嗽声嘶哑无力。如出现混合性感染则死亡率明显升高，猪的呼吸障碍综合征发病猪场还有可能出现流产，早产，死胎，木乃伊胎；母猪配种后返情率高；生长猪群患猪体弱，消瘦，打喷嚏，泪斑，结膜炎，喘气，腹泻等症状。

**[治疗]** 治疗原则是强化管理、免疫，抗菌消炎和对症治疗。

（1）强化管理

① 加强猪场消毒。一年四季选用有针对性的消毒药水对猪场的圈舍、外围进行定期消毒，对饲料、车辆、行人进行控制、消毒。

② 对饲料的质量特别是霉菌毒素的含量要进行监控，从源头上控制霉菌毒素对猪的危害。

（2）加强免疫和监测 对猪场及周边区域出现的一些引起呼吸障碍综合征的重大传染病如蓝耳病、伪狂犬病、猪副嗜血杆菌、链球菌等要制定切实可行的免疫、监测计划并付诸实施。

（3）抗菌消炎 选用对呼吸道敏感的药物如氟苯尼考、泰妙菌素、泰乐菌素、替米考星、林可霉素、大观霉素、头孢类药物，进行注射或拌料饲喂，在拌料喂饲时适当配合使用一些清热解毒、清肺止咳平喘的中药以及霉菌毒素吸附剂等。

（4）对症治疗 止咳可选用复方甘草合剂；平喘可用氨茶碱注射液；祛痰可选用氯化铵、远志酊等。也可在饲料中添加杷叶、贝母、杏仁、甘草、桔梗等中药。

# 技能七 尿闭的诊断与处理

尿闭是指泌尿机能正常而膀胱充满尿液不能排出的一种临床症状，又称尿潴留。见于尿道阻塞、膀胱麻痹、膀胱括约肌痉挛、腰荐部脊髓受伤等。患畜多有尿意且伴有腹痛症状。剧烈疼痛可引起暂时性尿闭。

**[症状诊断]**

（1）膀胱麻痹 膀胱内充满大量尿液，病畜表现疼痛不安，屡做排尿姿势，但无尿排出，或只呈现线状或滴状排出。直肠检查可发现膀胱膨胀，用手压迫，则有大量尿液排出，但停止压迫尿即停流。插入导尿管，尿液呈无力状流出。膀胱括约肌麻痹时，由于尿液不能停留，故无排尿动作，而尿液呈滴状或线状自流，致使膀胱空虚而无不安表现。当膀胱肌和括约肌同时麻痹时，膀胱常呈半充满状态，排尿失禁或淋滴。

（2）膀胱痉挛 膀胱痉挛是膀胱括约肌或平滑肌挛缩所引起的排尿障碍。膀胱括约肌痉挛时，病畜排尿动作频频、无尿排出。直检膀胱充盈，按压不能引起排尿。导尿管插入困难。腹痛明显。膀胱平滑肌痉挛时，尿液不断流出，膀胱空虚，导尿管可插入膀胱。

（3）尿道结石 不断出现排尿姿势，表现为为尿频、尿痛、尿淋滴，直肠内或者体外触诊膀胱充满尿液；尿路探查，除龟头部可触知结石外，常见尿道可探查到砂石阻塞部位，触诊病灶部敏感、疼痛。

（4）膀胱炎 急性膀胱炎主要是因膀胱肿胀、膀胱括约肌挛缩而引起尿潴留，其特征性症状是疼痛性频繁排尿，持续性尿淋滴。直肠内触诊，膀胱通常空虚，有剧痛感。由于膀胱括约肌的痉挛性收缩，或膀胱颈的黏膜肿胀，可引起尿闭。尿液检查主要表现为终末血尿，严重时可呈全程血尿。慢性膀胱炎的症状与急性的略同，但因病程很长，使病畜消瘦，若伴有尿路梗阻，则出现排尿困难，但疼痛现象较轻微。

（5）尿道炎 病畜频频排尿，排尿时，由于炎性疼痛致尿液呈断续状流出。尿液浑浊，其中含有黏液、血液或脓液，甚至混有坏死、脱落的尿道黏膜。触诊或导尿检查时，病畜表现疼痛不安，并抗拒或躲避检查。严重时，尿道黏膜糜烂、溃疡、坏死，或形成瘢痕组织而引起尿道狭窄或阻塞时，尿道肿胀、敏感，导尿管插入受阻及疼痛不安，直肠检查，膀胱充满。

［治疗］ 查清病因、对症处理、抗菌消炎、促进尿液排除。

① 膀胱炎在治疗时，常服用氯化铵使尿液酸化然后再用青链霉素。

② 在确诊为尿道炎后、应禁止使用尿道插管。

③ 导尿时，应遵守操作规程，严禁粗暴，避免损伤尿道及膀胱黏膜。

# 技能八 繁殖障碍的诊断与处理

繁殖障碍是指妊娠期发生流产、死胎、木乃伊胎、产出无活力的弱仔、畸形儿、少仔和公母畜的不孕、不育症为其主要特征。繁殖障碍以猪最为多见，随着养殖业规模化的不断发展，猪繁殖疾病已成为大中型饲养场最重要疾病之一，本文重点介绍猪的繁殖障碍。

［病因诊断］

① 传染性因子。有细菌病如布氏杆菌病；病毒病如蓝耳病、乙型脑炎、细小病毒病、伪狂犬病、猪瘟、圆环病毒病等；衣原体病；钩端螺旋体病；弓形体和附红细胞体病等。

② 非传染性因子。子宫内的细菌感染如化脓杆菌、葡萄球菌、大肠杆菌等。

③ 环境因子。猪舍卫生条件差，氨气浓度高，夏季和冬季无防暑和防寒措施（如妊娠母猪适宜的温度为 $14\sim24℃$）。

④ 饲料营养的因素。饲料营养配合不科学，引起营养缺乏或过剩，使孕猪过瘦或过肥以及矿物质元素钙、磷、铜、碘、锌、锰、硒、铬及维生素 E 的缺乏。

⑤ 管理因子。饲喂变质或霉变饲料；对怀孕母猪特别是妊娠中、后期没有采取良好的保护措施，如孕猪移动频繁、多头孕猪同圈饲养，相互抢食，相互攻击。

⑥ 遗传因子。近亲繁殖和遗传性疾病。

[症状诊断]

① 发情不明显，发情期短，假发情或发情不愿接受交配，返情；断奶后不发情或发情时隔延长。

② 母猪流产，早产，晚产。

③ 产死胎、木乃伊胎或畸形胎，产出活的仔猪弱小，也可产出肉眼观察正常的仔猪。

④ 急性病例持续高热，厌食，流产后体温、食欲恢复正常。

⑤ 产仔后少奶无奶，缺乏母性。

⑥ 乳房炎、阴唇水肿，阴道炎，阴道流出脓性黏液或似石灰膏样的分泌物等。

[防治]

（1）预防　猪繁殖障碍性疾病的防治要树立共同协作的观念，应用全面的分析方法，对发病场猪繁殖障碍产生原因进行具体分析，从猪场所处的地理位置、栏舍布局和结构、种猪的引进、饲养管理、生产经营、营养结构、环境与生态、疾病控制措施和方法等方面进行剖析，具体应从以下几个方面入手。

① 加强饲养管理。充分认识均衡营养、优质饲料在防制繁殖障碍疾病的重要性，在使用饲料过程中，必须根据种猪、肥猪的各阶段营养需要进行合理配置，确保矿物质元素钙、磷、铁、铜、锌、锰、碘、铬、硒和维生素 E 的正常供应，确保必需氨基酸特别是赖氨酸的平衡，确保饲料不发霉、不变质。

② 加强环境控制，减少病原滴度。一是保证猪群正常生长所必需的生活条件。二是建立严格的消毒制度。定期对猪舍地面、墙壁、设施及用具进行消毒，保持舍内空气流通，加强冬季保温、夏季防暑降温。三是加强排泄物、病死猪管理。对正常猪的粪、尿进行发酵或作沼气处理，对患病猪的粪尿、乳、流产的胎儿、胎衣、羊水及病死猪进行焚烧等无害化处理。

③ 加强生物安全，严把引种检疫关。严防带毒带病猪进入猪场是防止疫病发生的重要措施。引种时应认真了解供种单位的免疫程序和疫情，严禁到疫区引种和取公猪的精液。引进后要在场外隔离观察检疫两周，并进行相关的监测，接种有关疫（菌）苗产生免疫力后，才可入场饲养。要消灭鼠、蝇、蚊传播媒介，严防狗、猫、飞鸟等其他动物进入栏舍。

④ 建立健全合理的免疫程序。猪繁殖障碍症的主要病因是病原性因素。因此制定一个切合本场实际的免疫程序是十分重要的。各个猪场要把对本场危害较重的繁殖障碍病原如蓝耳病、伪狂犬病、细小病毒、乙型脑炎和布氏杆菌病等纳入猪场整体免疫程序中。

⑤ 严格执行疫（菌）苗接种操作规程，确保其接种密度和质量。给猪接种疫（菌）苗，是提高其机体特异性抵抗力，降低易感性的有效措施。要提高防疫人员的操作技能和防疫意识，做到疫（菌）苗保管严格按标示的保管方法执行，接种严格按操作规程进行，防疫密度做到100％，特别对本场出现过的疫情，做到高密度、高质量坚持连续 3～5 年的预防接种。

⑥ 加强母源抗体监测和检疫。仔猪体内母源抗体水平的高低直接影响和干扰抗体滴度，甚至完全抑制抗体的产生。为防止母源抗体对疫苗免疫效果的影响，对某些传染病定期进行母源抗体监测，选择无母源抗体或母源抗体滴度较低的时间接种疫苗，提高对疾病的抵抗能力。规模猪场应每年至少进行一次母源抗体监测，以便随时了解和掌握本场猪群母源抗体水平，确定初免时间，适时进行预防接种。同时坚持淘汰血清阳性猪，对控制疫病起着十分重要的作用。

⑦ 用中草药进行有效的早期预防。应用无残留、无抗药性和无毒副作用的中草药对防

治猪的繁殖障碍性疾病有重要作用，用清热、解毒、保胎、健胃中草药粉碎成细末，按日粮总量的1%添加到饲料中，既加强抑制和排斥病原体在体内增殖和生存，还有促进生长作用。

⑧ 发生可疑病猪应及时送检。规模猪场一旦发生可疑病猪，兽医人员不能确诊时，应迅速收集病料或将未经治疗的病猪，送兽医部门进行检验，待确诊后，对症按规定防治。

（2）治疗　引起繁殖障碍的原因很多，必须找出具体病原后才能对症下药，如果是由病原生物引起的按照相关的疾病进行处理；如果是附红细胞体引起的，可使用土霉素、强力霉素注射和口服等。如果是由环境、饲料、管理因素引起的，应从改善饲养管理入手，换用优质饲料。

# 技能九　贫血的诊断与处理

贫血是指单位体积循环血液中的血红蛋白浓度、红细胞数、红细胞容积低于正常值。贫血常是很多疾病过程的一个症状，而不是一个独立的疾病。

**[病因诊断]**

（1）出血性贫血　急性出血性贫血见于血管受损伤，内脏出血，肝脾破裂，某些中毒病（草木樨中毒、蕨类植物中毒及三氧乙烯脱脂的大豆饼中毒）等。

（2）溶血性贫血　发生于传染病、寄生虫病、中毒病及抗原抗体反应中，红细胞遭受溶血性细菌、钩端螺旋体、血液原虫及有毒物质的破坏，引起溶血。

（3）营养性贫血　由于造血物质不足所引起的贫血，见于微量元素、维生素及蛋白质的缺乏。一般发生于缺铁地区或饲料中铁供应不足，异嗜和消化机能紊乱的动物最易发生。

（4）再生障碍性贫血　指造血器官（主要是骨髓）由于植物中毒、磺胺酰胺及氯霉素过敏及放射线、重金属等引起的损伤。贫血是指单位容积血液中红细胞数、血红蛋白量和红细胞容积值低于正常值。

**[症状诊断]**

（1）失血性贫血的诊断与治疗

① 急性失血性贫血。起病急，可视黏膜迅速苍白，体温低下，四肢发凉，脉搏细弱，出冷黏汗，乃至出现低血容量性休克而迅速死亡。其血液学变化是在大出血后的24h内，血液稀薄，红细胞数、血红蛋白及红细胞比容平行减少。

② 慢性失血性贫血。可视黏膜苍白，在后期常伴有四肢和胸腹下浮肿，乃至体腔积水。

③ 治疗。外出血时，可用结扎止血或敷以止血药。内出血时，马、牛可静脉注射氯化钙溶液或肌肉注射维生素K制剂或其他止血剂。静脉注射5%葡萄糖生理盐水1000～3000ml，其中加入0.1%肾上腺素液3～5ml。条件许可时，最好迅速输给全血或血浆2000～3000ml，隔1～2d再输注一次。慢性失血性贫血应积极治疗原发病和全面补给造血物质。

（2）溶血性贫血的诊断与治疗

① 急性溶血性贫血。骤然起病，寒颤，高热，患畜并发狂躁、呕吐、腹痛、腹泻等胃肠道症状。由于溶血迅速，血红蛋白大幅下降；血红蛋白尿，发病12h后，出现黄疸。

② 慢性溶血性贫血。起病缓慢，可有贫血、黄疸及脾肿大症候群，主要表现为皮肤苍白，气短。若溶血未超过骨髓代偿能力时不出现贫血症状。由于肝脏消除胆红素功能很强，

黄疸转为轻度。长期持续溶血，可并发胆石症和肝功能损害，血液中出现大量的胆固醇、类脂质和脂肪。

③ 治疗。原则是消除原发病，给予易消化的营养丰富的饲料，输血并补充造血物质。重点是消除感染，排除毒物，输血换血。

（3）营养性贫血的诊断与治疗

① 营养性贫血在各种动物均可发生，但新生仔猪尤为常见。表现为起病徐缓，可视黏膜逐渐苍白，体温不高，病程较长。

② 防治。新生猪生下来第 4d 注射铁钴注射液 1ml；采食的动物在饲料中添加硫酸亚铁散剂或制成丸剂投服。

# 技能十　中毒的诊断与处理

凡在一定条件下，以一定数量进入动物体并呈现毒害作用，造成组织器官机能障碍、器质病变乃至死亡的物质，称为毒物。由毒物引起的疾病，称为中毒病。

按毒物的性质可分为农药中毒、饲料中毒、真菌毒素中毒、有毒植物中毒、矿物质中毒、药物中毒、有毒气体中毒和动物毒中毒病八类。

按起病特点和病程可分为急性中毒、亚急性中毒和慢性中毒。

[共同特征]

中毒病种类繁多，且是群发性疾病，应首先与其他群发性疾病区分开，进行大类鉴别诊断。动物中毒病应具备以下特征。

① 多数动物同时或相继发病。在同一饲养管理条件下，同槽、同圈或同牧地的动物突然成群发病或相继发病。其中健壮、采食量大、采食时间长的动物发病严重且死亡率高。

② 患病动物出现共同的症状如腹痛腹泻，兴奋不安，运动失调，流涎呕吐，呼吸困难，瞳孔缩小或散大，血粪血尿等一系列临床症状和心、肝、肾和消化道相似的剖检变化。

③ 患病动物往往有接触或摄入同一种毒物的生活史而不发生同居感染现象。

④ 患病动物体温多不升高，有的甚至体温低下，但并发重剧炎症或肌肉强烈痉挛的可能发热。

[诊断]

（1）病史调查　一要注意了解草料质量、种类、保管和加工调制情况；附近是否堆放或使用过农药、化肥及其种类；周围有无厂矿及环境污染情况；是发生在放牧中还是舍饲中；厩舍附近和牧地上有无可疑的包装物品或容器，以及有关的社会情况等。二要注意中毒的发生情况，在放牧中发生中毒的，可能是误食了有毒植物，或采食了喷洒过农药的作物，或误饮了化工厂附近的废水等；在舍饲中发生中毒的，则可能是吃了霉败草料或加工调制不当的饲料，或吃了拌过农药的种子，或误用配制农药的容器给动物饮水，或是人为的破坏放毒等。三要注意中毒发生的季节性，一般说来，农药中毒多发生在播种季节或使用农药的时期，有毒植物中毒多发生在植物幼嫩的春季或开花结实的秋季，霉败饲料中毒多发生在阴雨潮湿的季节。

（2）临床特征　对中毒的动物不但要进行全面的临床检查，尤其要注意可能出现的特有症状，并对所搜集到的症状，参照病因调查所提供的线索，进行综合分析，排除类症，逐渐缩小可疑毒物的范围。根据临床症状，有时可大致推断中毒的类型。

① 以呼吸困难为主要症状的中毒病有亚硝酸盐中毒、氢氰酸中毒、一氧化碳中毒、黑斑病甘薯中毒、二氧化碳中毒。

② 以神经系统机能障碍为主要症状的中毒病有有机磷农药中毒、有机氯农药中毒、食盐中毒、马铃薯中毒、醉马草中毒、氟乙酰胺中毒、尿素中毒、铅中毒、蛇毒中毒。

③ 以消化障碍为主要症状的中毒病有棉子饼中毒、酒糟中毒、蓖麻子中毒、砷中毒、汞中毒、钼中毒、铜中毒、磷化锌中毒、硒中毒、黄曲霉毒素中毒。

④ 以皮肤损害为主要症状的中毒病有光能效应植物中毒、蜂毒中毒、牛霉稻草中毒。

⑤ 以骨骼、牙齿损害为主要症状的中毒病有慢性氟中毒。

⑥ 以血液循环障碍为主要症状的中毒病有夹竹桃中毒、闹羊花中毒等。

(3) 剖检变化　注意消化道内容物的气味、色泽和性状；血液的凝固性、色泽；注意内脏器官有无糜烂、坏死、出血、肿胀、变性等病变。注意与传染病和寄生虫病鉴别诊断。

(4) 毒物检验　进行毒物检验时，可采集足够量的可疑饲料、呕吐物、胃肠内容物、粪尿以及血液、肝脏、肾脏等组织做检样。所采集的检样要用清洁的玻璃器皿或瓷罐盛装，绝不可用金属器皿或陶土容器。检样内不得加入任何防腐剂。被检样品必须加贴标签，注明检样名称、送检目的和采样日期。

(5) 动物试验　给同种动物或试验动物饲喂或饮用怀疑染毒的饲料、牧草或饮水，看是否具有与自然病例相同或相似的症状和剖检变化。

[治疗]　治疗原则：切断毒源，促进毒物排出，药物解毒和维护全身机能。

**1. 切断毒源**

对可疑的饲料、饮水、牧场、器具等应立即更换；对疑似有毒气体中毒的，要立即通风，呼吸新鲜空气；对疑似体表染毒的，立即用清水或弱碱性、弱酸性的溶液冲洗。眼睛染毒的，可用3%硼酸、2%碳酸氢钠或清水冲洗。

**2. 促进毒物排出**

通常采用的方法有催吐法、洗胃法、吸附法、缓泻法、灌肠法、放血法、利尿法等方法。

(1) 催吐法　本方法一般只适用于猪、犬、猫等中小动物，通常在中毒4～6h内进行。

常用的药物有：阿朴吗啡（去水吗啡），0.05～0.10mg/kg，但要注意猫禁忌使用；吐根糖浆，10～20ml灌服；硫酸铜，猪0.1～1g，犬0.1～0.5g灌服。

催吐剂禁用症：摄入腐蚀性毒物，或胃肠、食道黏膜受损的动物；昏迷和半麻醉的动物；不具有咳嗽反射机能的动物；惊厥动物。

(2) 洗胃法　对于从消化道进入的毒物，应尽早地实施洗胃。但本方法只适用于马、牛、骡等大动物。其操作步骤为首先抽出胃内容物，继而用洗胃液或洗胃剂反复冲洗，最后经胃管灌入解毒剂、泻剂或保护剂。

洗胃液最常用的是清水，亦可根据毒物的种类和性质，选用不同的洗胃剂，通过吸附、沉淀、氧化、中和等作用，使其失去毒性，或阻止其吸收。常用的洗胃剂有以下几种。

① 1%～2%食盐水常用于毒物不明的急性中毒。砷化物中毒时，亦可用生理盐水洗胃。一般解毒剂其配方为药用炭粉2份，鞣酸、氯化镁各1份混合而成。使用时，按50g加温水500ml的比例制成洗胃剂。它可吸收、沉淀和中和毒物，可用于各种经口进入的毒物中毒。洗胃后，要注意再用清水冲洗，但一般解毒剂不适用于硫磷中毒。

② 高锰酸钾液，其配制浓度可为1/(2000～5000)，常用于巴比妥类、士的宁、砷化物、

氰化物、无机磷中毒等。但是，因为它能通过氧化作用增强1059，1605，3911，乐果等有机磷的毒性，故上述农药中毒时，不宜使用。

③ 0.3%过氧化氢溶液，常用于无机磷、士的宁、氰化物等的中毒。因它容易产生气体，所以腐蚀性毒物中毒时禁用。

④ 2%碳酸氢钠溶液用于生物碱、汞，铁及有机磷中毒，但敌百虫除外。因敌百虫在碱性条件下，可转化成毒性更强的敌敌畏，故禁忌使用。

⑤ 浓茶液或1%～4%鞣酸溶液可用于重金属、生物碱等的中毒。

⑥ 0.2%～0.5%硫酸铜溶液主要用于无机磷中毒。

⑦ 1%葡萄糖酸钙或1%氯化钙溶液主要用于氟化物或草酸盐中毒。

另外，对于反刍动物中毒，必要时可行瘤胃切开洗胃法。在禽中毒时，可采用嗉囊切开术，取出并冲洗毒物。

（3）吸附法　是先将毒物自然地粘合到一种不能吸收的吸附剂载体上，然后通过消化道排出毒物的一种方法，吸附剂能吸附胃肠道内各种有害物质，如重金属、细菌、有毒代谢产物、色素及有毒气体等。最常用的吸附剂是"万能解毒药"（配方为活性炭2份，氧化镁、白陶土、鞣酸各1份混合而成）或活性炭。该方法往往与缓泻同时进行。

值得注意的是吸附剂不能与其他药物同时配伍使用，否则既降低了它的功效，又减弱了药物的作用。

（4）缓泻与灌肠法　中毒时间较长，大部分毒物已进入肠道时，为防止毒物吸收和引起肠道刺激症状，则需采取缓泻与灌肠法。除生物碱中毒外，缓泻法与吸附法联合应用，效果更佳。食盐中毒、砷汞中毒时，不能用盐类泻剂；磷化锌和有机氯农药中毒时，不能用油类泻剂；严重腹泻、脱水者也不能再用泻剂。硫酸镁在肠道中可因镁离子吸收过多引起高镁血症，对中枢神经和心肌起抑制作用。因此对昏迷的中毒者，或中毒者心、肾功能不良时，硫酸钠比较安全。

对于马、牛、骡等大动物，用温水、肥皂水，1%食盐水深部灌肠，也能起到良好的效果。

（5）放血法　毒物被机体吸收入血后，对严重中毒的动物，可适当放血以减少血液内的毒素。放血后可适当输血或输入等量的生理盐水。

（6）利尿法　多数毒物尤其是水溶性毒物可经肾脏排出，因此，应用利尿剂可促进毒物由尿液排出，可内服利尿素。另外，静脉注射较大量的葡萄糖液与复方氯化钠溶液，既可稀释血中毒物，避免水、电解质代谢紊乱，又有利尿作用，也是促进毒物排出的好方法。应用利尿剂时，除应多饮水外，还要注意补充钠盐和钾盐。

**3. 药物解毒**

临床上对于已经确诊，且有特异性解毒剂的中毒病，要用特效解毒药迅速解毒。可选用特效解毒药救治的常见中毒病有以下几种。

（1）有机磷中毒　双解磷，双复磷肌肉注射首次量为15～30mg/kg，以后每2～3h用药一次，剂量减半；硫酸阿托品，一次用量，牛为0.25mg/kg，马、羊、猪、犬每千克体重为0.5～1mg，皮下或肌肉注射。

（2）有机氟中毒　解氟灵，按0.1～0.39/kg，以0.5%普鲁卡因稀释，分2～4次注射。

（3）亚硝酸盐中毒　通常用1%美蓝液，按照0.1～0.2mg/kg静脉注射。

（4）氰化物中毒　1%亚硝酸钠液，1ml/kg，静脉注射；同时10%硫代硫酸钠液1ml/kg，静脉注射。

（5）砷、汞中毒　二巯基丙醇注射液，首次剂量马、牛为 5mg/kg，猪、羊、犬为 2～3mg/kg，肌肉注射，以后每隔 4h 注射一次，剂量减半，直到痊愈。二巯基丙磺酸钠和二巯基丁二酸钠比二巯基丙醇作用强、疗效好。

（6）铜中毒　0.2％～0.3％亚铁氰化钾洗胃或 0.1％亚铁氰化钾内服，也可用牛奶、豆浆或鸡蛋清加水内服。二巯基丙醇 2.5～5mg/kg，肌注。

（7）铅中毒　依地酸钙钠，按 110～220mg/kg，以 5％葡萄糖液配成 1％～2％溶液，缓慢静脉注射；二巯基丙醇，用量参照砷中毒。

（8）钼中毒　硫酸铜，牛每日内服 30～60g，连用数日；皮下注射甘氨酸铜，犊牛 60mg，成年牛 120mg，每季度 1 次。

（9）蛇毒中毒　可选用抗蛇毒血清，用法及用量参见具体的说明书。或用中药治疗蛇毒中毒。

**4. 维护全身机能**

（1）输液　为稀释毒物，促进毒物排出，增强肝脏解毒机能，可静脉注射大量复方氯化钠液和高渗葡萄糖液等。一般先静脉注射葡萄糖液 500～1000ml，然后缓慢静脉注射复方氯化钠液 2000～4000ml，3～4 次/d。通常在静脉输液至不断排尿时，即改为点滴注射，一直持续到患病动物脱离危险期为止。为提高机体的一般解毒功能，可静脉注射 20％硫代硫酸钠液 100～300ml，大动物 2 次/d。

（2）强心　当心力衰竭时，可选用适当的强心剂，如强尔心等。

（3）镇静　当中毒动物兴奋不安时，可应用溴化钠、安溴注射液等镇静药物。

（4）制止渗出　肺水肿时，可注射氯化钙液。

（5）输氧　呼吸机能衰竭时，吸氧，或注射 25％尼可刹米液。

（6）维持体温　体温低下时，应注意保温或用樟脑精涂擦四肢。

# 【项目小结】

本项目介绍了发热、腹泻、便秘、便血、腹痛、尿闭、贫血、呼吸障碍、繁殖障碍、中毒十大症状的诊断思路、临床表现，提出了治疗原则和要点。

# 【目标检测题】

简述发热、腹泻、便秘、便血、腹痛、尿闭、贫血、呼吸障碍、繁殖障碍、中毒的概念、原因、临床特征和治疗原则及方法。

# 参 考 文 献

［1］ 东北农学院. 兽医临床诊断学. 第 2 版. 北京：中国农业出版社，1985.
［2］ 东北农学院. 临床诊疗基础. 第 2 版. 北京：中国农业出版社，1999.
［3］ 东北农业大学. 兽医临床诊断学实习指导. 北京：中国农业出版社，2001.
［4］ 郭定宗. 兽医临床检验技术. 北京：化学工业出版社，2006.
［5］ 耿永鑫. 兽医临床诊断学. 北京：中国农业出版社，1990.
［6］ 王民桢. 兽医临床鉴别诊断学. 北京：中国农业出版社，2001.
［7］ 王俊东，刘宗平. 兽医临床诊断学. 北京：中国农业出版社，2004.
［8］ 倪耀娣. 兽医临床诊疗学. 北京：中国农业科学技术出版社，2008.
［9］ 邓俊良. 兽医临床实践技术. 北京：中国农业大学出版社，2007.
［10］ 唐兆新. 兽医临床治疗学. 北京：中国农业出版社，2002.
［11］ 沈永恕. 兽医临床诊疗技术. 北京：中国农业大学出版社，2006.
［12］ 李玉冰. 兽医临床诊疗技术. 北京：中国农业出版社，2006.
［13］ 张德群. 兽医专业实习指南. 北京：中国农业大学出版社，2004.
［14］ 林德贵. 动物医院临床技术. 北京：中国农业大学出版社，2004.
［15］ 贺永建等，兽医临床诊断学实习指导. 重庆：西南师范大学出版社，2005.
［16］ 北京农业大学. 家畜寄生虫病学. 北京：北京农业出版社，1981.
［17］ 张宏伟，杨廷桂. 动物寄生虫病. 北京：中国农业出版社，2005.
［18］ 阚保东. 实用动物检疫技术. 北京：中国农业出版社，1996.
［19］ 王子轼. 动物防疫与检疫技术. 北京：中国农业出版社，2006.
［20］ 葛兆宏. 动物微生物. 北京：中国农业出版社，2001.
［21］ 李舟方. 动物微生物. 北京：中国农业出版社，2006.
［22］ 曹澍泽. 兽医微生物学及免疫学技术. 北京：北京农业大学出版社，1991.
［23］ 陆承平. 兽医微生物学. 第 3 版. 北京：中国农业出版社，2001.
［24］ 杨本升. 动物微生物学. 长春：吉林科学技术出版社，1995.
［25］ 郭万柱. 动物微生物学. 成都：四川科学技术出版社，1997.
［26］ 杨汉春. 动物免疫学. 北京：中国农业大学出版社，1995.
［27］ 姚火春. 兽医微生物实验指导. 第 2 版. 北京：中国农业出版社，2002.
［28］ 刘莉. 动物生物化学. 北京：中国农业出版社，2001.
［29］ 延边农学院. 动物生物化学指导. 延吉：延边大学出版社，2000.
［30］ 田文霞. 兽医防疫消毒技术. 北京：中国农业出版社，2007.
［31］ 张宏伟. 动物疫病. 北京：中国农业出版社，2001.
［32］ 李国江. 动物普通病. 北京：中国农业出版社，2001.
［33］ 黄克和. 兽医临床工作手册. 北京：金盾出版社，2006.
［34］ 何德肆. 动物临床诊疗与内科病. 重庆：重庆大学出版社，2007.
［35］ 姚卫东. 兽医临床基础. 北京：化学工业出版社，2014.
［36］ 陈桂先. 兽医临床用药速览. 北京：化学工业出版社，2011.